国家科学技术学术著作出版基金资助出版

动力型双电层电容器
——原理、制造及应用

阮殿波　著

U0230426

科学出版社

北京

内 容 简 介

　　本书是作者十多年来在超级电容器研究、应用领域部分工作的成果总结。全书系统全面地介绍了动力型双电层电容器的原理、原材料、制造工艺、测试评价、系统集成等方面内容，对如何改进电极材料、电解液、隔膜、集流体以及整个储能系统进行了详尽阐述，并对动力型双电层电容器的市场应用以及未来超级电容器的发展方向进行了预测。书中给出了许多具有代表性的实际案例，以期更好地解决实际应用问题。

　　本书可供材料、化学、新能源等领域从事研究、制造与应用工作的科学技术人员参考，也可供高等院校相关专业的师生阅读。

图书在版编目（CIP）数据

动力型双电层电容器：原理、制造及应用 / 阮殿波著. —北京：科学出版社，2018.7

ISBN 978-7-03-056628-7

Ⅰ.①动… Ⅱ.①阮… Ⅲ.①双电层电容器 Ⅳ.①TM53

中国版本图书馆 CIP 数据核字（2018）第 035054 号

责任编辑：裴 育 纪四稳 / 责任校对：张小霞
责任印制：吴兆东 / 封面设计：蓝 正

科 学 出 版 社 出版
北京东黄城根北街 16 号
邮政编码：100717
http://www.sciencep.com
北京九州迅驰传媒文化有限公司 印刷
科学出版社发行　各地新华书店经销
*
2018 年 7 月第 一 版　开本：720×1000 1/16
2022 年 2 月第五次印刷　印张：16 1/2
字数：333 000
定价：118.00元
（如有印装质量问题，我社负责调换）

序　言

  国际著名电化学家 B. E. Conway 编著的 *Electrochemical Supercapacitors Scientific Fundamentals and Technological Application* 一书于 1999 年问世，引起了世界范围内研究超级电容器的热潮。超级电容器作为新型储能器件，兼备普通电容器高功率和电池高能量的优点，具有百万次充放电循环寿命，因此成为储能科学界研究的重点之一。但是，就当前的产业化技术而言，超级电容器的能量密度一般在 5W·h/kg 左右，致使其大规模的市场应用受到极大的限制。因此，研制更高能量密度的超级电容器势在必行；同时，打破国外的技术垄断也至关重要。

  阮殿波博士于 20 世纪末开始研究超级电容器的材料、工艺及工程应用，是最早研制大容量超级电容器单体（双电层电容器）及其模组系统的学者之一。经过长达 15 年的研究，将超级电容器单体容量从 1F 提高到 9500F，能量密度达到 7.29W·h/kg，全球首创性地将其作为主驱动电源应用于储能式有轨电车和无轨电车上，开创了高容量、高功率型超级电容器研发、制造以及新型应用的先河。以阮殿波博士为第一完成人申报的"纯电动公共交通车辆高安全性牵引储能动力电源的研究"项目荣获 2016 年中国产学研合作创新成果奖一等奖。为了推进行业的发展，阮殿波博士将多年的心血和科技成果转化为《动力型双电层电容器——原理、制造及应用》一书。

  该书对动力型双电层电容器的原理、原材料、制造工艺、测试评价、系统集成、市场应用以及未来超级电容器的发展方向进行了兼具深度和广度的精辟阐述，对于我国超级电容器整体的发展具有重要的指导作用，也必将推动超级电容器这一新能源行业的快速发展。

杨裕生

2017 年 5 月于中国人民解放军防化研究院

前　　言

近年来，能源与环境污染问题日益严峻，超级电容器作为一种新型超高能量转换效率的储能器件受到了广泛的关注，并迅速发展起来。主要原因在于其自身显著的电化学性能：相较于传统电容器，其具有更高的能量密度；相较于充电电池，其具有更高的功率密度和超长的循环寿命。因此，超级电容器的应用领域不断扩展，从传统的消费类电子产品、风力发电、混合动力汽车到最新应用的油田机械、智能电网及储能式公共交通车辆等。其中双电层电容器因其卓越的电化学性能在超级电容器家族中占有重要的地位。目前，双电层电容器虽已大规模商业化使用，但限制其更大扩展的因素依然有很多，尤其是在提高能量密度方面，这就需要对双电层电容器的原理、制造工艺与工程技术有更加清晰的认识与研究。

目前，各热点的电化学应用领域均有大量的相关著作，而关于超级电容器，尤其是动力型双电层电容器的制造工艺与工程技术方面的论述却很少。鉴于中国中车开发了兼具高能量密度与高功率密度的动力型双电层电容器，并将其作为主驱动电源实现了储能式现代有轨电车和超快充超级电容纯电客车商业化载客运营，所以撰写本书的目的是让该领域的工作者更为系统全面地了解动力型双电层电容器的原理、制造以及应用技术。书中不仅对双电层电容器的性能及工作原理进行介绍，而且对如何改进电极材料、电解液、隔膜、集流体以及整个储能系统进行详尽阐述。另外，为了使读者更好地解决实际应用问题，书中还给出许多具有代表性的实际案例。真诚地希望本书对超级电容器研究和应用领域的工作者有所裨益。

在本书撰写过程中，宁波中车新能源科技有限公司超级电容研究所、储能系统研究所的部分成员做了大量的文献收集、数据整理、图表绘制等工作，在此向他们表示衷心的感谢。

由于双电层电容器涉及学科层面较广，加之目前处于多种技术交叉研究，数据更新较快，同时限于作者的知识、能力，书中难免存在疏漏与不足，敬请同行与读者批评指正。

作　者

2017 年 4 月于宁波

目　　录

第1章　电化学电容器原理

1.1　电化学储能原理和应用

自然科学的每一个学科均是根据对某一特定领域中的研究对象所具有的特殊矛盾性来划分的。传统化学在研究化学变化中涉及电子转移的氧化还原反应时，主要讨论化学能与热能的相互转化而基本不涉及电能。如果进行的氧化还原反应消耗外部电能或直接对外提供电能则称为电化学反应[1]，是电化学研究的对象。电化学反应过程可以通过调节外部电压或电流的方式控制反应速度。随着科学技术的进步与发展，电化学已逐渐发展成为一门独立学科。

1.1.1　电化学定义及研究内容

电化学是研究电能与化学能之间相互转化以及转化过程中相关现象的科学。能够使电能和化学能相互转化的装置称为化学电池：其中能使化学能自发地转变为电能的装置称为原电池；能将电能转变为化学能的装置称为电解池[2]。电化学反应不同于一般的化学反应，一般的化学反应在化学物质之间进行，而电化学中的电解池和原电池是电极与溶液中的化学物质进行反应的，这是电化学反应的特征。

电化学主要研究电子导体-离子导体、离子导体-离子导体的界面现象结构和化学过程，以及与此相关的现象和过程[3]。详细内容包括两个方面：一方面是电解质学，研究离子的传输特性、电解质的导电性质以及参与反应的离子的平衡性质，其中电解质溶液的物理化学研究称为电解质溶液理论；另一方面是电极学，包括电子导体-离子导体界面（通常是指电极界面）和离子导体-离子导体界面（二者常称为电化学界面）的平衡性质和非平衡性质（分别称为电化学热力学和电化学动力学）[4]。当代电化学十分重视研究电化学界面结构、界面上的电化学行为和动力学。

1.1.2　电化学发展简史

电化学是随着生产力的不断进步而渐渐发展起来的，而电能与化学能之间的关系早就被人类认识[5]。德国考古学家 Wilhelm König 早在 1932 年就发现巴格达电池，意大利的解剖学家 Luigi Galvani（1737～1798 年）在解剖青蛙时发现了动物电，这个现象被物理学家 Alessandro Count Volta（1745～1827 年）证实，1799年他把铜片和锌片叠在一起，中间用浸润了 H_2SO_4 的毛呢隔开，这个结构构成了 Volta 电堆（图 1-1），这就是第一个化学电源，称为 Galvani（伽伐尼）电池[6]。

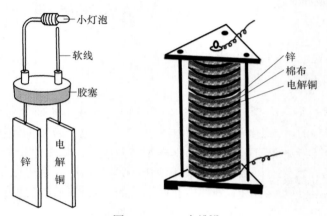

图 1-1　Volta 电堆[6]

此后，随着资本主义生产力的发展，人们加大了电化学研究规模。利用 Volta 电堆，人们有了进一步的研究发现。对于电流通过导体时的现象，物理学家 Georg Simon Ohm 于 1826 年从物理学方向研究得出欧姆定律，科学家 Michael Faraday 于 1833 年从化学方向研究电流与化学反应的关系得到法拉第定律。这些工作进展到多学科、多领域的研究，同时积累了大量的实践经验和科学实验知识，为当今的医学电子学、分子电子学及有机电化学等奠定了良好的基础[7-9]。1879 年以后科学家开始研究电极界面，其中 Hermann Ludwig Ferdinand von Helmholtz（1821～1894 年）提出了 Helmholtz 双电层概念，为双电层电容器（electric-double-layer capacitor，EDLC）奠定了理论基础。1889 年，Nernst 提出对于任何电池反应 $aA+bB=cC+dD$ 都具有如下关系：

$$\varphi = \varphi^{\theta} - \frac{RT}{nF} \ln \frac{[C]^c [D]^d}{[A]^a [B]^b} \tag{1-1}$$

式中，φ^{θ} 表示标准电极电势；R 表示气体常数，8.31441J/(K·mol)；T 表示温度；n 表示电极反应中电子转移数；F 表示法拉第常数，96.487kJ/(V·mol)。

式（1-2）为 Tafel 在 1905 年提出的经验公式，其数学表达式为

$$\eta = a + b \lg I \tag{1-2}$$

式中，过电位 η 和电流密度 I 均取绝对值。a 和 b 为两个常数，a 表示电流密度为单位数值(1A/cm²)时的过电位，它的大小和电极材料的性质、溶液组成、电极表面状态及温度等因素有关，a 值的不同代表不同电极体系中进行电子转移步骤的难易

程度；b 值的大小与温度有关，在常温下大多数金属的 b 值在 0.12V 左右[10]。

　　1935 年，Jaroslav Heyrovský（1890～1967 年）和 Dionýz Ilkovič 推导出了扩散电流 Heyrovský-Ilkovič 方程。自此以后，国际上对电化学有了很深的认识，进而在传质过程动力学、表面转化步骤及复杂电极过程动力学等理论方面和实验技术方面都有了突破性的进展[11-13]，致使电化学科学也日渐成熟。同时，电化学的发展为能量的存储和转换、环境检测和变化、腐蚀和防腐蚀等边缘学科领域的研究打开了全新的局面。近年来，在固体物理和量子力学发展的基础上，科学家将量子力学引入电化学领域，使电化学理论有了更深层次的发展，逐渐形成了量子电化学这个新分支。

　　总之，电化学是不同领域专家通力协作研究开创的多领域跨学科科学。电化学应该是研究电作用和化学作用相互关系的化学分支，是包括控制离子、电子、量子、导体、半导体、介电体间的界面及本体溶液中荷电粒子的存在和移动的科学技术。

1.1.3　电化学储能的原理

　　电极是与电解质溶液或电解质接触的电子导体或半导体，为多相体系，电化学过程借助电极实现电能的输入或输出，是电化学反应的场所。在电极上发生的反应分为两种过程类型，一种是电荷（如电子）在电极/溶液界面上转移，这种电荷转移引起氧化反应或还原反应，由于这些化学反应的量与所通过的电量成正比，遵守法拉第定律，所以称为法拉第过程；另一种是在某些条件下，在一定的电极/溶液界面，没有发生电荷转移，而是只有吸附和脱附这样类似的过程，电极/溶液界面的结构在反应过程中发生改变，这种过程称为非法拉第过程[14, 15]。

　　1. 非法拉第过程

　　电极反应是一种包含电子的单相或自一种表面（一般为电子导体或半导体）转移的复相化学过程。假设当电极反应时无论外部电源施加怎样的电势，均无电荷穿过电极/溶液界面，则这种电极称为理想化电极[16]。实际上，没有真正的电极能在溶液中表现为理想化电极，只可能在一定电势范围内无限接近理想化电极。

　　对于理想化电极，虽然电荷并不通过界面，但电势、电极面积和溶液组成改变时，外部电流可以流动，而电极/溶液界面的这种行为就类似于电容器。电容器是由介电材料隔开的两个金属薄片组成的电路元件。对于不同材料制成的电容器，其电容特性也有所不同，其电容行为遵守如下公式：

$$C = Q / U \qquad\qquad\qquad (1\text{-}3)$$

式中，Q 表示电容器上存储的电量，单位为库仑（C）；U 表示施加给电容器的电压，单位为伏特（V）；C 表示电容器的电容量，单位为法拉（F）。当给电容器施加一定的电势时，电荷将聚集在两个金属极板上，直到电量 Q 满足式（1-3）。

对于理想化的电极/溶液界面，在一定的电势下，电极表面所带电荷 q^M 与溶液中所带电荷 q^S 总有 $q^M=-q^S$ 的关系成立，因此电极/溶液界面上的荷电物质和偶极子可以定向地排列在界面两侧，称为双电层[17]。

最简单的双电层就像平板电容器的两个极板，达到平衡时，一个极板（如金属）上带过剩正电荷，另一个极板（如溶液）上带负电荷，两个电极板（双电层）之间的距离为 d。这种双电层称为紧密双电层，如图 1-2 所示。

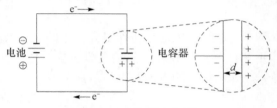

图 1-2　电容器充电[17]

根据静电学理论，紧密双电层的电场强度、电势和电容表示为

$$\text{电场强度：} E = 4\pi q / \varepsilon \tag{1-4}$$

$$\text{电势：} \varphi = 4\pi dq / \varepsilon \tag{1-5}$$

$$\text{电容：} C = \varepsilon / (4\pi d) \tag{1-6}$$

式中，d 表示双电层厚度；ε 表示介电常数；q 表示电荷密度；C 表示电容；φ 表示电势；E 表示电场强度。

实际上，因为热运动，只有一部分水合离子比较紧密地附着在电极表面上，而另一部分水合离子则扩散地分布到本体溶液中，这类似于德拜-休克尔离子氛模型，这种现象被普遍认为是形成了扩散双电层，其中紧密地附着在电极表面上的部分称为紧密层，而另一部分称为扩散层。

在非法拉第过程中，电荷没有穿过电极的界面，但是电势、电极面积或溶液组分的变化都会引起外电流的流动，这部分电流称为法拉第电流。在电化学的许多应用研究领域，双电层的作用非常重要。例如，在电镀镍时，加入十二烷基磺酸钠可以避免镀层出现针孔，改善镀层质量；在镍镉电池中，为了防止镉负极钝化，常加入一些表面活性剂，这些表面活性剂能吸附在电极/溶液界面上，从而改变其双电层结构，影响电极的反应过程，达到保护电极的作用[18]。

2. 法拉第过程

在电极反应发生的过程中，电荷经过电极/溶液界面进行传递引起某种物质发生氧化或还原反应的过程称为法拉第过程，所引起的电流称为法拉第电流。有法拉第电流流过的电化学电池可分为原电池和电解池两种[19]，表 1-1 为总结的电池类型及能量存储模式。

表 1-1　电池类型及能量存储模式

电池类型		能量存储模式
一次电池 （原电池）	Zn-MnO$_2$ 电池、Mg-AgCl 电池、Mg-PbCl$_2$ 电池、 Li-SOCl$_2$ 电池、Zn-空气电池	法拉第过程
二次电池	铅-酸电池、镉-镍电池、氢-镍电池、锌-镍电池、 锌-氧化汞电池、锌-氧化银电池	法拉第过程
	Li-TiS$_2$ 电池、Li-MnO$_2$ 电池、Li-MoS$_2$ 电池、Li-CoO$_2$ 电池、Li-C-CoO$_2$ 电池、Li-硫化铁电池、Na-S 电池	法拉第过程（表现出嵌入准电容）

对于原电池，当与外部导体接通时，电极上的反应会自发地进行。这类电池常用于将化学能转化为电能，商业上重要的原电池包括一次电池（如锌-锰电池）、二次电池（如铅-酸电池、镉-镍电池、锂离子电池）和燃料电池。

当外加电势大于电池的开路电势时，反应强制发生，此时的反应过程称为电解池。电解池常用于借助电能来完成所预期的化学反应。常用电解池过程包括电解合成（如氯气和铝的生产）、电解精炼(如铜)和电镀(如银和金)。

涉及电荷传递的法拉第过程主要反应种类如下[3, 5, 7, 19]：

（1）简单电子迁移反应。借助电极，电极/溶液界面的溶液一侧的氧化或还原物质得到或失去电子，生成还原或氧化态的物质，且这些物质溶解于溶液中，而经历过氧化还原反应后的电极并未发生物理化学性质和表面状态的变化。例如，在 Pt 电极上发生的 Fe^{3+} 还原为 Fe^{2+} 的反应为

$$Fe^{3+} + e^- \longrightarrow Fe^{2+} \tag{1-7}$$

（2）金属沉积反应。在溶液中，金属离子从电极上得到电子还原成金属，附着在电极表面使得电极表面状态发生改变，如在 Cu 电极上发生的 Cu^{2+} 还原为 Cu 的反应。

（3）表面膜的转移反应。电极表面覆盖的物质经过氧化还原反应生成另一种附着于电极表面的氧化物、氢氧化物或硫酸盐等物质，如铅酸电池中正极的放电反应，PbO$_2$ 还原为 PbSO$_4$：

$$PbO_2(s) + 4H^+ + SO_4^{2-} + 2e^- \longrightarrow PbSO_4 + 2H_2O \tag{1-8}$$

（4）伴随着化学反应的电子迁移反应。在溶液中，氧化或还原物质借助电极实施电子传递反应之前或之后发生的化学反应，如丙烯腈在碱性介质中发生的还原反应。

（5）多孔气体扩散电极中气体的氧化或还原反应。溶解于溶液中的气体（如

H_2 或 O_2) 扩散到电极表面后借助气体扩散电极发生电子得失的反应,利用气体扩散电极可提高电极反应过程中的电流效率。

（6）气体析出反应。在溶液中,非金属离子借助电极发生氧化或还原反应生成气体析出。随着反应的进行,电解液中非金属离子浓度不断降低。

（7）腐蚀反应。在一定介质中,金属或非金属发生溶解的反应,且伴随着反应的进行电极的重量不断减轻。

电极反应的种类繁多,绝大多数电极反应过程不是简单的电子迁移反应,而是以多步骤进行的,如伴随着电荷迁移过程的吸附、脱附反应及化学反应。大多数情况下,非法拉第过程和法拉第过程是同时存在的。非法拉第过程机理类似于双电层电容器,对于双电层电容器,电荷和能量的存储是静电性的,是理想的,没有电子迁移。而对于电池,发生的是法拉第过程,发生了电荷迁移。总体来说,电荷存储过程的区别主要有以下几点[8, 9, 13, 20]：

（1）对于非法拉第过程,通过静电方式聚集电荷,正电荷与负电荷之间通过真空或分子绝缘体分开,这种介质包括电解电容中的云母膜、双电层、氧化物膜或空气膜等。

（2）对于法拉第过程,通过电子迁移来完成电荷的存储,电活性物质发生了氧化态变化或者化学变化,这些变化与电极电势有关并遵守法拉第定律,在一定条件下可产生准电容。这种间接的存储能力类似于电池。

在电池中,电活性物质发生氧化还原变化,电子电荷通过电子迁移实现法拉第中和,如 Ni-Cd 电池的正极：

$$NiOOH + H_2O + e^- \longrightarrow Ni(OH)_2 + OH^- \tag{1-9}$$

在电容器中,电子电荷通过静电方式聚集在电极极板上,而不发生氧化还原反应。但是,部分双电层电容器在充电时,电子会发生迁移而引起准电容。例如,能够给出电子的阴离子,如 Cl^-、Br^-、I^- 或 CNS^- 等发生化学吸附反应。

双电层中包含的电子是金属或炭电极离开原位的导带电子,而电池型法拉第过程的电子则是迁移到或来自于发生氧化还原的阴极或阳极物质的价带电子,尽管这些电子可能进出于导电材料的导带。某些情况下,法拉第电池材料本身就像金属一样能够导电（如 PbO_2、某些硫化物、RuO_2）,或者是导电性良好的半导体和质子导体（NiOOH）。

1.1.4　电化学储能的应用

电化学是横跨纯自然科学（理学）和应用自然科学（工程、技术）两大科学的一门交叉学科,也是应用前景非常广泛的学科,远远超出了化学领域。此领域大部分工作涉及通过电流导致的化学变化以及通过化学反应产生电能方面的研究,如电化学工业应用和电化学储能应用。

　　这里主要讨论电化学在储能方面的应用，电能能够通过两种不同的方式存储[5,7]：

　　（1）以化学能的方式存储。电化学活性物质发生法拉第氧化还原反应并释放电荷，当电荷在不同电势的电极间流动时，就可以对外做功。

　　（2）以静电的形式存储，即非法拉第存储过程，电能以正电荷和负电荷的形式存储在电容器极板上。

　　相比于燃料的燃烧系统，这两种电能存储方式效率要高很多，因为卡诺循环的限制影响燃烧系统的效率，而电化学系统则拥有高度可逆过程，通过化学能直接转换为自由能。

　　化学电源作为一种能源装置一直在工业生产和科学研究中占有重要地位。在现实生活中，汽车启动、各种便携式电器和通信设备都要依赖于化学电源，尤其是航天工业中的宇宙飞船、卫星等航天设备中更少不了化学电源。近年来，随着人口的急剧增长和工业的迅速发展，环境的破坏日趋严重，环保已成为工艺开发的关键因素。以电子作为清洁剂的电化学产业具有传统的非电化学产业所没有的优越性，如节能、方便、易于自动化、生产成本低等。因此，电化学必将在解决人类面临的环保、资源缺乏、能源短缺等重大问题上发挥更大的作用。

　　事实上，电化学理论和电化学方法应用非常广泛，近年来出现的与电化学相关的领域主要包括基础界面电化学、电极和电解材料、分析电化学、分子电化学、工业电化学、生物电化学、物理电化学、电子学、固体离子学、电化学工艺学、能量转换和存储、腐蚀、电沉积、表面处理等。这些跨学科的结合可能是人们进一步学习和研究的目标。此外，电化学在选矿、采矿、医疗等方面都有广泛的应用，如浮选电化学、电化学采油、电化学治癌等。电化学在生命科学中也得到了广泛应用，因为生命现象的许多过程伴随着电子传递反应。

　　总之，电化学与化工、医学、冶金、电子、材料、机械、腐蚀与防护、能源、地质、航天、环保、生物等科学技术部门有着密切关系，它的应用范围在不断拓宽，与电化学有关的新领域也在持续出现，所以电化学科学在理论上和实际应用上都有着很强的生命力，是现代高速发展的学科之一。

1.2　电容器的基础知识

1.2.1　电容器的发展史

　　1745 年，电还是一种十分新颖的东西，当时人们对其了解甚少。Ewald Georg von Kleist 主教当时正在着手研究如何存储大量的电荷，他觉得使用玻璃来存储电量是一种值得尝试的方法，因为玻璃是不导电的，所以可以将电荷束缚于其中。

他在做这项研究时，将插着铁钉的玻璃瓶接到静电产生器上，偶然发现这样可以短暂存储电荷，并且之后还可以将其传输出去。这个过程便被记录下来，成为第一个有记录的电容瓶。之后他对此作了改进，将一个玻璃瓶内外层均镀上银（Ag），于玻璃瓶内设置了一根金属杆，金属杆的两端分别和内层所镀的银以及在瓶子外部的金属球连接，这样大大提高了其工作效率。

但是在当时，Kleist 研究出来的电容瓶并不是非常有名，因为作为一项新的研究成果，其技术还不够成熟。所以，当时电容瓶还未能投入实际的应用中以改善人们的生活。1946 年，荷兰物理学家 Pieter van Musschenbroek 发明了一个类似的器件，他以他工作的地点"莱顿大学"给这个器件命名为莱顿瓶（Leyden jar），事实上，这个器件和 Kleist 发明的电容瓶的结构和工作机理如出一辙[21]。他制作出来的电容器比 Kleist 制作的电容瓶更容易携带，并且能根据不同的状况去调整，适应不同的环境。之后电容器才被广为流传，而莱顿瓶的名称也由此而来。Daniel Gralath 是第一个将这些莱顿瓶并联在一起组成一种"电池"的人[22]，这样可以存储更多的电量，如图 1-3 所示。

图 1-3　四个莱顿瓶组成的电池，现存于荷兰莱顿布尔哈夫博物馆

1900 年，意大利 L.隆巴迪发明了瓷介电容器。9 年之后，William Dubilier 发明了第一个商业化的云母介质电容器。在 20 世纪，这种云母介质电容器在无线电通信工业中得到了广泛应用。1915 年，Dubilier 在纽约成立了以他名字命名的杜必利尔电容器（Dubilier Condenser）公司，生产的电容器用于第一次世界大战中侦测潜艇的一种系统。1933 年，该公司与康奈尔无线电（Cornell Radio）公司合并，成立了今天知名的电容器生产商——康奈尔杜必利尔电子（Cornell-Dubilier Electronics，CDE）公司。早期的云母介质表面喷银，温度系数低，可靠性高，但价格贵，所以现在多数瓷介电容器改用比银便宜的镍作为镀层。20 世纪 20 年代，云母属于一种稀缺的天然矿物资源，而得益于当时德国陶瓷工业的发展，人们利用陶瓷作为瓷介电容器的电介质，形成了新的瓷介电容器家族，这些陶瓷材料包括块滑石、堇青石、金红石等。

20 世纪 30 年代，二氧化钛（金红石型）电介质的电容器实现了商业化。但是，当时已知的电容器介质的介电常数普遍在 100 左右，因此大容量的瓷介电容器价格比较昂贵。钛酸钡材料的发现，使陶瓷材料的介电常数猛增 10 倍之多，价格也较便宜[23]。在接下来的几十年，人们投入了大量精力试图了解这个系列材料的结晶学、相变,进行系列材料的优化[24]。20 世纪 70～80 年代,电子元件小型化和微型化的发展,客观上促进了陶瓷电容器的进一步发展,1961 年,一家参与阿波罗登月计划的美国企业,生产出了首个现代意义上的片式多层陶瓷电容器,这种电容器拥有比传统陶瓷电容器更大的电容量。流延成型技术和陶瓷电极烧结工艺的成熟是片式多层陶瓷电容器发展历史上的重要突破。

1875 年,法国的一个研究人员兼实业家 Eugene Ducretet 发现铝在电解过程中表面可以形成氧化层,导致内阻快速增大,电流迅速下降,但是当电流方向改变之后,内阻迅速下降[25]。除了金属铝,钽、铌、锰、钛、锌、镉等金属也被发现有这种特性,他把这一系列金属称为阀金属。

1886 年,波兰的可再生电池制造商 Charles Pollak 发现,即使断电后,铝阴极上的氧化层在电解液中也能够保持非常高的电容量。因此,他提交了一份名为“铝电极电解液电容器”的专利,其内容就是使用氧化物层结合中性或微碱性电解液形成极化电容器[26]。

20 世纪 50 年代初,通用电气公司的工程师开始在燃料电池和可充电电池上使用多孔炭电极作为实验组件。他们所用的多孔炭电极是一种极其多孔的海绵状的电导体,具有超高的比表面积。1957 年,Becker 发明了一种“多孔炭电极低压电容器”[27],他认为能量以电荷的形式被存储在炭孔中,就像电解电容器的腐蚀铝箔能够存储电荷一样。由于当时双电层机理并不为人所知,所以 Becker 在专利中这样写道“目前尚不明确这个组件中究竟是什么能起到储能的作用,但是它可以拥有非常高的容量”。这个由德国物理学家 Helmholtz 在 1879 年首次提出的双电层机理将电容器从皮法拉、微法拉时代带入法拉时代。

1966 年,标准石油公司(SOHIO)的研究人员在做燃料电池设计实验时,开发出另一种版本的“电能存储装置”[28]。但是他们申请的专利中也没有解释这种“电能存储装置”的工作机理。即使到了 1970 年,Donald L. Boos 申请的关于电化学电容器的专利也是以“使用活性炭电极的电解电容器”这个名称注册的[29]。

早期的电化学电容器使用两块覆盖了活性炭的铝箔作为电极,电极浸泡在电解液中,并通过一个很薄的多孔绝缘体隔开。这种设计让电容器的电容量提升到法拉级别,而同样大小的电解电容器电容量仅为微法拉级别。标准石油公司并没有将此发明商业化,而是将技术授权给 NEC 公司,NEC 公司 1971 年将该电化学电容器正式命名为“超级电容器”。

1978 年,日本 Panasonic 公司注册了“黄金电容”(Goldcap)这个商标[30],将超级电容器大量推向内存后备电源应用领域。随后,ELNA 公司的“双层电容器”(Dynacap)进入市场[31]。第一代超级电容器内阻很高,限制了其放电电流。20 世纪 80 年代末,电极材料的改进增加了电容器的电容量,同时,高电导率和低等效串联电阻的电解液的发展,提高了超级电容器的充放电电流。第一个军用低内阻的超级电容器诞生于 Pinnacle 研究所（PRI）。1992 年，Maxwell 实验室（后来的 Maxwell 公司）接管了这项研究，继续沿用超级电容器这一术语，并冠以"Boost Cap"的商标，以此来强调产品在高功率电源领域的应用。

1.2.2 不同种类的电容器

1. 电容器的定义

电容器最早出现时，是一种无源二端元件，用于在电场中存储静电电荷，因此又称静电电容器，如图 1-4 所示。虽然发展到今天，静电电容器的形式多种多样，但都可以看成两块导电体中间夹着不导电的电介质。导电体可以是薄膜、金属箔、烧结金属，也可以是导电电解液等。电介质的存在主要是为了提高电容器的电容量，玻璃、陶瓷、聚合物薄膜、空气、真空、纸、云母、金属氧化物等绝缘体都可以作为电介质使用。

图 1-4　静电电容器

电场可以在上述绝缘体中感应出偶极子，电子在绝缘体中被束缚在原子或分子周围，不像导体那样可以自由移动，当施加一个外部电场时，即使分子或原子是完美的球形，它也会被拉长一点，导致这种结果的原因是与原来相比，电子会在某一侧停留更长的时间，所以一边会呈现负电，另一边会呈现正电，这样就形成了一个偶极子，它是静电感应的结果，又称极化（图 1-5）。具有上述性质的物质称为电介质。

对于任何一种孤立的不受外界影响的导体，当导体带电时，其所带的电量 Q 与相应的电势差（电压）U 的比值 C，是一个与导体所带的电量无关的物理量，称为孤立导体的电容，即

$$C = Q / U \tag{1-10}$$

通过实验发现，该导体所带电量与相应的电压比值不变，即 C 是一个常数，因此用该比值来表示电容器的电容值。

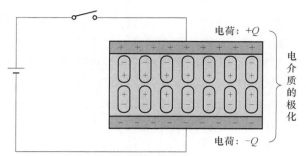

图 1-5　电介质的极化示意图

后来在研究如何提高电容器电容量的过程中发现，电容量 C 与电极面积 S、电极间距离 d、电介质的介电常数 ε 有关，即

$$C = \frac{\varepsilon S}{d} = \frac{\varepsilon_0 \varepsilon_r S}{d} \tag{1-11}$$

式中，S 代表电极面积（m^2）；d 代表电极间距离（m）；ε 代表电介质的介电常数（F/m）；ε_0 代表真空介电常数（8.855×10^{-12}F/m）；ε_r 代表电介质的相对介电常数。从该公式可以看出，电极面积越大，电极间距离越小，电介质的相对介电常数越高，电容量越大。电容器模型如图 1-6 所示。

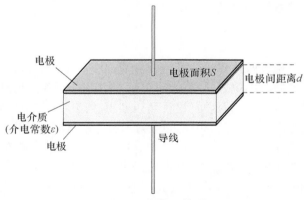

图 1-6　电容器模型

2. 电容器的分类

由电容器的发展历史可知，电容器实际上可以分为静电电容器、电解电容器、超级电容器三类。静电电容器多数是无极性的，根据电介质的不同，代表性的有以下两类：薄膜电容器、瓷介电容器。电解电容器是有极性的，主要是由阀金属在表面阳极氧化形成氧化膜作为电介质，这种氧化膜只能单向导通，常见的有铝电解电容器、钽电解电容器和铌电解电容器。超级电容器也是有极性的电容器，

代表性的有双电层电容器、准电容器、混合电容器，它们属于电化学电容器。

理想的电容器是不存在极性的，无极性电容器的电容量相对很小，一些应用场合需要用到很大容量的电容器，如果将无极性电容器的电容量提高，那么它的体积和价格会呈几何级数增长。为了获得大容量的电容器，人们开发出有极性的电解电容器和超级电容器。与无极性电容器相比，这两类电容器的电容量要高出前者若干个数量级，而体积可以做到火柴盒一样大小。

由式（1-11）可知，提高电容器的电容量，可以从增大电极面积、缩短电极间距、使用高介电常数的电介质这三方面着手。铝电解电容器的正极是覆盖了一层微米级别氧化铝的铝箔，电极面积巨大，与铝箔附着紧密，而且氧化铝的介电常数很高，这就为铝电解电容器的大容量打下了基础。超级电容器也使用了类似的原理来提高电容量。

氧化铝是一种两性氧化物，一旦接反电极，就会发生还原反应，导致电解液由中性转为碱性，氧化铝会被碱性电解液溶解，导致正极被腐蚀，因此有极性的电解电容器不能反接。

超级电容器为了维持正极活性炭的寿命，在制作过程中人为增大了正电极的厚度，导致正负极厚度不一样，反接会缩短电容器寿命，因此也不能反接。

1.2.3　不同种类电容器的区别

1. 介质

当电介质被外电场极化以后，其内部和表面会产生附加电荷，使得电容器的电容量比真空为介质时的电容器增加若干倍，大多数类型的电介质是绝缘体。低容量的电容器常用真空作为介质，这样可以获得极高的工作电压和较低的损耗。

为了尽可能提高电容器保持电荷的能力，电介质材料必须有较高的介电常数，同时拥有较高的击穿电压。常用的固体电介质包括纸、塑料薄膜、玻璃、云母和陶瓷材料。纸作为电介质，曾经在19世纪后半叶广泛应用在对电容器工作电压需求较高的环境，但其易受水影响，所以大部分已被塑料薄膜替代，如聚酯类（PET、PEN）、聚丙烯（PP）、聚亚苯基硫化物（PPS）等。塑料薄膜电介质具有更高的稳定性和更长的寿命，虽然可能受工作温度和频率的限制，但这种电容器在时钟电路中表现非常出色。

瓷介电容器普遍小且便宜，在高频电路中应用较多，其电容量与电压有很大的关系。以玻璃和云母作为电介质制成的电容器可靠性和稳定性较高，且能够承受高温和高电压，但是对于主流应用，它们的造价非常昂贵。自从电子产品实行无铅化后，高介电常数的铅退出了陶瓷电容器领域，现在的陶瓷电容器主要使用二氧化钛（TiO_2）、钛酸钡（$BaTiO_3$）、锆酸钙（$CaZrO_3$）等作为电介质。

电解电容器以铝或钽等阀金属的氧化膜作为电介质,这层厚度仅有 0.01～1.5μm 的薄膜是通过在高纯度的刻蚀铝箔上进行阳极氧化得到的。电解电容器的电容量可以做到法拉级别,但是耐压性和稳定性都差,高温环境下容量会逐步损失,同时漏电流增大。铝电解电容器如果长时间(大约一年)不使用,电介质氧化膜会劣化,引起漏电流增大,当满功率接入电路时可能导致短路,造成电容器永久性失效。钽电解电容器的频率和温度特性都比铝电解电容器好,但漏电流较大。

超级电容器大多用于储能,其电极的主要成分是活性炭、炭气凝胶、碳纳米管、过渡金属氧化物、导电聚合物和其他多孔材料等,电容量达到千法拉级别,在某些应用场合用于代替二次电池。超级电容器的电介质不是传统的平面材料,它是由液体或固体电解质构成的溶液体系,又称电解液,常用的电解液有四乙基四氟硼酸铵盐的乙腈溶液(TEA-BF$_4$/AN)以及四乙基四氟硼酸铵盐的碳酸丙烯酯溶液(TEA-BF$_4$/PC)。

表 1-2 列出了不同种类电容器各自的优缺点。从使用纯电介质的静电电容器到使用阀金属氧化膜的电解电容器,再到使用具有离子运输特性电解质的超级电容器,电荷迁移载体发生了历史性的改变。

表 1-2　不同电介质/电极材料的电容器的优缺点

电容器		优缺点
薄膜电容器	涤纶薄膜电容器	优点:介电常数较高,体积小,容量大,耐热耐湿性较好,价廉。缺点:稳定性差
	聚苯乙烯薄膜电容器	优点:介质损耗小,绝缘电阻高,温度系数小,电容量误差小,耐压强度高,对化学试剂的稳定性高,制作简单,成本低。缺点:耐热性差,上限为 70~75℃
	聚丙乙烯薄膜电容器	优点:介电常数较高,体积小,容量大,耐压高,高频性能好,稳定性较好,相对聚苯乙烯薄膜电容器略差。缺点:温度系数大
瓷介电容器	云母电容器	优点:介质损耗小,绝缘电阻高,分布电感小,温度系数小,不易老化。缺点:容量小,价格贵
	高频陶瓷电容器	优点:性能稳定,损耗和漏电流小,能耐高温。缺点:容量小,机械强度低,易碎易裂
	低频陶瓷电容器	优点:体积比高频陶瓷电容器小,容量比高频陶瓷电容器大。缺点:稳定性差,耐压低,介质损耗大
电解电容器	铝电解电容器	优点:容量大,能耐受大的脉动电流。缺点:容量误差大,漏电流大
	钽电解电容器	优点:寿命长,耐高温,准确度高,滤高频谐波性能极好,体积小。缺点:价格比铝电解电容器贵,而且耐电压及电流能力较弱
超级电容器	双电层电容器	优点:容量远远大于普通电容器。缺点:功率密度比普通电容器低很多,耐压低,一般不超过 3V
	准电容器	
	混合电容器	

2. 性能

电容器的常用性能指标包括电容量、额定电压、绝缘电阻、等效串联电阻、频率特性、温度系数。无极性电容器的电容量一般在 10μF 以下，而有极性电容器的电容量在 1F 以上，后者约高出前者 10^5 倍，电解电容器的电容量最高已达 3F。超级电容器比较特殊，其工作原理与普通电容器不同，借助于高比表面积的活性炭电极材料，其电容量是电解电容器的数千倍，能量密度也达到了短时储能的要求，多用于能量存储的辅助电源、功率补偿电源等。

额定电压是指电容器在允许的工作环境温度下，长时间可靠稳定地工作且电介质不会被击穿所能承受的最大直流电压。各类电容器的电容量和额定电压比较如图 1-7 所示。

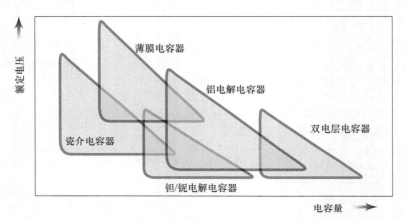

图 1-7　各类电容器的电容量和额定电压比较图

在静电电容器领域，绝缘电阻是指电介质的电阻值，这个值越大越好，因为这样电容器的漏电流越小。在电解电容器和超级电容器领域，只有等效串联电阻的概念，这个值越小越好，否则会引起电容器发热，将电解液由液体蒸发为气体，导致电容器壳体压力增大，严重时会引起外壳胀裂。

一般而言，电容器的电容量会随着频率的上升而下降，这就是电容器的频率特性。薄膜电容器的频率特性最好，瓷介电容器次之，电解电容器较差，超级电容器最差，因为超级电容器中电荷的存储和释放是以电解质极化实现的，响应速度不及以静电方式存储电荷的一般电容器。

电容器的电容量会随温度发生改变，一般将一定温度范围内，温度变化 1℃带来的容量改变值作为温度系数，这个值越小越好。

表 1-3 对各类电容器的性能进行了比较。

表 1-3　各种电容器的性能比较

电容器	小型化	频率特性	温度特性	高压电	高容量	长寿命	能量密度
薄膜电容器	○	●●	○	●	○	△	△
瓷介电容器	●	○	△	▲	▲	●	△
铝电解电容器	●	△	△	○	●	△	●
钽电解电容器	●	▲	○	▲	▲	○	●
超级电容器	▲	△△	○	△	●●	●	●●

注：●代表非常好，○代表好，▲代表一般，△代表差。

表 1-4 列出了各类电容器的性能参数。

表 1-4　各类电容器的性能参数

电容器		电容量范围	直流工作电压	工作温度
薄膜电容器	涤纶薄膜电容器	470pF～4.7μF	63～630V	−55～125℃
	聚苯乙烯薄膜电容器	10pF～2μF	30V～15kV	−40～55℃
	聚丙乙烯薄膜电容器	1000pF～10μF	63V～2kV	85～100℃
瓷介电容器	云母电容器	10pF～0.51μF	100V～7kV	−55～85℃
	高频陶瓷电容器	1pF～0.1μF	63～630V	−55～125℃
	低频陶瓷电容器			
电解电容器	铝电解电容器	1～10000μF	4～500V	−55～125℃
	钽电解电容器	0.47～1000μF	6.3～160V	−55～125℃
超级电容器	双电层电容器	1～12000F	2～3V	−40～70℃
	准电容器	＞5000F	1～1.8V	−20～60℃
	混合电容器	＞2000F	1.5～3.8V	−20～60℃

3. 结构

电容器的结构分为外部结构和内部结构，为了适应不同的应用场合，电容器的外部结构可以做成各种形状，如圆饼状、管状、方块状、筒状等。内部结构可分为卷绕型和叠片型。

薄膜电容器内部主要分为卷绕型结构和积层型结构（图 1-8），而卷绕型又可细分为有感型和无感型（图 1-9），有感型和无感型的主要区别在于，有感型电容器是在电极内部预先附着导线后再进行卷绕制成的，无感型是将电极卷绕好之后再附着导线制成的。积层型结构多为无感型。无感型电容器比有感型电容器的电感小，且在高频区工作时具有优势。

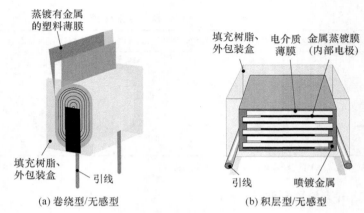

(a) 卷绕型/无感型　　　　　(b) 积层型/无感型

图 1-8　薄膜电容器结构示意图

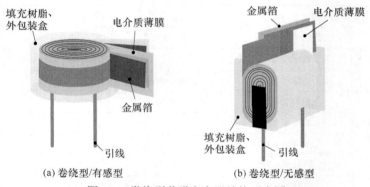

(a) 卷绕型/有感型　　　　　(b) 卷绕型/无感型

图 1-9　卷绕型薄膜电容器结构示意图

目前，世界上生产的电容器约有 **80%** 是贴片型陶瓷电容器，贴片型陶瓷电容器是由电介质层和内部电极多层积层组成的结构。采用替代引线形成端子电极（外部电极）的表面装配元件（SMD），以达到小型化与节省空间的效果，实现电路基板的高密度装配，如图 1-10 所示。

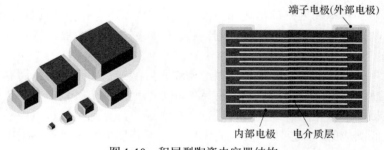

图 1-10　积层型陶瓷电容器结构

铝电解电容器从结构上看，还分为引线（径向引线（图 1-11）、轴向引线）型、SMD 型、螺纹端子型等。

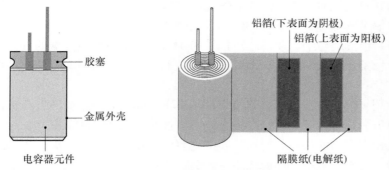

图 1-11　径向引线型铝电解电容器的结构

超级电容器从结构和形状上有很多种分类。从纽扣式的小型类型，到圆柱型、方型、软包式等的大型类型，如图 1-12 所示。

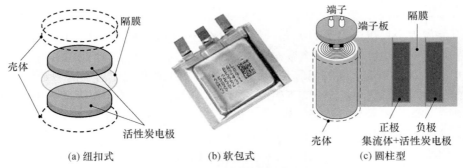

(a) 纽扣式　　　(b) 软包式　　　(c) 圆柱型

图 1-12　超级电容器的类型及结构

4. 应用领域

薄膜电容器、陶瓷电容器和铝/钽电解电容器这三类电容器占电容器市场总量的 90%以上，超级电容器占我国能量存储装置（包括电池、电容器）的市场份额约为 0.5%。上述四类电容器的技术参数以及应用领域不同，相互替代效应小，具体如下：

（1）薄膜电容器具有很多优良的特性，包括耐电压高、耐电流大、阻抗低、电感低、容量损耗小、漏电流小、温度性能好、充放电速度快、使用寿命长、安全防爆稳定性好等。基于以上优点，薄膜电容器被大量使用在模拟电路中，包括大功率开关电源、中频电源、高频电源、超频电源、变频器、静止无功发生器等领域。具体下游领域包括绿色照明、家电、工业控制、新能源以及新能源汽车等领域。

（2）陶瓷电容器具有微型化、耐高温、超低损耗、低成本、高绝缘电阻、高耐压和较好稳定性的特点，但普通陶瓷电容器电容量小，适用于高频电路。

（3）铝电解电容器从下游应用来看主要分为消费类和工业类两大类，从下游占比来看，消费类电子行业占总消耗量的 44%，是铝电解电容器的最大市场；其次是工业设备，包括各类变频设备，占 23%左右；通信、汽车等行业也占 5%～7%的比例。

（4）超级电容器主要有以下特点：功率密度高；充放电循环寿命长，可达百万次充放电循环寿命；能量密度适当；可靠性高；工作温度范围宽，对环境要求低。与其他现有储能技术相对比，超级电容储能技术具有无污染、效率高的明显优势，符合当下发展绿色能源的主流趋势，主要应用于消费电子、智能手表、智能电网、电动汽车以及航空航天等军事相关领域。

1.3　电化学电容器

荷兰 Leiden 大学的物理学家 Pieter van Musschenbroek 于 1746 年发明的莱顿瓶开始了人类使用电容器的历史。在 20 世纪 50 年代以前，人类对电容器的研究主要限于电解电容器，电解电容器被广泛应用于电子、通信等产业的电子产品中。微电子技术和集成电路的出现使得更大容量、更小体积的电容器成为迫切需求，传统电容器在该领域凸显了其应用的局限性。因此，对电化学电容器的研究应运而生。然而，学术界广泛研究双电层结构用于能量存储仅有几十年。

许多领域（如激光武器的激励源、动力装置的启动等）都需要能够存储很高能量并且可以在极短的时间内释放能量的储能器件，并有极重要的应用。但高倍率能量的释放并不是一般的器件可以做到的，为此人们研制出了单体电容量高达数千乃至数万法拉的电化学电容器，可以为激光武器提供短时极高功率的激发电流，这也是研制电化学电容器的最初目的。即使不用于军事领域，电化学电容器在纯电动汽车、混合动力汽车和一些需要短时高倍率放电的应用中也占有重要的地位。

1.3.1　电化学电容器的发展史

早在 1879 年，Helmholtz[32]就提出了第一个金属电极表面离子分布的模型，该模型描述了电极/电解质界面的双电层电容性质，而后不断有学者对此进行了修正和补充。

利用该原理，通用电气公司的 Becker 于 1957 年申请了第一个由高比表面积活性炭为电极材料的电化学电容器专利，他提出可以将小型电化学电容器用作储能器件。该专利描述了将电荷存储在充满水性电解液的多孔炭电极的界面双电层中，从而达到存储电能的目的[27]。

1968 年，标准石油公司提出了利用高比表面积炭材料制作双电层电容器的专利[33]。随后，该技术被转让给日本 NEC 公司，该公司从 20 世纪 70 年代末开始生产商标化的超级电容器，其最初的产品以水溶液为电解液，两个电极都采用活性炭电极。与此同时，日本 Panasonic 公司发明了以活性炭为电极材料、以有机溶剂为电解液的"Gold Capacitor"（即"金电容器"）。80 年代，日本 NEC 公司实现了双电层电化学电容器的大规模产业化，并推出系列化的产品。研究发现，电化学电容器可以为混合动力电动汽车加速提供必要的动力，并且能够回收刹车时产生的能量。此外，电化学电容器还具有为蓄电池提供后备电源、防止电力中断等其他更重要的作用。

从此，碳基电化学电容器开始得到大规模商业应用，其中日本企业占据了全球的大容量电容器市场，电化学电容器从此也引起了世界各国的广泛关注和研究。20 世纪 90 年代后，全球多个国家开始进行大容量、高功率型电化学电容器的研发和生产，许多著名的研究机构和大公司对碳基电化学电容器的研究取得了令人瞩目的成就。目前该领域著名的公司有美国的 Maxwell 和 Ioxus、日本的 Panasonic 和 NEC、俄罗斯的 ECOND 和 ESMA、澳大利亚的 Cap-XX、韩国的 Nesscap、中国的 SPSCAP 和 CRRCCAP 等。

以上这些电化学电容器都属于双电层电容器。随着电化学电容器应用领域的拓展，对其所存储能量的要求不断提升，活性炭基电化学电容器的能量密度已经无法满足需求，于是基于法拉第氧化还原反应的准电容器开始得到关注。20 世纪 70 年代后，学者陆续发现贵金属氧化物（如 RuO_2）和导电性高分子（如聚苯胺）的电化学行为介于电池电极材料和电容器电极材料之间，这些材料构成的非极化电极具有典型的电容特性，能够存储大量的能量。

1975～1981 年，加拿大渥太华大学 Conway 研究小组同加拿大大陆集团（Continental Group）合作开发出一种以 RuO_2 为电极材料的"准电容"体系[34]。Pinnacle Research 公司一直在 Continental Group 的实验室中持续进行有关 RuO_2 体系的研究，并开发了其在激光武器和导弹定向系统等军事方面的应用[35]。

1990 年，Giner 公司推出了以这种具有法拉第准电容性材料作电极的新型电容器，称为准电容器或赝电容器（pseudo-capacitor）[36]，其能量密度远大于传统双电层电容器。然而，对于大规模电容器的生产，使用 Ru 材料过于昂贵，难以实现民用商业化，目前仅在航空航天、军事方面有所应用。

此外，相关的研究机构开始研究新体系的电化学电容器机理，且尝试更广阔的应用领域，尤其是近年来对电动汽车的开发以及对功率脉冲电源的需求，更加激发了人们对电化学电容器的研究。

1995 年，长期从事电容器研究并成立了 Evans Capacitor 公司的 Evans 发表了关于混合电容器的文章[37]，他以贵金属氧化物 RuO₂ 为正极、Ta 为负极、Ta₂O₅ 为介质，构成了电化学混合电容器（electrochemical hybrid capacitor，EHC），该混合电容器既能发挥出准电容性电极 RuO₂ 较高能量密度的特点，又能保留双电层电容器功率密度较高的优点。俄罗斯科学家 Burke 以铅或镍的氧化物为正极、活性炭纤维为负极，使用水性电解液，得到了一种混合装置[38]。相对于两电极均使用同一种储能材料的"对称"装置，俄罗斯定义该混合装置为"非对称"混合电容器（asymmetric hybrid electrochemical capacitor，AHEC），并申请了专利[39]。

1997 年，俄罗斯 ESMA 公司揭示了以蓄电池材料和双电层电容器材料组合的新技术，公开了 NiOOH/AC 混合电容器的概念[40]。

2001 年，美国 Telcordia 公司的 Amatucci 报道了使用锂离子电解液、锂离子电池材料和活性炭材料组合的新型体系 Li₄Ti₅O₁₂/AC 混合电容器，其正、负极分别依靠双电层电容和锂离子嵌入/脱嵌的机制储能，能量密度达到了 20W·h/kg[41]，这是电化学混合电容器发展的又一里程碑。

2004 年后，日本富士重工陆续公开了一种以活性炭为正极、经过预嵌锂处理的石墨类碳材料为负极的新型混合电容器的制造专利[42-46]，并将其命名为锂离子电容器（lithium-ion capacitor，LIC）。相比双电层电容器，该锂离子电容器的能量密度可得到大幅提升。2008 年，日本的 JM Energy 公司率先生产锂离子电容器，目前已在日本开始验证使用。

2008 年，日本东京农工大学的 Naoi 等[47]报道了以活性炭为正极、纳米钛酸锂与碳纳米纤维复合材料为负极的混合电容器（nanohybrid capacitor，NHC）。该 NHC 体系与 LIC 体系类似，都是通过活性炭与锂离子电池材料的混合使用实现高能量密度。目前该体系由日本 NCC（Nippon Chemi-Con）公司制作出了实验室样品。

近年来，随着对电动汽车研究的深入，电化学电容器的应用优势越来越明显。经过多年的发展，随着电化学电容器材料与工艺关键技术的不断突破，出现了不同的电化学电容器体系。人类对电化学电容器的研究愈发活跃，其市场前景日趋繁荣。

需要说明的是，在上述利用电化学原理存储电能装置的发展进程中，人们使用了许多不同的名字来称呼这类储能装置，如金电容器、动电电容器（electro kinetic capacitor）、双电层电容器、准电容器、假电容器或赝电容器和超级电容器（supercapacitor 或 ultracapacitor）等。其中，超级电容器是许多研究者和企业更偏爱的称呼。但是近年来，人们更多地使用更为科学和专业的术语——电化学电容器（electrochemical capacitor，EC）来称呼该体系。因此，本章统一使用电化学电容器这一术语，但有时为了说明原理或尊重某些引用的资料，也会使用双电层电容器、准电容器和超级电容器等术语[48]。

1.3.2　电化学电容器的结构和工作机制

1. 电化学电容器的结构

1) 电化学电容器的内部结构

同蓄电池一样，电化学电容器的内部由正极、负极、电解液和防止两极相互接触的隔膜组成。其中，电化学电容器的正极和负极使用的是活性储能材料，引出集流体为导电金属箔；中间用多孔绝缘材料作为两个电极的隔膜，在除了引出集流体、储能活性材料和隔膜外的所有空间均填充电解液。电化学电容器的内部结构如图 1-13 所示。

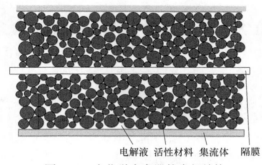

电解液　活性材料　集流体　　隔膜

图 1-13　电化学电容器的内部结构

（1）电极。电极是电化学电容器的关键部分，电化学电容器的电极有极化电极和可逆电极两类。只在与电解液接触的相界面上产生极化，而不发生体相反应的电极称为极化电极；在电极/电解液界面及电极体相中发生快速、可逆的氧化还原反应的电极称为可逆电极。极化电极积累电荷、产生双电层电容，可逆电极产生法拉第准电容。

电化学电容器的电极如图 1-14 所示，它由电极活性材料与黏结剂、导电剂等混合后附着于集流体表面压制而成。电化学电容器的电极活性材料主要有炭材料、导电聚合物材料和金属氧化物材料三类。

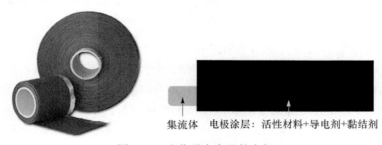

集流体　　电极涂层：活性材料+导电剂+黏结剂

图 1-14　电化学电容器的电极

（2）隔膜。隔膜作为两个电极之间的绝缘体，除化学性质稳定外，还要求其本身不具备电子导电性，同时又不能阻碍离子的通过。可以作为电化学电容器隔膜的材料种类较多，如尼龙隔膜、聚丙烯膜、复合微孔膜、纤维素纸等，如图 1-15 所示。

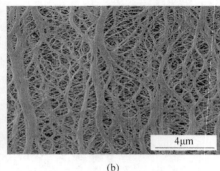

(a)　　　　　　　　　　　　　　　　　　　(b)

图 1-15　电化学电容器的隔膜

（3）电解液。电解液填充于正、负极和隔膜之间的空隙，对储能器件的容量、内阻、温度特性等性能有重要影响。电化学电容器的电解液由电解质和溶剂构成，有些还根据不同的需求加入添加剂。电化学电容器的电解液主要有水性电解液（如硫酸、氢氧化钾溶液等）、有机电解液（如四氟硼酸季铵盐）、离子液体等，如图 1-16 所示。

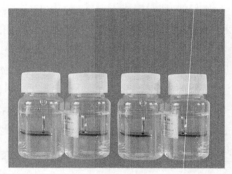

图 1-16　电化学电容器的电解液

2）电化学电容器的外部封装形式

电化学电容器的封装类型由它们的类别、尺寸及最终用途决定。同蓄电池一样，电化学电容器有纽扣式、圆柱型、方型等几种不同的封装形式。根据需求，将电芯放入不同材质的外壳（如铝塑膜（通常将铝塑膜为外壳的产品称为软包式产品）、铝壳、钢壳等），再分别封装成产品。电芯有叠片式、圆柱型卷绕式、扁平卷绕式三种制作方式，如图 1-17 所示。

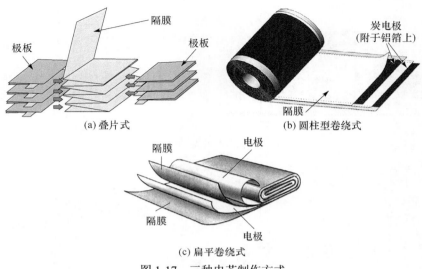

(a) 叠片式

(b) 圆柱型卷绕式

(c) 扁平卷绕式

图 1-17 三种电芯制作方式

纽扣式和圆柱型电容器常用于 PC 板的焊接模式中，如图 1-18（a）和（b）所示。大型圆柱型产品和卷绕软包式产品的电极通过卷绕方式形成卷芯，然后将电极箔焊接到引流端子，使外部的承流能力得到扩展，如图 1-18（b）和（c）所示。叠片软包式产品和方型产品的内部是基于极片的堆叠，集流体从每片电极中引出并被连接到引流端子，从而扩展电容器的承流能力，如图 1-18（c）和（d）所示。

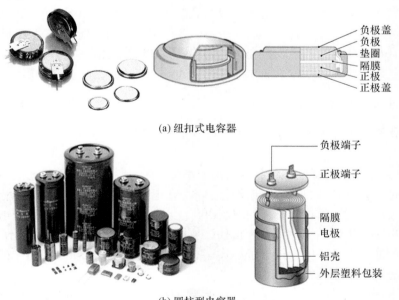

(a) 纽扣式电容器

(b) 圆柱型电容器

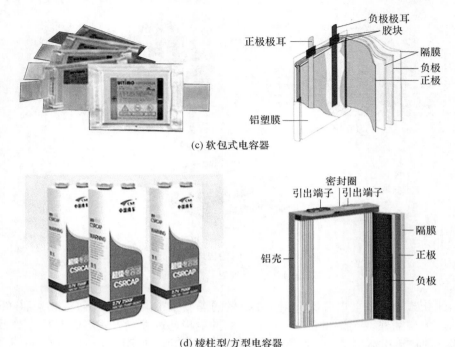

(c) 软包式电容器

(d) 棱柱型/方型电容器

图 1-18　电化学电容器的外部封装形式

一般来说，圆柱型电容器结构设计简单，工艺比较成熟，适宜大批量连续化生产，且成组散热性好，但是圆柱型产品形状复杂，多个电容器单元串并联时困难较大，对电容器进行管理时较为困难。方型电容器的单体容量大，封装结构简单，而且其形状和结构便于多个电容器的串并联以满足对高电压的需要，但是生产工艺复杂，制造过程投入成本高。

2. 电化学电容器的工作机制

电化学电容器有双电层电容器储能和准电容器（又称赝电容器）储能两种储能机制。

1）双电层电容器储能机制及其历史演变

根据电化学基本原理，双电层电容器是在电极与电解质接触后使电极/电解液的界面上产生稳定而符号相反的双层电荷，电解质表面的电荷在一定的电压下被双电层电荷产生的电场拉到靠近它且符号相反的电极上，如图 1-19 所示。该双电层中电解液的电荷以纳米级离子形式存在，因此这个电容器的两个电极间的距离仅为电解液分子直径大小。

双电层理论是界面电化学的一个重要组成部分，它与液-固界面的吸附和交换

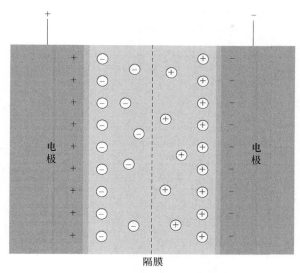

图 1-19　双电层电容器储能机理

等许多重要性质有关。双电层理论的发展始于 19 世纪，在较长的一段时期内不断发展演化，直到今天还在应用中不断地完善，其发展大致经历了如下四种模型：

（1）Helmholtz 模型。双电层模型是由德国的 Helmholtz[49]于 1853 年首先提出的，用来描述在胶体粒子表面准二维区间相反电荷分布的构想。他认为双电层由两个相距为分子尺寸的带相反电荷的电荷层构成，正负离子整齐地排列于电极/溶液界面的两侧，电荷分布情况类似于平板电容器，双电层的电势分布为直线分布，双电层的微分电容为一定值而与电势无关，只与溶液中离子接近电极表面的距离成反比。该紧密结构称为 Helmholtz 双电层模型，如图 1-20 所示。

　　该双电层模型完全是从静电学的角度出发来考虑的，两种相反的电荷靠静电引力存在于电容器的两侧，其间距约为一个分子的厚度。但该模型过于简单，与实际情况多有矛盾。

（2）Gouy-Chapman 模型。Helmholtz 模型提出后，人们逐渐认识到双电层中溶液侧的离子并不会如图 1-20 中那样保持静止状态，而是具有热振动效应。1910年和 1913 年，Gouy[50]和 Chapman[51]分别对 Helmholtz 的双电层模型提出修正意见，他们认为介质中的反离子受静电吸引和热运动扩散的双重作用，因此是逐渐向介质中扩散分布的，在紧靠界面处具有较大的反离子密度，在远离界面处反离子密度小，这样形成一个扩散双电层，其扩散厚度远远大于一个分子的大小。Gouy-Chapman 扩散双电层模型如图 1-21 所示。

　　这个理论相较 Helmholtz 模型有了一定的进步，可以解释零电荷电势处出现电容极小值和微分电容随电势变化的关系，但未考虑反离子与界面的各种化学作

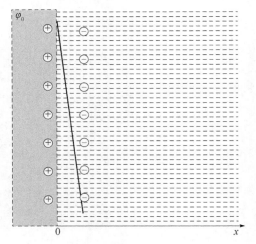

图 1-20　Helmholtz 模型

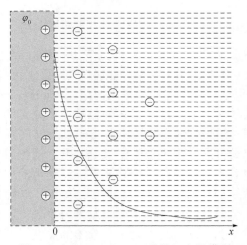

图 1-21　Gouy-Chapman 扩散双电层模型

用，仍是从静电学的观点考虑问题。

（3）Stern 模型。1924 年，Stern 提出了进一步的修正模型，他将 Helmholtz 模型和 Gouy-Chapman 模型结合起来，提出了 Gouy-Chapman-Stern（GCS）分散双电层模型，他认为双电层同时具有类似于 Helmholtz 的紧密层（内层）和与 Gouy 扩散层相当的分散层（外层）两部分，内层的电势呈直线式下降，外层的电势呈指数式下降。图 1-22 为 Stern 双电层模型。

Stern 双电层模型认为电势分为紧密层电势和分散层电势。当电极表面剩余电荷密度较大和溶液电解质浓度很大时，静电作用占优势，双电层的结构基本上是紧密的，其电势主要由紧密层电势决定；当电极表面剩余电荷密度较小和溶液

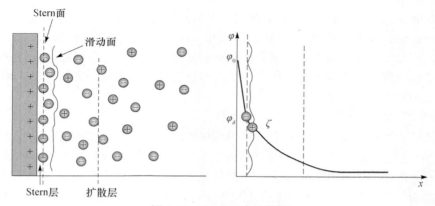

图 1-22　Stern 双电层模型

电解质浓度很小时，离子热运动占优势，双电层的结构基本上是分散的，其电势主要由分散层电势决定。

这个理论比前两个理论已大有进步，能说明一些电势与电极电势的区别，以及电解质对溶胶稳定性的影响等问题。

（4）Grahame 模型。1947 年，Grahame 进一步发展了 Stern 的双电层概念[52]，他将内层再分为内 Helmholtz 层和外 Helmholtz 层。内 Helmholtz 层由未溶剂化的离子组成，并紧紧靠近界面，相当于 Stern 模型中的内层；而外 Helmholtz 层由一部分溶剂化的离子组成，与界面吸附较紧并可随分散相一起运动，也就是 Stern 模型的外层（扩散层）中反离子密度较大的一部分。外层就是扩散层，由溶剂化的离子组成，不随分散相一起运动。Grahame 双电层模型如图 1-23 所示。

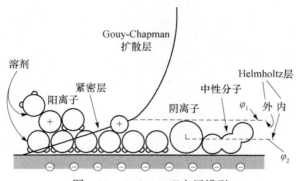

图 1-23　Grahame 双电层模型

按 Grahame 的观点，经分散界面到分散介质中的电势分布如下：由分散相表面到内 Helmholtz 层，电势是呈直线状迅速下降的；由内 Helmholtz 层到外

Helmholtz 层，以及向外延伸到扩散层，电势分布是呈指数关系下降的。

Grahame 双电层模型是双电层理论中比较完善的一个基础理论，它的适应性较强，应用也较多。但双电层理论还在不断发展和完善，许多问题至今仍在争论中。随着研究的不断深入，近年来一些新的思想和理论不断涌现，也在不断丰富着传统的双电层理论。

2）准电容器储能机制

法拉第准电容器是在电极表面或体相中的二维或准二维空间上，电极活性物质进行欠电位沉积，发生高度可逆的化学吸附或氧化还原反应，产生与电极充电电位有关的电容，如图 1-24 所示。这种化学吸附或氧化还原反应与发生在二次电池表面的氧化还原反应不同，反应主要集中在电极表面完成，离子扩散路径较短，无相变产生，且电极的电压随电荷转移的量呈线性变换，表现出电容特征，故称为"准电容器"。法拉第准电容器不仅发生在电极表面，而且可以在整个电极内部产生，因此可以获得比双电层电容器更高的电容量和能量密度。在相同电极面积的情况下，法拉第准电容器可达到双电层电容器电容量的 10～100 倍。准电容器的电极材料主要为金属氧化物（如 RuO_2、MnO_2、SnO_2、Co_3O_4 和 NiO 等）[53-56]和导电聚合物（如 PEDT、PPy、PAN 等）[57-59]。

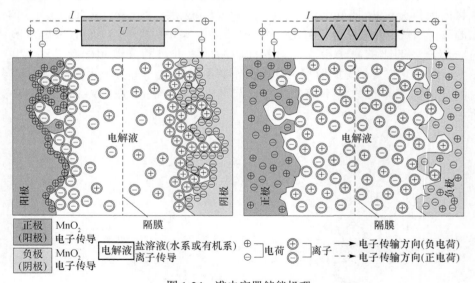

图 1-24　准电容器储能机理

1.3.3　电化学电容器的分类

随着技术的发展和进步，电化学电容器产生了不同的类别，目前主要有按照储能机理、电解液体系和电极结构三种划分方式。

1. 按照储能机理划分

根据上面讲述的双电层电容器、准电容器两种不同的储能机理，可将电化学电容器分为以下三类：基于高比表面积电极材料与溶液间界面双电层原理的双电层电容器；基于电化学欠电位沉积或氧化还原反应的赝电容器/准电容器；两种过程兼有的混合电容器[60]。

1）双电层电容器

双电层电容器正、负极为对称结构，均为双电层储能电极，电极活性材料选用高比表面积的炭材料（如活性炭、活性炭纤维、炭气凝胶、石墨烯、碳纳米管等），其中活性炭使用最为广泛。双电层电容器主要是基于炭/电解液界面的双电层储能，基本为物理过程，因而具有超长的循环使用寿命，现已进行成熟的商业化应用，也是目前市场上的主流。

近年来，在对双电层电容器的研究过程中，人们逐渐认识到高比表面积炭材料所表现出的电容某种程度上是源自于法拉第效应而非静电作用。也就是说，碳基双电层电容器中也存在一定的准电容成分，炭材料中可提供氧化还原活性的含氧官能团可能正是形成准电容的原因，该法拉第准电容器所占的比例为 1%～5% 范围内（5%的电容量是在低频下可测量的全部电容量的最大值），而高比表面积炭材料上的表面官能团很大程度上取决于碳的制备方法及预处理方式[53]。

2）准电容器

准电容器正、负极均为准电容储能电极，在电极的比表面积相同的情况下，准电容器的比容量高于双电层电容器。其中，氧化钌、氧化铱等贵金属氧化物以其固有的准电容性和准金属导电性成为制备高性能准电容器的理想电极材料，但对于大规模的工业化生产，由于贵金属资源稀缺、价格昂贵、污染环境，其产业化应用的前景受到限制。

双电层电容器与准电容器的形成机理不同，但两者并不相互排斥。大比表面积准电容器电极的充放电过程会形成双电层电容，双电层电容器电极（如多孔炭）的充放电过程也往往伴随有准电容器氧化还原过程发生。研究发现，碳基双电层电容器呈现的电容量中可能有 1%～5%是准电容，这是由炭材料表面的含氧官能团的法拉第反应引起的。另外，准电容器呈现的电容量通常也会有 5%～10%的静电双电层电容，这与电化学上可以利用的双电层界面面积成正比。

3）混合电容器

近年来，人们为了提高电化学电容器的性能并降低成本，经常将二次电池的电极材料和双电层电容器的电极材料混合使用，制成新型的混合电容器。混合电容器可分为两类，一类是电容器的一个电极采用电池电极材料，另一个电极采用双电层电容器电极材料，制成不对称电容器，这样可以拓宽电容器的电压使用范围，提高能量密度；另一类是电池电极材料和双电层电容器电极材料混合组成复合电极，制备电池电容。混合电容器既有双电层储能电极，也有准电容储能电极，部分目前研究中的体系有 AC(活性炭)/PbO_2、AC/预嵌锂石墨、AC/$Li_4Ti_5O_{12}$ 等。

4）三种电化学电容器的对比

三种电化学电容器的对比如表 1-5 所示。

表 1-5 按照储能机理分类的电化学电容器

参数	双电层电容器	准电容器	混合电容器
主要电极材料	正负极均为活性炭、活性炭纤维、碳纳米管、炭气凝胶等，其中活性炭使用最广	金属氧化物或导电聚合物	既有活性炭材料，也有二次电池材料
储能机理	物理储能，利用多孔炭电极/电解液界面双电层储能	电极和电解液之间有快速可逆氧化还原反应	物理储能+化学储能
单体电压	0~3.0V（有机系）0.8~1.8V（水系）	0.8~1.6V	由正负极材料体系决定，一般在1.5~4.0V
工作温度	−40~65℃（有机系）−20~55℃（水系）	−20~55℃	−20~55℃
循环寿命	>50万次	几万次	几万次
现状	已大批量商业化应用	无大规模产业化应用	在研制与小规模应用试点

2. 按照电解液体系划分

电化学电容器的最大可用电压一般由电解液中溶剂的分解电压决定。溶剂可以是水溶液，也可以是有机溶液，近年来还开发出了具有更高耐压值的离子液体。按照使用的电解液类型，目前研究的电化学电容器又可分为水系电化学电容器、有机系电化学电容器、离子液体电化学电容器，其特点分别如表 1-6 所示。

表 1-6 按照电解液体系分类的电化学电容器

参数	水系电化学电容器	有机系电化学电容器	离子液体电化学电容器
电解质盐	酸、碱、中性盐，如 KOH、H_2SO_4、Na_2SO_4等	季铵盐类，如 TEA-BF_4、TEMA-BF_4、SBP-BF_4等	咪唑类、吡咯类、季铵盐类、季磷盐类等
溶剂	水	PC、AN	无
优点	内阻低	单体电压高，功率大	单体电压更高
缺点	单体电压低，低温性能差，且易腐蚀设备	有机溶剂易挥发、工作电压提高困难	黏度大，功率密度较低，低温性能差，循环较差
研究现状	只在小型电容上使用	成熟，当前的主流	处于初步研究应用阶段

水系电解液的优点是电导率高、电解质分子直径较小，因此容易与微孔充分浸渍，单体内阻低，是最早应用于电化学电容器的电解液。目前水系电解液主要用于一些涉及电化学反应的准电容器以及小型双电层电容器中，其缺点是容易分解、电化学窗口窄。目前水系电解液在电化学电容器中的应用已逐步减少。

有机系电化学电容器具有较高的耐压值(其有机溶剂分解电压比水溶液的高)，从而可获得高的能量密度。由于电化学电容器的能量密度与工作电压的平方成正比，工作电压越高，电容器的能量密度越大，所以大量的研究工作正致力于开发电导率高、化学和热稳定性好、电化学窗口宽的有机电解液。

与传统的电解液相比，离子液体具有热稳定性好、电化学窗口宽等独特的物理化学性质。作为一种新颖的介质，室温离子液体在纽扣式双电层电容器领域得到了一些应用，离子液体系电化学电容器具有稳定耐用、电解液无腐蚀性、工作电压高等特点。但是，温度会影响离子液体的电导率、黏度等参数，因此使用温度对离子液体系电化学电容器的性能有较大影响。

3. 按照电极结构划分

根据电极结构及发生的反应，电化学电容器又可分为对称型电化学电容器和非对称型电化学电容器两类，其分类如表 1-7 所示。

表 1-7 按照电极结构分类的电化学电容器

参数	对称型电化学电容器	非对称型电化学电容器
电极组成	正、负极相同	正、负极不同
典型体系	碳-碳系(如 AC/AC 系、ACF(活性炭纤维)/ACF 系)炭电极电容器、RuO_2/RuO_2 系贵金属氧化物电容器等	NiO/AC 体系超级电容器、锂离子电容器、AC/$Li_4Ti_5O_{12}$ 体系超级电容器、镍碳电容器等

如果电化学电容器的两个电极组成相同，而电极反应方向相反，则称为对称型电化学电容器，炭电极双电层电容器即对称型电化学电容器。

如果电化学电容器的两电极组成不同或反应不同，则称为非对称型电化学电容器，非对称型电化学电容器有多种不同的组合方式，目前研究较多的有 NiO/AC 体系超级电容器、锂离子电容器、AC/$Li_4Ti_5O_{12}$ 体系超级电容器、镍碳电容器等。

1.3.4 电化学电容器的产业现状

从 20 世纪 90 年代开始，发达国家就已经将电化学电容器应用于坦克低温启动、无人机弹射、电磁炮等重要的军工场合。基于其重要的战略价值，美国、日本、俄罗斯、韩国、法国、德国等均把超级电容器项目作为国家级的重点研究和开发项目。由于多年的技术积累，美国、日本、俄罗斯、韩国等在电化学电容器的产业化方面技术水平较高，目前占据着全球大部分市场。

　　20 世纪 80 年代初，我国学者就注意到了电化学电容器的研究。但直到 90 年代后期，世界范围内的电化学电容器研究热潮才开始引起我国研究者的关注。近十几年来，我国科研人员经过艰辛的探索，在电化学电容器的材料、关键制造工艺、应用等方面取得了一系列研究成果，目前国内已有少部分企业生产出了具有国际先进技术水平的电化学电容器。近年来，国家 973 计划、863 计划将电化学电容器的研究和开发纳入了电动车重大专项课题，国内的一些高校、研究机构和企业相继开始电化学超级电容器的研发工作，并陆续推出商品化的电化学电容器产品。尽管我国在电化学电容器领域的研究和开发起步较晚，但近几年来发展势头迅猛。

　　在电化学电容器的种类上，目前也呈现百花齐放的局面。Maxwell 公司是美国主要的生产大、中型有机电解液双电层电容器的生产商；韩国 Nesscap 和 LS Mtron、澳大利亚 Cap-XX 等公司也都生产有机系双电层电容器；日本 JM Energy、Taiyo Yuden 等公司在新型混合超级电容器（如 LIC）的研究和开发方面具有明显的优势；俄罗斯 ESMA 公司生产的大型 $C/Ni(OH)_2$ 混合超级电容器也都具有很高的性能。这些公司占据了超级电容器市场的绝大部分份额。表 1-8 列出了当前生产电化学电容器的主要国家的电化学电容器制造企业。

表 1-8　全球电化学电容器产业现状[61]

类型	国家	代表性公司	技术体系及现状
双电层电容器	美国	Maxwell	活性炭电极，有机电解液，3400F 以下圆柱型单体，全球最大 EDLC 生产厂商
		Cooper	主要生产 400F 以下圆柱型单体产品、组扣式产品
		Ioxus	3000F 以下圆柱型产品
	日本	Panasonic	有机系、水系电解液，生产组扣式、3000F 以下圆柱型产品
		NEC	炭材料复合物电极，有机系、水系电解液，生产组扣式、400F 以下圆柱型单体
		NCC	大量生产 5000F 以下圆柱型单体产品
		Elner	生产 400F 以下产品
		Nichicon	生产 400F 以下产品
		Rubicon	生产 400F 以下产品
		Hitachi	有机系，计划中
		Taiyo Yuden	60F 以下
	韩国	Vina-Tech	大量生产 400F 以下圆柱型单体产品
		Nesscap	单体容量 1～6200F，全球产业布局
		Enerland	400F 以下
		LS Mtron	生产 AN 系、PC 系单体及模组产品，圆柱型 400F 以下，方型 1000～5000F，模组 16～202V
		Korchip	主打组扣式产品，400F 以下圆柱型产品量产中

续表

类型	国家	代表性公司	技术体系及现状
双电层电容器	澳大利亚	Cap-XX	炭材料复合物电极，有机系、水系电解液
	中国	CRRCCAP	炭材料电极，有机系，大量生产单体、模组产品，单体容量3000~9500F
		SPSCAP	活性炭电极，有机系，大量生产单体、模组产品，单体容量1~5000F
混合电容器	日本	JM Energy	生产容量1100~3300F软包式、方型锂离子电容器单体
		Taiyo Yuden	生产容量40~270F圆柱型锂离子电容器单体
		AFEC	生产容量2000F左右软包式锂离子电容器单体
		日立化成	生产容量约1000F圆柱型锂离子电容器单体
	俄罗斯	ESMA	碳/氧化镍无机混合超级电容器
	中国	哈尔滨巨容	碳/氧化镍无机混合超级电容器
		上海奥威	碳/氧化镍无机混合超级电容器、电池电容

　　目前碳-碳有机对称电化学电容器（双电层电容器）是大多数公司从事研究和生产的电化学电容器，也是应用领域最广的电化学电容器。近几年，随着新型材料的开发和市场的推广应用，双电层电容器的价格得以大幅下降，使其逐渐进入民用领域，且应用领域不断拓展。在产业化方面，双电层电容器产品也不断地推陈出新。2002年，Maxwell公司开始了干法电极生产3000F产品；2014年，Maxwell公司又将双电层电容器的耐压值提高到2.85V，发布了2.85V、3400F的产品；2014年，中国中车CRRCCAP开发出了能量密度达到7.4W·h/kg的9500F产品[60]。目前双电层电容器需要解决的问题主要是提高能量密度。

　　准电容器虽然研制较早，但是市场应用的规模还比较小。目前已实现批量化生产的混合电容器主要有 AC/Ni(OH)$_2$ 无机混合电容器、锂离子电容器两类。其中，AC/Ni(OH)$_2$ 无机混合电容器由俄罗斯 ESMA 公司于 20 世纪 90 年代研制成功，之后中国的上海奥威、哈尔滨巨容分别引进了该技术。锂离子电容器是于 21 世纪初出现的新型储能器件，目前已由日本的几家公司实现了产业化，由于其单体电压得到了显著的提高，从而数倍地提高了能量密度，因此凭借其小型化优势在附加值上有一定的吸引力。但是，锂离子电容器昂贵的价格是阻碍其应用普及的主要障碍。同时，锂离子电容器复杂的工艺决定了其成本短期内难以降低。此外，锂离子电容器还存在内阻、使用温度等方面的限制，因此未来还需要长足的发展。虽然锂离子电容器是在双电层电容器出现多年后才出现的类型，且产业前景看好，但目前看来，在未来一段时间内仍无法全面取代双电层电容器在市场中的地位。

1.3.5　电化学电容器与其他储能器件的鉴别

电化学电容器的出现已有三十多年，但其进入民用领域不过十几年，相比于其他储能器件，人们仍然对其较为陌生。电化学电容器同传统的电容器、蓄电池一样，在公共交通、绿色能源、智能电网、工业机械等领域都有着广泛而重要的应用，这是由其特性决定的。

电化学电容器的特点是储能密度高、放电功率密度高、快速充放电能力强、循环寿命长，其能量较传统的静电电容器高很多，介于静电电容器和蓄电池之间，如图 1-25 所示。

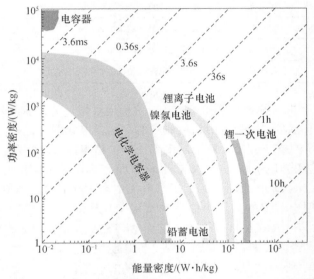

图 1-25　电化学电容器在储能器件中的地位（Ragone 图）[62]

1. 电化学电容器与蓄电池的鉴别

1）双电层电容器与蓄电池的鉴别

市面上常见的电化学电容器为双电层电容器，它与蓄电池的鉴别主要可从以下四个方面进行[63]。

（1）两个电极是否可短接。双电层电容器的电压可以释放到零，所以双电层电容器在存储和运输过程中电容器的两端是短接的，也就是说，在不用时不希望双电层电容器带有电荷或电压。而蓄电池的电压是不允许释放到零的，也不允许正、负电极短接，否则会造成短路并损坏电池。因此，仅仅从两个电极平时是否短接就可以简单地判别出电化学电容器与蓄电池。当然，从是否可以放电到零来区分双电层电容器和蓄电池也是行之有效的方法。

（2）是否允许反向电压工作。从理论上讲，由于双电层电容器的两个电极是对称的，所以允许反向电压工作，但在实际应用中，双电层电容器不支持反向使用。而蓄电池绝不允许也不可能反向电压工作。

（3）充电过程的电压与电荷之间是否为线性关系。双电层电容器在充放电过程中，电压与电荷之间的关系是近似线性关系，而蓄电池的电压与电荷之间的关系不是线性关系。

（4）循环寿命长短。法拉第体系和非法拉第体系的重要区别在于是否具有可逆性。双电层电容器存储能量时，充电和放电仅是电容器极板上电子电荷的转移，几乎不存在化学变化。然而，通过法拉第反应在电池中存储能量时，阳极材料和阴极材料必定发生相互化学转变，通常还伴随相变。尽管所有的能量变化都能够以相对可逆的热力学方式进行，但电池中的充放电过程常导致电极材料不可逆地转换。因此，蓄电池循环寿命一般限制于一千至几千个充放电循环内。而双电层电容器由于充放电时无相变，几乎具有无限的寿命，可达 50 万～100 万次。

2）准电容器、混合电容器与蓄电池的鉴别

由于准电容器和混合电容器的工作原理涉及氧化还原反应，它们与蓄电池之间的鉴别要困难一些。所不同的是，准电容器、混合电容器的储能有一部分是双电层效应储能，如果没有这一点从本质上就不属于电化学电容器。

对于电化学电容器与蓄电池，可以从放电平台的斜率上区分，放电曲线具有明显斜率的是电化学电容器。

需要强调的是，本节并非是要讨论用电化学电容器来取代蓄电池，尽管电化学电容器在某些领域有其独特的应用，如近年来出现的储能式无轨电车、储能式有轨电车等。但在某些应用领域，电化学电容器与蓄电池之间是相辅相成的。确切地说，电化学电容器可与蓄电池联合使用，其中一方为另一方的补充或配合。

2. 水系双电层电容器与有机系双电层电容器的鉴别

从电解液的角度区分，双电层电容器可以分为有机系双电层电容器和水系双电层电容器，两类双电层电容器主要通过以下性能参数区分。

1）通过额定电压区分

由于水的分解电压较低，水系电化学电容器额定电压在 1.8V 以下，而有机系电化学电容器的额定电压在 2.5V 以上。

2）通过能量密度区分

由于电化学电容器的能量密度与单体电压的平方成正比，而有机体系的双电层电容器的额定电压高于水系双电层电容器，所以有机系双电层电容器的能量密度高于水系双电层电容器。例如，有机系双电层电容器能量密度可达 5～10W·h/kg，而水系双电层电容器的能量密度仅 2～5W·h/kg。一般来说，水系双电层电容器的体积和重量通常比较大。

3）通过内阻区分

由于有机电解液的电导率远低于水溶液体系的电解液，所以理论上水系电化学电容器的内阻要低于有机系电化学电容器。但实际上，水系双电层电容器在等效串联电阻（ESR）和放电电流方面不如有机系双电层电容器。有机系电化学电容器需要优质的高纯集流体、活性炭和性能优良的电解液，而水系电化学电容器对活性炭、电解液等材料的要求都没有有机系电化学电容器的高，因此水系电化学电容器实现起来比较容易，价格具有优势。但是，水系电化学电容器对材料质量要求不高，也导致了漏电流大的缺点。

4）通过工作温度范围区分

有机系双电层电容器具有较宽的工作温度范围，通常在–40～65℃内均可正常工作；水系双电层电容器工作温度范围较窄，在–10℃以下时，工作性能大大降低。

参 考 文 献

[1] Bard A J, Faulkner L R. 电化学方法——原理和应用[M]. 邵元华, 朱果逸, 董献堆, 等译. 北京: 化学工业出版社, 2005.

[2] 吕鸣祥, 黄长保, 宋玉谨. 化学电源[M]. 天津: 天津大学出版社, 1992.

[3] Bockris J O M, Reddy A K N. Modern Electrochemistry 1: Ionics[M]. New York: Kluwer Academic Publishers, 1998.

[4] Schmickler W. Interfacial Electrochemistry[M]. New York: Oxford University Press, 1996.

[5] Rieger P H. Electrochemistry[M]. New York: Chapman and Hall, 1994.

[6] 吴宇平, 万春荣, 姜长印, 等. 锂二次电池[M]. 北京: 化学工业出版社, 2002.

[7] Oldham K B, Myland J C. Fundamentals of Electrochemical Science[M]. New York: Academic Press, 1994.

[8] Brett C M A, Brett A M O. Electrochemistry Principles, Methods, and Applications[M]. New York: Oxford Science Publications, 1993.

[9] Thomson J J. The Electron in Chemistry[R]. Philadelphia: Franklin Institute, 1923.

[10] 郭炳焜, 李新海, 杨松青. 化学电源——电池原理及制造技术[M]. 长沙: 中南大学出版社, 2009.

[11] Glasstone S. Textbook of Physical Chemistry[M]. New York: Van Nostrand Company, 1940.

[12] Conway B E. Ionic Hydration in Chemistry and Biophysics[M]. Amsterdam: Elsevier Science,

1981.

[13]　Delahay P. New Instrumental Methods in Electrochemistry[M]. New York: Interscience, 1954.

[14]　肖友军, 李立清. 应用电化学[M]. 北京: 化学工业出版社, 2012.

[15]　李荻. 电化学原理[M]. 北京: 航空航天大学出版社, 2008.

[16]　管从胜, 杜爱玲, 杨玉国. 高能化学电源[M]. 北京: 化学工业出版社, 2004.

[17]　田昭武. 电化学研究方法[M]. 北京: 科学出版社, 1984.

[18]　沈慕昭. 电化学基本原理及其应用[M]. 北京: 北京师范大学出版社, 1987.

[19]　邓远富, 曾振欧. 现代电化学[M]. 广州: 华南理工大学出版社, 2014.

[20]　黄可龙, 王兆翔, 刘素琴. 锂离子电池原理与关键技术[M]. 北京: 化学工业出版社, 2010.

[21]　Keithley J F. The Story of Electrical and Magnetic Measurements: From 500 BC to the 1940s[M]. New York: Wiley-IEEE Press, 2013.

[22]　Isaacson W. Benjamin Franklin: An American Life[M]. London: Simon & Schuster, 2004.

[23]　Mansbridge G F. Improvements in and relating to electrical condensers[P]: US, GB190019451A. 1901.

[24]　Mansbridge G F. The manufacture of electrical condensers[J]. Journal of the Institution of Electrical Engineers, 1908, 41(192): 535.

[25]　Montagné J C. Eugène Ducretet: Pionnier Français de la Radio[M]. Paris: Autoédition, 1998.

[26]　Charles P. Electrischer fiussigkitskondenseator mit aluminumelektroden[P]: US, 92564. 1896.

[27]　Becker H I. Low voltage electrolytic capacitor[P]: US, 2800616. 1957.

[28]　Rightmire R A. Electrical energy storage apparatus[P]: US, 3288641. 1966.

[29]　Boos D. Electrolytic capacitor having carbon paste electrodes[P]: US, 3536963. 1970.

[30]　Panasonic. Electric Double Layer Capacitor, Technical guide 1. Introduction, Panasonic Goldcaps[EB/OL]. https://industrial.panasonic.com/tw/products/capacitors/edlc/edlc-wound-type [2016-12-06].

[31]　ELNA. Electric double-layer capacitors[EB/OL]. http://www.elna.co.jp/en/capacitor/double_layer [2015-02-21].

[32]　Helmholtz H. Studien über electrische Grenzschichten[J]. Annalen der Physik,1879, 243(7): 337-382

[33]　Boos D, Metcalfe J. Electrolytic capacitor employing paste electrodes[P]: US, 3634736. 1972.

[34]　Conway B E. Transition from "supercapacitor" to "battery" behavior in electrochemical energy storage[J]. Journal of the Electrochemical Society, 1991, 138(6): 1539-1548.

[35]　Bullard G L, Sierra-Alcazcar H B, Lee H L, et al. Operating principles of the ultracapacitor[J]. IEEE Transactions on Magnetics, 1989, 25(1): 102-106.

[36]　Sarangaponi S, Lessner P, Laconti A B. Proton exchange membrane electrochemical capacitors[P]: US, 5136474. 1990.

[37]　Evans D A. A 170 volt tantalum Hybrid^{TM} capacitor-engineering considerations[C]. Extend Abstracts for Proceeding of the Fifth International Seminar on Double Layer Capacitors and Similar Energy Storage Devices, 1995: 1-5.

[38]　Burke A. Ultracapacitors: Why, how, and where is the technology[J]. Journal of power Sources, 2001, 91: 37-50.

[39]　Razoumov S, Klementov A, Litvinenko S, et al. Asymmetric electrochemical capacitor and method of making[P]. US, 6222723. 2001.

[40]　刘兴江, 陈梅, 胡树清, 等. 电化学混合电容器研究的进展[J]. 电源技术, 2005, 29(12): 787-790.

[41]　Amatucci G G, Badway F, Pasquier A D, et al. An asymmetric hybrid nonaqueous energy storage cell[J]. Journal of the Electrochemical Society, 2001, 148(8): A930-A939.

[42]　安东信雄, 小岛健治, 田崎信一, 等. 有机电解质电容器[P]: 中国, CN1768404-A. 2006.

[43]　安东信雄, 小岛健治, 田崎信一, 等. 有机电解质电容器[P]: 中国, CN1860568-A. 2006.

[44]　田崎信一, 安东信雄, 永井满, 等. 锂离子电容器[P]: 中国, CN1926648-A. 2007.

[45]　松井恒平, 高畠里咲, 安东信雄, 等. 锂离子电容器[P]: 中国, CN1954397-A. 2007.

[46]　小岛健治, 名仓哲, 安东信雄, 等. 使用中孔碳材料作为负极的有机电解质电容器[P]: 中国, CN1938802-A. 2007.

[47]　Naoi K, Simon P. New materials and new configurations for advanced electrochemical capacitors[J]. Journal of the Electrochemical Society, 2008, 17(1): 34-37.

[48]　袁国辉. 电化学电容器[M]. 北京: 化学工业出版社, 2006.

[49]　Helmholtz H. Ueber einige gesetze der vertheilung elektrischer Ströme in körperlichen Leitern, mit anwendung auf die thierischelektrischen versuche[J]. Annalen Der Physik Und Chemie, 1853, 165(7): 353-377.

[50]　Gouy G. Sur la constitution de la charge electrique a la surface dun electrolyte[J]. Journal de Physique, 1910, 9(1): 457-468.

[51]　Chapman D L. A contribution to the theory of electrocapillarity[J]. Philosophical Magazine, 1913, 25(148): 475.

[52]　弗鲁姆金 A H. 电极过程动力学[M]. 朱荣昭, 译. 北京: 科学出版社, 1957.

[53]　Conway B E. Electrochemical Supercapacitors Scientific Fundamentals and Technological Application[M]. New York: Kluwer Academic Plenum Publisher, 1999.

[54]　Wu M S, Chiang P C J, Wu M S, et al. Fabrication of nanostructured manganese oxide electrodes for electrochemical capacitors[J]. Electrochemical and Solid-State Letters, 2004, 7(6): A123-A126.

[55]　Sugimoto W, Iwata H, Murakami Y, et al. Electrochemical capacitor behavior of layered ruthenic acid hydrate[J]. Journal of the Electrochemical Society, 2004, 151(8): A1181-A1187.

[56]　Dong X, Shen W, Gu J, et al. MnO$_2$-embedded-in-mesoporous-carbon-wall structure for use as electrochemical capacitors[J]. Journal of Physical Chemistry B, 2006, 110(12): 6015-6019.

[57]　Groenendaal L, Zotti G, Aubert P H, et al. Electrochemistry of poly(3,4-alkylenedioxythiophene) derivatives[J]. Advanced Materials, 2003, 15(11): 855-879.

[58]　Zang J F, Li X D. In situ synthesis of ultrafine β-MnO$_2$/polypyrrole nanorod composites for high-performance supercapacitors[J]. Journal of Materials Chemistry, 2011, 21(29): 10965-10969.

[59]　Sharma R K, Zhai L. Manganese oxide embedded polypyrrole nanocomposites for electrochemical supercapacitor[J]. Electrochimica Acta, 2009, 54(27): 7148-7155.

[60]　杨裕生. 我国的超级电容器与电动汽车[J]. 电源技术, 2015, 1(139): 12-13.

[61]　Nishino A, Naoi K. Technologies and Materials for Large Supercapacitors[M]. Tokyo: CMC International, 2010.

[62]　Simon P, Gogotsi Y. Materials for electrochemical capacitors[J]. Nature Materials, 2008, 7(11): 845-854.

[63]　陈永真, 李锦. 电容器手册[M]. 北京: 科学出版社, 2008.

第 2 章　动力型双电层电容器用原材料及特性

既具有高能量密度、高功率密度，又具有大的单体容量的双电层电容器称为动力型双电层电容器。近年来，关于双电层电容器用原材料的物理特性和集成器件方面有了广泛的研究，特别是动力型双电层电容器的大规模应用加速了对原材料的进一步研究与开发。电极材料、电解液、隔膜和集流体是构成双电层电容器的主要原材料，同时黏结剂和导电添加剂是制造双电层电容器的重要辅助材料。充电过程中，电子通过集流体聚集于电极材料表面，所产生的静电吸附作用使电解液中的电解质阴阳离子分别反向通过隔膜聚集在两个电极的表面，形成电极/电解液界面，存储电荷；放电过程中，电子从电极材料表面通过集流体释放至外接电路，造成静电吸附作用减弱，电解质离子逐渐离开电极/电解液界面，向电解液主体中扩散，并通过隔膜恢复充电时的状态。在整个双电层电容器的充放电过程中，电极材料是存储电荷的场所，电解液是提供离子电荷的源泉，隔膜是隔绝两个电极形成电源电动势的绝缘体，集流体是汇集电流对外输出的工具，黏结剂是固定和稳定电极状态以提高循环稳定性的物质。

2.1　双电层电容器用炭电极材料

电极材料是存储电荷的场所，因此作为双电层电容器的电极材料必须具有的条件有[1]：①高电导率，有利于电子的传输，有助于双电层电容器内阻的降低；②高比表面积和发达的孔隙结构，有利于较多电荷的存储和双电层电容器质量能量密度的提高；③高电极体积密度，有利于提高双电层电容器的体积能量密度；④合理的孔径尺寸，有利于电解液离子的传输和双电层电容器功率密度的提高。炭基多孔炭具有高电导率、高比表面积（＞1000m²/g）、发达的孔隙结构及优良的耐热性能、良好的化学惰性、高安全性能和高稳定性等优点[2]，是目前组成商业化双电层电容器电极材料的重要部分。到目前为止，应用于双电层电容器的炭基多孔炭电极材料种类繁多，主要有活性炭、介孔炭、炭气凝胶、碳纳米管、石墨烯、活性炭纤维、炭基复合材料等。

2.1.1　活性炭

1. 活性炭的制备

活性炭具有高的比表面积、良好的孔隙结构和吸附性能、较高的电导率以及其表面表现化学惰性、生产工艺简单且价格低廉等特点，一直受到人们的关注，是目前已经商业化的超级电容器电极材料之一。制备活性炭的原材料有[3-7]：化石燃料，如煤沥青、石油焦；生物类材料，如椰壳、杏壳等；高分子聚合物材料，如酚醛树脂、聚丙烯腈等。前驱体的结构影响其活性炭的生产工艺和性能，一般而言，前驱体在制备活性炭之前需要预处理，如炭化、除灰分等，确保前驱体的碳含量和生产的得率，因此选择合适的原材料是重要的环节之一。活性炭生产过程中最关键的是活化工艺，因为活化过程实质上是活化剂与前驱体在一定条件下发生复杂的化学反应而造孔的过程，而活化剂与前驱体及活化工艺直接影响产品的比表面积和孔径分布，进而影响双电层电容器的性能。活化剂的活化作用主要通过三步完成[8]：①打开前驱体中原有的封闭的孔隙；②扩大原有的孔隙；③形成新的孔隙。根据活化方式可知，物理活化法和化学活化法是活性炭的主要制备方法，两种制备方法的区别如表 2-1 所示。

表 2-1　物理活化法和化学活化法制备活性炭的区别

方法	活化剂	温度 $t/℃$	产品		
			比表面积 $S/(m^2/g)$	孔隙结构	收率 $w/\%$
物理活化法	水蒸气、CO_2、O_2 等	700～1200	～1500	微-中孔为主	～70
化学活化法	$ZnCl_2$、H_3PO_4、KOH、$NaOH$、K_2CO_3、K_2SO_4、K_2S 等	600～900	>2000	微孔为主	～15

物理活化法又称气体活化法，在高温下，采用水蒸气、CO_2 等作为活化剂与炭材料接触进行活化，或两种活化剂交替进行活化，其活化时间、活化停留温度、活化剂的流量直接影响活性炭的性能，包括比表面积和孔隙结构[9-12]。采用该方法制备双电层电容器用活性炭的原材料一般是纤维素材料（如椰壳）、酚醛树脂和各向同性沥青等难石墨化材料，活化后产品的得率一般在 70%左右。相比于其他活化方式，该工艺具有生产成本低、不需要后处理等优点，但同时具有活化时间长、微孔孔径分布较难控制、比表面积偏低（很难制备超过 $1500m^2/g$ 的高比表面积活性炭）等缺点。物理活化时，活化温度一般在 700～1200℃。

化学活化法是利用 $ZnCl_2$、H_3PO_4、KOH、$NaOH$、K_2CO_3、K_2SO_4、K_2S 等化学药品对炭材料进行造孔得到活性炭的方法[13-16]。化学活化法的活化步骤主要包括：①炭材料的预处理，即炭化前驱体以提高活化得率；②浸润，即利用活化剂的水溶性与炭材料混合均匀；③高温活化，即在惰性气体的保护下，炭材料发生芳香缩合、脱水和骨架变形，使活性炭产品形成发达的孔隙结构；④活性炭的后处理，即清洗活性炭内的无机盐。目前国内外化学活化法厂商大多使用 $ZnCl_2$、H_3PO_4 作为活化剂制备活性炭，然而随着对活性炭的比表面积和孔隙率参数要求越来越高，KOH 活化法受到广泛的关注，这是因为 KOH 活化法得到的活性炭具备更高的比表面积和孔容，而且可以调节 KOH 的剂量、活化温度和活化时间等来控制所得的活性炭中孔的孔容。

图 2-1 为典型的以 KOH 为活性剂活化冬青叶制备活性炭的流程，以及活性炭的形貌和结构图[15]。该工艺所选用的原材料主要为中间相沥青、石油焦等易石墨

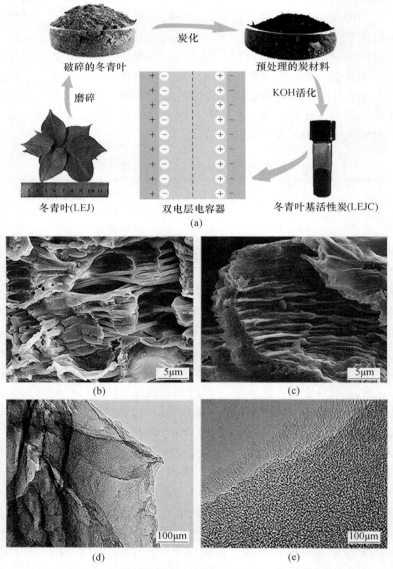

图 2-1　冬青叶基活性炭的制备流程（a）以及活性炭的
SEM 图（b、c）、TEM 图（d、e）[15]

化炭，活化后产品的收率较低，仅为 15%左右。相比于物理活化法，化学活化法需要的温度较低，一般在 600～900℃范围内，制备的活性炭比表面积也高，但是化学活化法具有对设备的腐蚀性大、废液多、需要进行额外的去除官能团工艺、制备成本高等缺点。

2. 活性炭的指标

根据不同的制备方法可制得不同物理参数的活性炭，而活性炭的比表面积（S_{BET}）、孔径分布（PSD）、碳元素含量、表面官能团含量、灰分等影响双电层电容器器件的能量密度、功率密度、内阻和循环次数等，因此工业上对双电层电容器用活性炭的要求是非常严格的，其指标对于活性炭是否能应用于双电层电容器非常关键。

根据国际纯化学和应用化学学会（IUPAC）的规定，孔隙按照孔径尺寸可分为微孔（0.4～2nm）、中孔（2～50nm）和大孔（>50nm）。活性炭是一种具有发达孔隙结构的材料，其孔隙结构如图 2-2 所示。

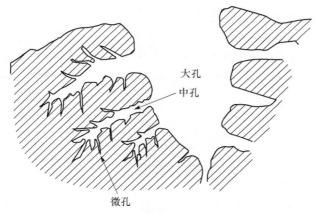

大孔
中孔
微孔

图 2-2　活性炭的孔隙结构图[17]

活性炭基双电层电容器主要依靠活性炭的发达孔隙结构在充电时吸附电解液离子进行储能，因此理论上活性炭的孔隙越发达、比表面积越大，其体积比容量越高。Guo 等[18]研究了不同比表面积的活性炭在 KOH 电解液中的电化学性能，发现体积比容量随着比表面积的增大呈现先增大后减小的趋势，如图 2-3 所示，说明比表面积与体积比容量没有线性关系，并且活性炭的体积比容量与电流密度或扫描速度相关。

活性炭的比表面积由微孔比表面积、中孔比表面积、大孔比表面积共同组成。研究表明，微孔是存储电荷的主要部位，中孔是提供电解液离子穿梭的通道，大孔是存储电解液的场所[19-21]。当电流密度或扫描速度较大时，电解液离子不能

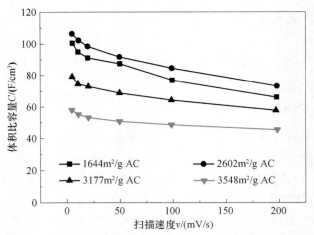

图 2-3　体积比容量与活性炭比表面积、扫描速度之间的关系[18]

快速进入孔隙，导致活性炭的比容量下降。普遍认为可以通过提高中孔率来提高大倍率条件下活性炭的比容量和功率性能。

　　Shi[22]通过研究活性炭基双电层电容器的电容数据和活性炭的比表面积数据，认为溶剂化的 K 离子（质量分数为 30%的 KOH 水系电解液）与 N$_2$ 分子大小处于同一数量级，能被 N$_2$ 测出的孔隙同样能被电解液离子进入，同时并将总的电容（C）简化为

$$C = S_{ext}C_{ext} + S_{mic}C_{mic} \qquad (2\text{-}1)$$

$$C/S_{ext} = C_{ext} + C_{mic}S_{mic}/S_{ext} \qquad (2\text{-}2)$$

式中，C_{mic} 为单位比表面积的微孔对比容量的贡献（$\mu F/cm^2$），C_{ext} 为单位比表面积的外部孔对比容量的贡献（$\mu F/cm^2$）。以微孔的比表面积与外部孔的比表面积的比值 S_{mic}/S_{ext} 作为 X 轴、C/S_{ext} 作为 Y 轴，模拟出一个线性关系，而这条直线的斜率对应于 C_{mic}，Y 轴截距对应于 C_{ext}，以此来讨论各部分的孔对比容量的贡献。

　　王瑨[23]根据上述模型，对样品中的中孔和微孔对比容量的贡献进行研究，C_{mic}是单位比表面积的微孔对比容量的贡献（$\mu F/cm^2$），C_{mes} 是单位比表面积的中孔对比容量的贡献（$\mu F/cm^2$）。以微孔的比表面积与中孔的比表面积的比值 S_{mic}/S_{mes} 作为 X 轴、C/S_{mes} 作为 Y 轴，分析了不同样品的数据，推断出微孔对比容量的贡献更大，其是储存电荷的关键场所，如图 2-4 所示。

　　Janes 等[24]利用该模型，得出的 C_{ext} 为负值，并且结果与 Barbieri 等[25]和 Chmiola 等[26]的研究结果相似，表明式（2-1）和式（2-2）并不是完全成立的，这可能是由于微孔和外部孔的表面状态不同。

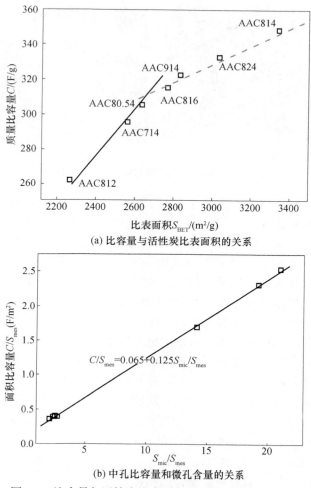

(a) 比容量与活性炭比表面积的关系

(b) 中孔比容量和微孔含量的关系

图 2-4　比容量与活性炭比表面积、孔隙结构的关系[23]

另外，Qiao 等[27]通过研究活性炭在 KOH 溶液中的电化学性能，发现尽管活性炭的比表面积相同，但是在低电流密度下，高微孔比表面积的活性炭具有较高的比容量；在大电流密度下，高中孔比表面积的活性炭表现出较高的比容量，且具有良好的倍率性能和循环性能。Zhou 等[28]发现活性炭在 LiPF$_6$/(EC+EMC+DMC)、Et$_4$NPF$_4$/PC、MeEt$_3$NPF$_4$/PC 电解液中的比容量依次减小，这正与电解质离子的溶剂化离子大小顺序一致，说明溶剂化的电解液离子大小影响活性炭的储能。因此，活性炭的比容量受孔径大小及孔径分布的制约。图 2-5 对比了粉末活性炭和纳米球形活性炭的形貌。孔隙结构与电解液离子之间应该是相互匹配的，说明合适的孔隙结构是活性炭应用于双电层电容器的重要参数之一[24-27]。

　　　　　(a) 粉末活性炭　　　　　　　　　　　　　(b) 纳米球形活性炭

图 2-5　粉末活性炭和纳米球形活性炭的形貌

　　根据公式 $E=CU^2/2$（C 为比容量）可知，双电层电容器器件的能量密度与双电层电容器器件的比容量成正比。活性炭材料的比容量与双电层电容器器件的比容量不存在线性关系，因为双电层电容器器件是由电极、电解液、隔膜、包装等组装而成的，而不同的活性炭形成双电层所需的电解液量不同。在实际应用中，活性炭材料的比容量仅仅是衡量双电层电容器性能的基本参数，而组装的双电层电容器器件的能量密度和功率密度才是活性炭应用的关键参数。活性炭的比表面积越大，双电层电容器器件的电极密度越小，器件的体积比容量越小；活性炭的中孔率越高，吸附电解液越多，双电层电容器器件的质量能量密度越小；活性炭的中孔率越低，电解液离子的穿梭速度越慢，大电流下双电层电容器器件的功率密度越差。总之，活性炭的比表面积、孔隙结构与其器件的电极密度、能量密度和功率密度是相互制约的。另外，活性炭的粒径大小影响电极的密度，合适的粒径分布有利于提高电极密度，进而提高双电层电容器器件的体积能量密度。因此一般而言，双电层电容器用活性炭的比表面积高于 $1500m^2/g$，粒径分布于 $5\sim12\mu m$，电极密度高于 $0.5g/cm^3$，比容量高于 $120F/g$（有机体系），而对于活性炭的孔隙结构并没有统一的指标，需要根据器件的指标进行设计。

　　研究表明[29-33]，含有杂原子的活性炭（如 O、N、S）能增加与电解液的润湿性，并可提高超级电容器的准电容。Zhao 等[30]采用对苯二甲醛与间苯二胺合成了一种聚合物，并在炭化后得到了一系列高含氮微孔炭，如图 2-6 所示。

　　该微孔炭在 6mol/L KOH 溶液中呈现出准电容的特点，在 100A/g 的电流密度下拥有 145F/g 的比容量。但是含杂原子活性炭适合于水系电解液，因为工业上动力型双电层电容器的电解液一般采用有机系，在充放电过程中，水分易电解产生 H_2、羧基氟化作用产生 H_2、碳氧化产生 CO_2 及 CO、有机酸脱羧基反应产生 CO_2，因此动力型双电层电容器对活性炭的表面官能团和碳含量要求非常严格。Kim 等[34]认为氟化活性炭在非水系电解液中的能量密度和功率密度高于前驱体活性炭，但是在动力型双电层电容器的制造过程中，发现氟在循环过程中极易脱落，与水

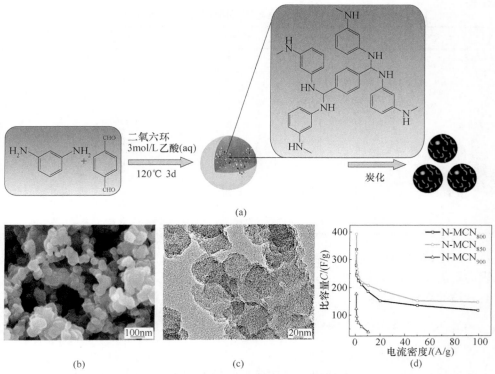

图 2-6　含氮微孔炭的合成工艺图（a）、SEM 图（b）、
TEM 图（c）及其超级电容器倍率性能曲线（d）[30]

可形成 HF，进而腐蚀电极[35]。活性炭的表面官能团和表面水分在有机电解液中，充电时极易生成气体，且活性炭难以在高电压下工作，造成器件内阻变大，影响器件的功率特性和循环寿命，因此动力型双电层电容器用活性炭的碳含量要高于 99.5%（质量分数）、官能团少于 0.50meq/g，减少器件内部气体的产生，延长器件的使用寿命。另外，为提高动力型双电层电容器的安全性能，可设计动态调节结构，有利于内部产生的微量气体排出，起到安全性和延长电容器寿命的作用[36]。如果活性炭的含水量要求低于 0.40%（质量分数），一般要求密封包装与运输，这样有利于动力型双电层电容器的制造过程中水分的脱除。

活性炭中金属元素的存在在高电压下会引起电解液的分解，尤其是铁、钴、镍，会影响双电层电容器的寿命和漏电流，因此金属元素含量是动力型双电层电容器用活性炭的重要指标之一。总体而言，生物类前驱体的分子结构中存在较多的金属元素，而化石燃料类炭材料具有较低的金属含量。为提高动力型双电层电容器的性能，活性炭的金属元素含量一般要少于 100×10^{-6}。表 2-2 列出了双电层电容器用活性炭的指标要求。

表 2-2　双电层电容器用活性炭的指标要求

指标	数值
碳含量 w/%	>99.5
表面官能团含量 N/(meq/g)	<0.50
含水量 w/%	<0.40
比表面积 S_{BET}/(m²/g)	>1500
电极密度 ρ/(g/cm³)	>0.5
金属元素含量/10^{-6}	<100
粒径分布 D/μm	5～12
比容量 C/(F/g)	>120（有机体系）
灰分 w/%	<0.5

总之，动力型双电层电容器的性能与活性炭的比表面积、粒径分布、碳含量、表面官能团含量、含水量、金属元素含量、灰分等指标息息相关，因此活性炭具有合适的指标才能应用于动力型双电层电容器。

3. 双电层电容器用活性炭生产厂商

虽然双电层电容器用活性炭的大体生产工艺相同，但是具体生产过程中对于产品纯度、粒径分布以及表面官能团数量等的控制十分复杂，这也使得目前这些高性能的活性炭制备技术均掌握在日本、韩国等少数发达国家。目前，国内很少有厂家能够提供性能稳定、年产量 100t 以上的双电层电容器用活性炭。

表 2-3 和表 2-4 列出了目前国外与国内几家主要公司双电层电容器用活性炭的生产情况和产品的基本参数。从表中数据可以看出，相比于国外企业，国内的双电层电容器用活性炭的生产规模仍较小，但国内活性炭产品的优势在于具有一定的价格竞争力。

表 2-3　双电层电容器用活性炭生产厂商及产品情况

厂商名称	产能	活化方式	原材料	生产方式	价格竞争力
Kuraray Chemical（日本）	400t/a 以上	水蒸气	椰壳	非连续装置	上
Power Carbon Technology（韩国）	300t/a 以上	碱活化	石油焦	连续自动化	中上
河南省滑县活性炭厂	—	碱活化	石油焦	非连续装置	上
浙江省富来森能源科技有限公司	50t/a	碱活化	树脂	非连续	上
深圳市贝特瑞新能源材料股份有限公司	30t/a 以上	碱活化	杏壳	连续装置	上
上海合达炭素材料有限公司	50t/a 以上	—	石油焦	—	上
朝阳立塬新能源有限公司	—	—	果壳	—	上

表 2-4　几家不同活性炭厂商产品的基本性质

厂家名称	产品型号	比表面积 $S/(m^2/g)$	孔容 $v/(cm^3/g)$	灰分含量 $w/\%$	金属杂质 $(Fe)/10^{-6}$	质量比容量 $C/(F/g)$	体积比容量 $C/(F/cm^3)$
Kuraray Chemical (日本)①	YP50F	1600	0.7	0.3	18	28	19
	YP80F	2100	0.94	0.5	19	32	18
	YPS	1550	0.7	0.3	17	32	22
	NY1251H	1500	0.62	0.3	15	32	24
	NK261H	2300	1.05	0.1	7	44	25
	RP-20	1800	0.78	0.1	—	32	21
Power Carbon Technology (韩国)	CEP21KS	2000	—	$<400\times10^{-6}$	—	—	—
	CEP21K	2050	—	$<400\times10^{-6}$	—	—	—
	CEP21	2050	—	$<400\times10^{-6}$	—	—	—
	CEP17	1700	—	$<400\times10^{-6}$	—	—	—
	CEP17	1600	—	$<400\times10^{-6}$	—	—	—
	CEP14	1400	—	$<400\times10^{-6}$	—	—	—
深圳市贝特瑞新能源材料股份有限公司	AC	$\geqslant2000$	—	<0.3	<100	$\geqslant140$	—
上海合达炭素材料有限公司②	TF-B520	2000	$1.0\sim1.2$	<0.07	90	>130	>60
	TF-B518	1800	0.9	<0.07	90	>130	>60
朝阳立塬新能源有限公司	SY-AI	$\geqslant2000$	$\geqslant1$	$\leqslant0.3$	$\leqslant50$	—	—
	SY-AIH2	$\geqslant1700$	$\geqslant0.9$	$\leqslant0.3$	$\leqslant50$	—	—
	SY-AIT2	$\geqslant1400$	$\geqslant0.9$	$\leqslant0.3$	$\leqslant50$	—	—
	SY-WYI	$\geqslant1200$	$\geqslant0.6$	$\leqslant0.5$	$\leqslant50$	—	—
	SY-WXI	$\geqslant1100$	$\geqslant0.6$	$\leqslant0.5$	$\leqslant50$	—	—

① 基于 1mol/L TEMA-BF₄/PC 基电解液所测得的比容量值。
② 基于 1mol/L TEA-BF₄/PC 基电解液所测得的比容量值。

2.1.2　介孔炭

　　双电层电容器用活性炭的孔隙主要由微孔组成,微孔是存储电荷的主要场所,然而在大电流充电时,电解液离子不能快速进入微孔孔隙,导致双电层电容器比容量下降。中孔是提供电解液离子穿梭的通道,因此提高中孔率有利于提高高倍率条件下的能量密度和功率性能。介孔炭材料就是一种有别于活性炭的以中孔为主的多孔炭,其具有规整的孔隙结构、高中孔结构和高孔容量,因此作为双电层电容器电极材料有利于电解液离子的快速运输[37,38]。介孔炭材料按照是否有序可分为无序介孔炭和有序介孔炭两类。最典型的制备介孔炭的方法为模板法，模板法又可分为硬模板法和软模板法。硬模板法是指将某种模板剂（SiO_2、Al_2O_3、ZnO等）引入前驱体孔隙中，经过处理后的模板剂在前驱体形成孔隙结构，采用强酸除去硬模板后制备出相应的介孔材料，理想情况下所得介孔材料的孔隙形貌保持了原来模板剂的形貌。而软模板法是指模板剂通过非共价键作用力，再结合电化学、沉淀法等技术，在纳米尺度的微孔或层间合成具有不同结构的材料并利用其模板剂的调节作用和空间限制作用对合成材料的尺寸形貌等进行有效控制。介孔炭的特殊孔隙结构使其电极在大电流工作时更易表现出良好的电容特性，但是由于模板法制备介孔炭工艺复杂、成本高，且制备过程中会使用大量的无机酸进行模板的去除，所以工业上还没有可行的办法进行大规模介孔炭的生产。另外，介孔炭的高孔容易导致其炭粉密度较低，影响双电层电容器的体积比容量。目前，介孔炭还没有应用于动力型双电层电容器的实例。但随着制备工艺的不断改进与成熟，介孔炭应用于动力型双电层电容器的前景是比较乐观的。

2.1.3　炭气凝胶

炭气凝胶是一种具有高比表面积、高导电性、耐酸碱腐蚀、低密度等优点的新型纳米炭材料，拥有可控的纳米多孔结构，其网络胶体颗粒直径为 3～20nm，孔隙率高达 80%以上，更重要的是炭气凝胶与活性炭和介孔炭相比具有更好的导电性和更高的碳纯度，能有效降低双电层电容器的内阻，另外经过活化后的活化炭气凝胶比表面积高达 3000m^2/g 以上，因此是双电层电容器的一种重要电极材料[39, 40]。美国 Lawrence Livermore 国家实验室的 Pekala 等[41]于 1989 年首先合成了由纳米粒子相互连接而成的间苯二酚-甲醛有机炭气凝胶（resorcinol-formaldehyde gels, RF gels）。从此之后，RF 凝胶的研究工作受到高度重视，许多大学和研究所纷纷投入大批力量开展对炭气凝胶的研发攻关，其中美国 Lawrence Livermore 国家实验室 Pekala、麻省理工学院 Dresselhaus、德国维尔茨堡大学 Frick、同济大学沈军课题组、中国工程物理研究院激光聚变研究中心技术团队、中国科学院山西煤炭化学研究所凌立成课题组、浙江大学高超课题组等（图 2-7）比较著名。尽管对 RF 凝胶的研究非常多，但是 RF 凝胶的合成原料为有毒化学品，因此许多生物质原料被用来制备炭气凝胶，如 β-葡聚糖、木质

图 2-7　浙江大学高超制备的炭气凝胶

纤维素、西瓜、纤维素、甲壳素、淀粉等[42-47]，图 2-8 为炭气凝胶的合成示意图及其各种形貌图。

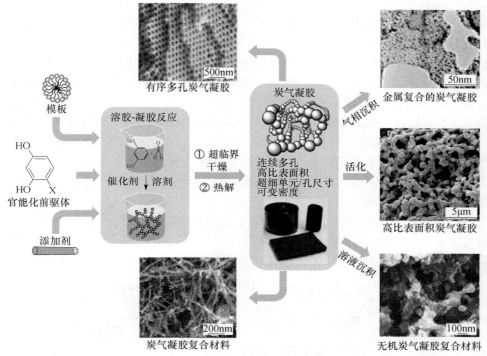

图 2-8　炭气凝胶的合成示意图及其各种形貌图

炭气凝胶作为一种新型纳米级多孔炭材料，用于双电层电容器的电极材料有其独特优越性，即导电性好、比表面积大且可调、孔径集中在一定范围内且孔大小可控，理论上是制作双电层电容器的理想材料。然而，由于炭气凝胶的制备是一个比较复杂的过程，特别是一般都需要超临界干燥工艺，所以制备成本较高，几乎没有规模化生产的企业，尤其是动力型双电层电容器用炭气凝胶的生产。国外，美国 Lawrence Livermore 国家实验室在美国能源部支持下研究开发了炭气凝胶双电层电容器；PowerStor 公司已将炭气凝胶作为小型超级电容器的电极。国内，炭气凝胶的研究开发工作起步略晚，经过许多大学和研究所的不懈努力，我国在炭气凝胶研究领域总体已基本与国际先进水平保持同步。目前天津得瑞丰凯新材料科技有限公司的炭气凝胶已经开始向动力型双电层电容器应用迈进。另外，由王朝阳领衔的中国工程物理研究院激光聚变研究中心技术团队制备出了球形炭气凝胶并尝试将其应用于超级电容器。但总体而言，炭气凝胶的研究应用还处在实验室和初期产业化阶段。

2.1.4 碳纳米管

碳纳米管（CNT）是由石墨片层卷曲而成的纳米级管状碳材料，是由 Iijima 于 1991 年发现的[48]。根据石墨片层堆积的层数，碳纳米管（CNT）可分为多壁碳纳米管（MWCNT）、双壁碳纳米管（DWCNT）和单壁碳纳米管（SWCNT）。CNT 具有超高的电导率（5000S/cm）和电荷传输能力、较高的理论比表面积（SWCNT，1315m^2/g；DWCNT 或 MWCNT，约 400m^2/g）和中孔孔隙率，以及电解液易于进入碳管的通道，因此 CNT 是一种具有优良电化学性能的双电层电容器电极材料。与动力型双电层电容器用活性炭材料相比，CNT 的实际比表面积远远小于活性炭。SWCNT 电极最大的比容量为 180F/g，MWCNT 电极具有 4～137F/g 的比容量，然而由于 CNT 的高导电性和高中孔率，CNT 电极的内阻小、功率特性好。当 CNT 作为纯活性物质与黏结剂混合均匀压制于集流体上时，由于黏合剂对 CNT 的孔隙有一定的影响，使其不能表现出应有的电化学性能，所以 CNT 通常作为导电剂使用，这时对整个电容器的电容贡献较小。

为了更好地发挥 CNT 的电化学特性，CNT 薄膜、CNT 纤维、CNT 阵列、超顺排定向 CNT 阵列等（图 2-9）受到了广泛的关注，其中超顺排定向 CNT 阵列被认为是最有前途的储能材料，同时其已形成可控的批量化生产。美国密歇根大学

(a) 光刻技术制备催化剂　　　　　　(b) "纳米奥巴马"CNT 阵列[49]
掩模获得的定向CNT　　　　　　　(美国密歇根大学Hart研究组设计)

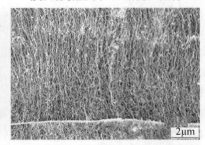

(c) 球面大量生长CNT阵列[50]　　　　(d) 天然黏土中插层宏量生长CNT阵列[51]

图 2-9　超顺排定向 CNT 阵列

Hart 研究组，清华大学魏飞研究组、范守善研究组，日本产业技术综合研究所的 Hata 研究组，美国麻省理工学院的 Villoria 研究组等是世界上比较著名的研究超顺排定向 CNT 阵列的研究组。从商业化储能技术应用上讲，MWCNT 作为导电剂已成功应用于锂离子电池负极，但是动力型双电层电容器用 CNT 主要有三个难点：①化学气相沉积法是 CNT 宏量生产的最有工业价值的方法，但是必须采用 Fe、Co 和 Ni 等纳米过渡金属催化剂进行催化组装合成 CNT，因此 CNT 的纯度不够高，易引起双电层电容器的寿命衰减和高压下电解液的分解；②CNT 作为导电剂使用时，难以均匀分散于其他活性物质中；③CNT 作为活性物质使用时，电极密度太低（$<0.1\text{g/cm}^3$）。目前，大多数 CNT 生产企业主要以生产 CNT 分散的导电液体为主。

在整个国际市场上，大多数北美制造商的目光聚焦在 SWCNT 上，但是 SWCNT 的产量比 MWCNT 低得多，其部分原因是 SWCNT 层数较少，导致单根 SWCNT 的质量仅为单根 MWCNT 的数千分之一。对于相同密度和长度的 CNT，SWCNT 的产量低很多，且价格偏贵。据不完全统计，MWCNT 的年产能为数千吨，德国和其他欧洲国家，以及亚洲的许多国家（日本和中国分列一、二）领导着 MWCNT 的研究和制造。拜耳材料科学（Bayer Material Science）公司是德国主要的碳纳米管供应商，其投资 2200 万欧元兴建了一个全球最大的碳纳米管生产基地（位于 Chempark Leverkusen），年生产能力达 200t。法国 Arkema 采用固定床和移动床碳纳米管的制备工艺，可生产 $10\sim30\text{nm}$ 的 MWCNT，其产品主要是 Graphistrength® 系列液体。日本昭和电工株式会社利用浮游催化剂法，可生产 $80\sim150\text{nm}$ 的气相生长炭纤维。在国内，批量化、规模化生产 CNT 的企业主要有北京天奈科技有限公司（简称天奈公司）、天奈（镇江）材料科技有限公司（简称天奈科技（镇江））、深圳贝特瑞新能源材料股份有限公司、深圳市纳米港有限公司、中国科学院成都有机化学有限公司等。天奈公司采用清华大学的技术，形成超顺排定向 CNT 阵列规模化生产，可生产 $8\sim25\text{nm}$ 的 CNT，年生产能力达 400t。图 2-10 为天奈公司提供的超顺排定向 CNT 阵列（FT7000）、普通 CNT（FT9100

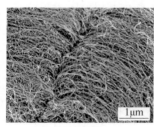 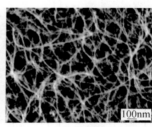 

(a) FT7000　　　　　　　(b) FT9100　　　　　　　(c) FT9200

图 2-10　超顺排定向 CNT 阵列（FT7000）、普通 CNT（FT9100 和 FT9200）
（天奈公司提供）

和 FT9200）。

　　尽管 CNT 的年产能为数千吨，但是并没有在双电层电容器器件上实现商业化应用，而仍处于实验应用阶段。清华大学魏飞研究组在 SWCNT 的批量制备上已取得很大的突破，为其在双电层电容器上的应用奠定了良好的基础。日本 NCC公司利用垂直定向生长的 CNT 作为双电层电容器的电极小批量制备超高功率特殊用途的双电层电容器。表 2-5 为 MWCNT 的生产厂家及产能。

表 2-5　MWCNT 的生产厂家及产能

生产厂家	产能/(t/a)	产品
德国 Bayer	200	Baytubes®
法国 Arkema	400	Graphistrength®系列液体
比利时 Nanocyl	400	密度 1.3～2.0g/cm³，电导率 10^6～10S/m，导热系数 73000W/(m·K)
日本昭和电工株式会社 (Showa Denko K.K)	400	80～150nm，VGCF
天奈公司	400	超顺排定向 CNT；FT7000 系列：管径 8～15nm，长度 5～20μm；FT9100 系列：管径 10～15nm，长度<μm；FT9200 系列：管径 13～25nm，长度<10μm
中国科学院成都有机化学有限公司	—	粉末：直径>10nm，长度 5～100μm，纯度>90%

2.1.5　石墨烯

　　石墨烯通常是指一种单原子层厚度的二维 sp^2 杂化碳材料，可以看成单层的石墨，由于石墨烯可以弯曲得到碳纳米管、富勒烯、石墨等碳材料，所以被认为是石墨类碳材料之母。受其特殊结构的影响，石墨烯拥有一系列优异的物理化学特性：高断裂强度（125GPa）、高速载流子迁移率（$2×10^5$cm²/(V·s)）、高热导率（5000W/(m·K)）和超大比表面积（2630m²/g）等。这些突出的、吸引人的特征使得这种多功能的碳材料可以适用多种实际应用场合，包括高性能纳米复合材料、透明导电薄膜、传感器、储能装置等[52]。其中，利用石墨烯作为双电层电容器电极已成为清洁能源领域的研究热点[53]。

　　具体到超级电容器的应用领域，石墨烯的优点主要体现在：

　　（1）导电性好。对于一种功率特性非常明显的储能器件，储能材料过大的内阻不仅降低了器件的输出功率，而且在充放电过程中能够产生大量的热量，在造成能源损失的同时严重影响器件的安全性与稳定性。石墨烯独特的二维共轭结构赋予了它在水平方向上具有良好的导电性。

　　（2）可批量制备。目前，石墨烯的制备方法主要是通过化学转化石墨烯（chemical converted graphene，CCG）法，即用强氧化剂处理天然石墨后，将得到的氧化石墨进行超声处理得到氧化石墨烯（graphene oxide，GO），再经过一定方式还原即可得到石墨烯。该方法的优点在于容易实现产量化，具有广阔的商业化应用前景。

（3）丰富的化学修饰。相比于其他炭材料，石墨烯的前驱体 GO 赋予了石墨烯独特的化学性质，这是因为 GO 表面含有大量的含氧官能团，如羟基、环氧基和羧基等，这些官能团具有很高的化学活性，能够利用酯化、酰胺化、环氧开环等反应进行修饰。研究表明，GO 中的含氧官能团含量很高，碳氧原子比能够达到 3 以上，因此 GO 的化学修饰可以使得最终得到的石墨烯具有其他炭材料无法比拟的接枝密度[54]。

（4）巨大的比表面积。对于单层无缺陷的石墨烯，其理论比表面积能够达到 $2630m^2/g$，比多壁碳纳米管、商用活性炭等比表面积高出许多[55]。尽管一些活性炭或活性炭纤维等材料有时比表面积可达 $3000m^2/g$ 以上，但是该材料内部含有大量狭长、不规则的微孔，不利于电解液中离子的迁移，实际有用的比表面积并不多，此外，表征手段方面的缺陷也是这些炭材料比表面积如此之高的原因。

石墨烯具有超高的理论比表面积，然而较大的共轭平面非常容易使片层之间因π-π键而发生紧密堆叠，最终导致比表面积的丧失[56]，使之在KOH电解液和有机电解液中分别仅有135F/g和100F/g的比容量。因此，目前有效阻止石墨烯片层之间堆叠是制备石墨烯基超级电容器材料的研究重点与难点。Yoo等[57]和Yoon等[58]合成了石墨烯阵列膜，如图2-11所示，并将其作为双电层电容器电极使用，结果器件的比容量和倍率性能明显优于普通的石墨烯膜和石墨烯粉基双电层电容器，主要原因是石墨烯阵列更有利于电解液离子的快速浸入。除此以外，多孔石墨烯纤维、多孔活化石墨烯膜、石墨烯纸、石墨烯凝胶、多孔石墨烯、石墨烯球、石墨烯纤维布、石墨烯纤维、石墨烯纤维带、活化石墨烯等[59-69]石墨烯材料用于双电层电容器都有报道。

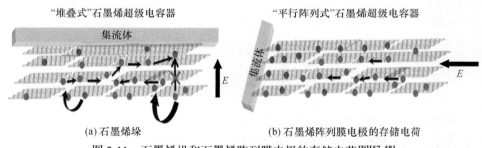

"堆叠式"石墨烯超级电容器　　　　　　"平行阵列式"石墨烯超级电容器

（a）石墨烯垛　　　　　（b）石墨烯阵列膜电极的存储电荷

图 2-11　石墨烯垛和石墨烯阵列膜电极的存储电荷图[57, 58]

虽然目前石墨烯基材料可以成吨级销售，但是其价格相对于活性炭、模板炭、炭气凝胶等较高，同时其活化石墨烯的密度较小（<0.1cm³/g）导致其体积比容量较低，因此石墨烯作为双电层电容器电极材料基本处于研发测试阶段。

2.1.6　各种超级电容器炭材料的对比

活性炭具有低廉的价格和较高的比表面积，是目前商业化超级电容器的第一选择。根据双电层理论，炭材料作为双电层电容器电极材料的储能原理主要利用在高比表面积炭粉或炭材料上的物理吸附电荷进行储能，然而炭材料名义上的比容量一般认为是 $25\mu F/cm^2$，因此理论上可得到多孔炭的总比容量为 $S_{BET}\times 25$。多孔炭的 S_{BET} 一般低于 $3000m^2/g$，所以多孔炭的总比容量低于 $750F/g$，但实际上连该数字的 20% 都达不到，究其原因主要是双电层电容器的比容量虽然与炭材料的比表面积有关，但是没有线性关系，其比容量也与炭材料的孔径分布和表面官能团有关。目前大多数商业化的双电层电容器的能量密度低于 $10W\cdot h/kg$，而商业化的电池的能量密度一般大于 $35W\cdot h/kg$，因此在现阶段如何制备得到优良电化学性能的炭材料以期大幅度地提高超级电容器的能量密度是研究电极材料的重点。另外，可考虑使用不同种类的炭材料进行复合，得到复合材料电极，发挥各自材料的优点也是研究的热点。表 2-6 列出了各种超级电容器炭电极材料的对比。

表 2-6　各种超级电容器炭电极材料的对比

炭材料	比表面积 $S_{BET}/(m^2/g)$	密度 $\rho/(g/cm^3)$	价格	水系电解液		有机系电解液	
				质量比容量 $C/(F/g)$	体积比容量 $C/(F/cm^3)$	质量比容量 $C/(F/g)$	体积比容量 $C/(F/cm^3)$
富勒烯	1100～1400	1.72	适中	—	—	—	—
碳纳米管	120～500	0.6	高	50～100	<60	<60	<30
石墨烯	2630	<0.1	高	100～205	>100～205	80～110	>80～110
石墨	10	2.26	低	—	—	—	—
活性炭	1000～3500	0.4～0.7	低	<200	<80	100～130	<50
模板炭	500～3000	0.5～1	高	120～350	<200	60～140	<100
功能化多孔炭	300～2200	0.5～0.9	适中	150～300	<180	100～150	<90
活性炭纤维	1000～3000	0.3～0.8	适中	120～370	<150	80～200	<120
炭气凝胶	400～3000	0.5～0.7	低	100～350	<200	<200	<100

2.2　双电层电容器用电解液

双电层电容器充电时会在电极界面形成双电层，在电极一侧的电荷是由电子剩余或电子缺乏形成的，而另一侧的电荷则由被静电吸附而紧密排列的阴阳离子组成。能够提供这种阴、阳离子的介质就是双电层电容器的电解液。从存储能量的器件来看，电解液是处于双电层电容器内部正负极材料之间的介质。理想的电解液应该具备：

（1）在较宽温度范围内具有较高的电导率。根据公式 $P=V^2/(4R)$，电容器的功率密度取决于其等效串联电阻 R，而电阻取决于电解液的电导率，电解液的离子阻抗占双电层电容器内部阻抗的 50%以上。放电时，内阻上电压的下降伴随着能量的损失，特别是在大电流放电时对电解液的电导率要求更高。

（2）电化学稳定性好，分解电压高。根据公式 $E=CU^2/2$ 可知，提高电压或增加比容量可以提高电容器的能量密度，也可以二者同时增加。电容器额定电压取决于电解液的分解电压，因此能量密度受限于电解液。

（3）化学稳定性好。不与电极活性物质、集流体、隔膜等发生化学反应，闪点燃点高，安全性好。

（4）较宽的工作温度范围。因为双电层电容器的储能过程不像锂离子电池那样涉及氧化还原等电化学反应，所以电容器的温度特性很大程度上取决于电解液的饱和液态温度范围。

（5）低成本、易获得、环境友好。从产业化的角度看，大批量的电解液生产过程中涉及的原材料价格及工艺过程条件都应该在可接受范围内，生产过程尽量地减小对环境的污染。

以上是衡量电解液必须要考虑的前提因素，能够满足以上条件的电解液种类有很多，根据组成不同，可以将其划分为：水溶液系、有机电解液系、离子液体。其中有机体系电解液是目前市场化应用最广泛、最成熟的一类。

2.2.1　水溶液系

迄今为止，由水和溶解于其中的无机盐组成的水溶液是研究最早、最透彻的一类电解液，并且广泛地应用于电化学生产和研究的各个领域，如电解工业、表面处理、化学电源、环境工程、电化学分析，甚至生命科学等，对于水溶液的研究和应用早于双电层电容器的出现。

水溶液系具有离子电导率高、黏度低、溶剂化离子半径小、离子浓度高、不可燃、成本低等诸多优势。而且相比于其他有机电解液系苛刻的生产工艺和环境要求，水溶液系电解液更加适合于大规模生产。

水溶液中的荷电离子在形成双电层时是以水合离子存在的，溶剂化离子的尺寸也是影响双电层荷电量的一个重要因素，因此一般来说，电解液的选择标准是水化阴阳离子的尺寸和电导率。双电层电容器最常用的水溶液系电解液是 KOH、H_2SO_4、Na_2SO_4 等。

KOH 在 100g 水中最多可以溶解 118g（25℃），而且在很宽的温度范围内都具有很高的电导率 10～50S/cm，因此它是双电层电容器研究中最常用的典型电解液之一，大多数关于活性炭材料的研究中都会用 4～6mol/L KOH 水溶液来验证其电容性能，通常控制正负极电压为 1.0V。但是碱性水溶液在应用时存在爬碱现象，这给器件的密封带来一定困难[70]。

　　在众多酸性水溶液中，H_2SO_4 是最常用的双电层电容器电解液，通常浓度控制在 1mol/L，工作电压为 1.0V。但无论是 H_2SO_4 水溶液还是 KOH 水溶液，这些强酸、强碱都会对集流体、器件外壳等造成腐蚀。

　　水在 1.229V 时会发生热力学降解，导致水溶液系电解液双电层电容器的工作电压一般不超过 1.0V，这大大限制了其存储电荷的能力。但是，通过改变电极材料的比例、结构成分或表面构成等可以提高析氢过电位，进而有效提高双电层电容器器件的工作电压。例如，将 1mol/L H_2SO_4 水溶液用于酸处理后的活性炭材料电极时，改变了析氢过电位，工作电压可以增至 1.6V 而不发生产气反应，在 0.8~1.6V 充放电循环 10000 次容量仅有微弱衰减[71, 72]。

　　其实，为了增大析氢过电位，利用中性电解液如硫酸碱金属盐，可以获得更好的效果[73-79]。Li_2SO_4 水溶液在惰性电极上发生电化学反应的理论电势范围是 −0.35~0.88V（相对于标准氢电极）。当电势小于 −0.35V 时，析氢反应就会发生。将惰性电极变为高比表面积的多孔活性炭时，析氢过电位会大大降低。

　　三电极测试显示（图 2-12），负极发生析氢反应产生氢气的电势降低到 −1.0V 左右。这样当正负极间的电压增大至 1.8V 时，负极还可以保持不发生电化学的稳定状态，而此时正极电势也已经超过了其发生析氧反应的电位极限，存储在活性炭孔隙结构内部的氢会发生可逆的电子氧化。因此，对称型活性炭基双电层电容器在水溶液中的工作电压就可以增大至 1.8V，此体系可以稳定地循环上万次。三电极测试表明，电容器电压为 1.9V 时，正极电势达到 1.06V，超过了 0.88V 析氧电位。但是负极电势仅达到 −0.84V，还没有达到 −1.0V，因此此体系下正负极间的最高电压还是取决于正极材料[76]。

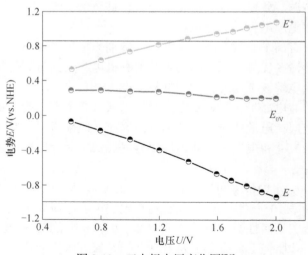

图 2-12　三电极电压变化图[76]

析氢过电位变化的原因是电解液中的水分子的存在状态发生了改变，其不再是可以自由活动和发生反应的水分子，而是以水合离子状态存在[77]。如表 2-7 所示，水合碱金属离子的尺寸随着原子序数的增加而减小，但是其电导率（离子活动性）正好相反，即随着离子尺寸的增加而增加。这是由于离子本身尺寸越小，其静电吸附的溶剂化分子（水分子）越多，如 Li^+ 在水溶液中可以吸附 27 个水分子，这样其实 1mol/L 的电解液中大部分的水分子都是以水合离子状态存在的。另外，电极材料和电解液发生电化学反应的电势极限可以通过改变电极材料进行表面处理获得，如利用双氧水对电极材料进行氧化处理后，活性炭材料表面的含氧官能团增多，这导致可以在高电势下被电子氧化的活性位点减少，最终导致在高电压下获得较高的容量保持率。

表 2-7 水合离子的半径和离子电导率[80]

离子	水合离子半径 r/nm	离子电导率 $\kappa/((S \cdot cm^2)/mol)$	离子	水合离子半径 r/nm	离子电导率 $\kappa/((S \cdot cm^2)/mol)$
H^+	0.282	349.65	OH^-	0.300	198.00
Li^+	0.382	38.66	Cl^-	0.332	76.31
Na^+	0.358	50.08	ClO_4^-	0.338	67.30
K^+	0.331	73.48	NO_3^-	0.335	71.42
NH_4^+	0.331	73.50	CO_3^{2-}	0.394	138.60
Mg^{2+}	0.128	106.00	SO_4^{2-}	0.379	160.00
Ca^{2+}	0.412	118.94			

此外，为了获得更高的能量密度，可以在电解液中添加氧化还原添加剂，电容器在充放电过程中，添加剂在两极发生可逆的氧化还原反应，结果是产生准电容[81-83]。研究较多的氧化还原添加剂有两类，一类是化合价可以发生可逆改变的无机盐，如碘离子、铜离子、溴离子等；另一类是以对苯二酚及其类似物为代表的有机物。

提供碘离子的碘化钾和碘化钠等，在水溶液中存在 $3I^-/I_3^-$、$2I^-/I_2$、$2I_3^-/3I_2$ 和 I_2/IO_3^- 几种氧化还原电对，不同的电对对应不同的电极电势。将碘离子加入硫酸水溶液中作为电解液，电极比容量可以高达 912F/g[81]。向硫酸溶液中加入对苯醌，可以发生对苯醌和对苯二酚之间相互转化的电化学反应[82-84]。1mol/L 的硫酸水溶液在加入 0.38mol/L 对苯醌后，比容量可以由之前的 124F/g 增加到 280F/g。另外，其他多种氧化还原添加剂也在研究中，例如，天然生物质材料腐殖酸，原理和苯醌类似[85]；将 $CuCl_2$ 加入硫酸溶液中，利用 Cu^+ 和 Cu^{2+} 之间可逆的氧化还原反应来提高比容量[86]。

氧化还原反应稳定的可逆进行和电极材料、溶液 pH 都有关。图 2-13 是对苯

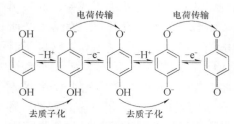

图 2-13　对苯二酚氧化还原反应机理

二酚添加剂的工作机理。

　　根据对苯二酚氧化还原反应的机理可以认为，氧化还原反应的发生和溶液 pH 有很大关系，在酸性和碱性环境中，电极的比容量很高，但是在中性环境中比容量没有因为对苯二酚的加入而提高。而且根据 C-U 曲线（图 2-14）可以看出，在碱性环境中发生的反应不同，这是由于在碱性环境中，对苯二酚间强烈的分子间氢键导致其发生氧化还原反应机理不同。

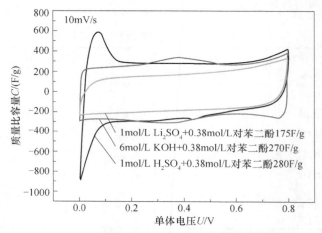

图 2-14　电解液中加入对苯醌后的循环伏安曲线

2.2.2　有机电解液系

　　目前有机电解液系综合性能最优，具有较高的电导率（50mS/cm）、较宽的电化学窗口（4~5V）、较好的化学和热稳定性、可以接受的成本，这使得其在双电层电容器市场中成为主流[87]。

1. 电解质盐

1）链状季铵盐类电解质

　　季铵盐阳离子类电解质是当前研究和应用最多、最成功的电解质盐。其中以四氟硼酸四乙基铵盐（TEA-BF$_4$）为代表，具有电导率高、电化学稳定性好、制作成本低等优点，已经成为当前双电层电容器市场占主导地位的电解质。但是，TEA-BF$_4$ 分子对称性较高，使得其在极性溶剂中溶解度不够大。另外一种被广泛研究的四氟硼酸三乙基甲基铵盐（TEMA-BF$_4$），其不对称的分子结构使得其在溶剂中溶解度高于 TEA-BF$_4$，而且同样条件下可以获得比 TEA-BF$_4$ 更低的工作温度。Ue 等[88,89]系统研究和对比了各种常用电解质盐，发现 TEMA-BF$_4$ 无论在碳酸丙烯酯（PC）还是乙腈（AN）中电导率和介电常数都略高于同等浓度下的 TEA-BF$_4$。近年来由于 TEMA-BF$_4$ 制造成本上的进一步降低，其在双电层电容器市场的应用进一步扩大，甚至有取代 TEA-BF$_4$ 成为主流的趋势。表 2-8 列出了电解质盐在不同溶剂中的电导率。

表 2-8　电解质盐在不同溶剂中的电导率（1mol/L，25℃）[88]

电解质盐	电导率/(mS/cm)			
	PC	GBL	DMF	AN
LiBF$_4$	3.4	7.5	22	18
Me$_4$NBF$_4$	2.7	2.9	7	10
Et$_4$NBF$_4$	13	18	26	56
Pr$_4$NBF$_4$	9.8	12	20	43
Bu$_4$NBF$_4$	7.4	9.4	14	32
LiPF$_6$	5.8	11	21	50
Me$_4$NPF$_4$	2.2	3.7	11	12
Et$_4$NPF$_4$	12	16	25	55
Pr$_4$NPF$_4$	6.4	11	19	42
Bu$_4$NPF$_4$	6.1	8.6	13	31

注：PC 表示碳酸丙烯酯；GBL 表示 γ-丁内酯；DMF 表示二甲基甲酰胺；AN 表示乙腈。

2）环状季铵盐类电解质

将烷基碳链连接后得到环状结构的季铵盐，如 N-二烷基吡咯烷鎓盐、N-二烷基哌啶鎓盐类。此类物质的电化学稳定性好、电导率高，已经被很多公司和研究者关注。例如，三菱化学公司系统对比研究了一系列具有吡咯烷环状结构的四氟硼酸季铵盐，如 N,N-二甲基吡咯烷鎓四氟硼酸盐、N,N-二乙基吡咯烷鎓四氟硼酸盐、N-甲基,N-乙基吡咯烷鎓四氟硼酸盐等。此类物质具有和开环结构的季铵盐相当的电导率和电化学窗口，而且环状结构可以增大其在有机溶剂中的溶解度。Maxwell 公司认为电解液浓度和电容器工作电压成正比，浓度越高，工作电压越高，而且电解液浓度的不同还能导致其凝固点的变化[90]。这为开发高浓度、高耐电压性、宽工作温度范围的电解液提供了研究方向。

若氮原子上连接两个环状结构，即成为螺环结构。日本 Carlit 公司新开发出了新型电解质——双吡咯烷螺环季铵盐（SBP-BF$_4$）和双哌啶螺环季铵盐（PSP-BF$_4$）。因为其阳离子结构的特殊性，此类盐在有机溶剂中可以获得更高的浓度和更加稳定的电化学性能。在平均孔径小于 2nm 的微孔活性炭电极中 SBP-BF$_4$/PC 电解液能量密度高于 TEA-BF$_4$/PC。SBP-BF$_4$/PC 体系电解液在电导率、循环稳定性方面都优于 TEMA-BF$_4$/PC。表 2-9 列出了不同电解质的电导率、电化学窗口。

表 2-9　不同电解质的电导率、电化学窗口（0.65mol/L PC 溶液，25℃）[89]

电解质	电导率 γ/(mS/cm)	E_{red}/V	E_{ox}/V	电解质	电导率 γ/(mS/cm)	E_{red}/V	E_{ox}/V
Me$_4$NBF$_4$	2.41	−3.10	+3.50	N,N-二甲基吡咯烷鎓 BF$_4^-$（Me, Me）	10.36	−3.00	+3.65
Me$_3$EtNBF$_4$	10.16	−3.00	+3.60	N-甲基-N-乙基吡咯烷鎓 BF$_4^-$（Me, Et）	10.82	−3.00	+3.70
Me$_2$Et$_2$NBF$_4$	10.34	−3.00	+3.65	N,N-二乙基吡咯烷鎓 BF$_4^-$（Et, Et）	10.40	−3.00	+3.60
MeEt$_3$NBF$_4$	10.68	−3.00	+3.65	N,N-二甲基哌啶鎓 BF$_4^-$（Me, Me）	10.20	−3.00	+3.65
Et$_4$NBF$_4$	10.55	−3.00	+3.65	N-甲基-N-乙基哌啶鎓 BF$_4^-$（Me, Et）	10.40	−3.00	+3.70
Pr$_4$NBF$_4$	8.72	−3.05	+3.65	N,N-二乙基哌啶鎓 BF$_4^-$（Et, Et）	10.17	−3.00	+3.60
Bu$_4$NBF$_4$	7.23	−3.05	+3.65	螺环吡咯烷鎓 BF$_4^-$	10.94	−3.00	+3.60
Hex$_4$NBF$_4$	5.17	−3.10	+3.85	螺环哌啶鎓 BF$_4^-$	9.67	−3.00	+3.60
Me$_4$PBF$_4$	9.21	−3.05	+3.60	N-甲基-N-乙基吗啉鎓 BF$_4^-$（O, Me, Et）	8.78	−3.00	+3.60
Et$_4$PBF$_4$	10.52	−3.00	+3.60				
Pr$_4$PBF$_4$	8.63	−3.05	+3.60				
Bu$_4$PBF$_4$	7.14	−3.05	+3.80				

注：E_{red} 代表还原电位，E_{ox} 代表氧化电位。

阮殿波等[91]将三种电解液 TEA-BF$_4$/AN、SBP-BF$_4$/AN、PSP-BF$_4$/AN 注入商品化 7500F 方型双电层电容器中进行了对比实验。由于 SBP-BF$_4$ 的阳离子尺寸小于另外两种电解液的阳离子，所以其容量高出 2%~3%，内阻差别不大。但是通过高温高压（65℃，2.85V）浮充测试（图 2-15），发现螺环结构的电解质电容器容量保持率优于线性 TEA-BF$_4$。

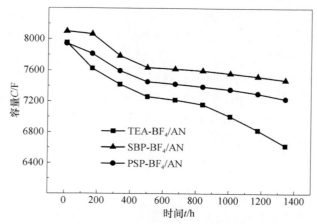

图 2-15 线性和两种环状电解质盐的老化寿命对比[91]

3）金属阳离子电解质

很早就有研究者将锂离子电池电解质锂盐用于碳基双电层电容器，但六氟磷酸锂（LiPF$_6$）或双三氟甲烷磺酰亚胺锂（LiTFSI）等锂盐并不适合在活性炭电极中形成吸附[28, 92]。这是因为弱极性的 TEA-BF$_4$ 很容易去溶剂化成为裸露的离子，此离子因离子尺寸小而可以进入更加微小的（0.7～1.0nm）碳孔，但是强极性的锂离子很难完全去溶剂化，这样溶剂化的锂离子因为离子尺寸较大很难进入 0.7～0.8nm 孔径的微孔。因此，要求适合锂离子获得最大能量密度的碳孔径比 TEA-BF$_4$ 的直径更大。

另外也有研究者将钠离子电池电解液用于双电层电容器。Väli 等[93]研究了三种钠盐（NaClO$_4$、NaPF$_6$、NaN(SO$_2$F)$_2$）在混合有机溶剂(EC:DMC:PC:EA=1:1:1:0.5，质量比)中用于炭电极双电层电容器的情况。发现前两种钠盐电解液电化学窗口都在 3.2V 以上，而且在−40～60℃范围内都可以正常充放电。通过高温、高压（60℃，3V）浮充测试发现，NaPF$_6$ 电解液性能优于 NaClO$_4$ 电解液，NaN(SO$_2$F)$_2$ 电解液性能最差，电化学窗口只有 2.5V。

4）离子液体电解质

离子液体因具有很好的热稳定性和电化学稳定性，作为电容器电解液具有明显的优势，是近年来研究的热点。但是无溶剂纯离子液体作为电解液仍然具有黏度高、低温性能差、成本高等缺点。更多的研究者将离子液体作为电解质盐溶于有机溶剂，这或许是一种克服其固有缺点的方法。

很多类型的离子液体都有应用于电容器的研究，其中以咪唑类、吡咯烷类两种离子液体研究得最为透彻和广泛[87]。咪唑类离子液体电导率高（约 10mS/cm），但其芳香环结构导致其电化学窗口不够宽。而烷基吡咯类离子液体在电势窗口、电导率等各方面性能都是非常优异的，但是其熔点高、电导率差，这限制了其低温条件下的应用。一个有效的解决方法是在这类离子液体的烷基链上引入氧原子，将一系列离子液体作对比，发现含有醚键的离子液体黏度更低，熔点更低，液态范围更大，而用作电解液时的比容量也远大于无醚键的离子液体。用含有甲氧基醚键的有机盐溶于 PC 配制电解液做对比，发现阴离子为 BF_4^- 的盐比含有 PF_6^-、$TFSI^-$ 的盐具有更高的比容量。常温下电容器的比容量取决于电解质盐的阴离子而非阳离子，而且与电解质盐是否是离子液体无关。通过常温 25℃、低温−30℃下的对比，发现内阻按照以下顺序递增，即 BF_4^-、PF_6^-、$TFSI^-$，含有 BF_4^- 的电解质的电导率是最高的。

2. 溶剂

溶剂用于溶解电解质盐，提供离子传输介质，有机溶剂的选择应遵循以下原则：

（1）对于电解质盐具有足够大的溶解度，以保证较高的电导率，即具有较高的介电常数 ε。

（2）具有较低的黏度，以利于离子传输，降低离子阻抗。

（3）对电容器其他材料具有惰性，包括电极活性物质、集流体、隔膜、外包装等。

（4）液态温度范围宽，即具有较高的沸点和较低的熔点。

（5）安全（高闪点、燃点）、无毒、经济。

表 2-10 列出了常用溶剂的理化参数。

表 2-10 常用溶剂的理化参数[88]

溶剂	缩写	结构式	介电常数	黏度 $\eta/(mPa·s)$	沸点 $t/℃$	熔点 $t/℃$	摩尔质量 $M/(g/mol)$	电导率 $\gamma/(mS/cm)$	E_{red}/V (vs.SCE)	E_{ox}/V (vs.SCE)
碳酸丙烯酯	PC		65	2.5	242	−49	102	10.6	−3.0	+3.6
碳酸丁烯酯	BC		53	3.2	240	−53	116	7.5	−3.0	+4.2
γ-丁内酯	GBL		42	1.7	204	−44	86	14.3	−3.0	+5.2
γ-戊内酯	GVL		34	2.0	208	−31	100	10.3	−3.0	+5.2
乙腈	AN		36	0.3	82	−49	41	49.6	−2.8	+3.3
丙腈	PN		26	0.5	97	−93	55	不溶	—	—
戊二腈	GLN		37	5.3	286	−29	94	5.7	−2.8	+5.0

续表

溶剂	缩写	结构式	介电常数	黏度 η/(mPa·s)	沸点 t/℃	熔点 t/℃	摩尔质量 M/(g/mol)	电导率 γ/(mS/cm)	E_{red}/V (vs.SCE)	E_{ox}/V (vs.SCE)
己二腈	ADN		30	6.0	295	2	108	4.3	−2.9	+5.2
甲氧基乙腈	MAN		21	0.7	120	−35	71	21.3	−2.7	+3.0
3-甲氧基丙腈	MPN		36	1.1	165	−57	85	15.8	−2.7	+3.1
N,N-二甲基甲酰胺	DMF		37	0.8	153	−61	73	22.8	−3.0	+1.6
环丁砜	TMS		43	10	287	28	120	2.9	−3.1	+3.3
三甲基磷酸酯	TMP		21	2.2	197	−46	140	8.1	−2.9	+3.5

目前大部分商品化的电解液溶剂为 PC 体系和 AN 体系，其中 AN 体系在电导率、黏度、介电常数等方面优于 PC 体系，但是其沸点和燃点较 PC 体系低，这降低了其安全性和工作温度范围。

双电层电容器的工作温度范围主要取决于其电解液。AN 体系电解液的最低工作温度为−40℃，而在某些特殊领域如航空航天领域要求电子器件的工作温度低于−55℃，因此开发低熔点的溶剂体系也成为科研工作面临的挑战之一[87]。将 AN 分别与甲酸甲酯、乙酸甲酯、二氧戊环等按一定比例混合，可以实现在−55℃低温下工作，尤其是 AN 与二氧戊环的混合溶剂可以实现−75℃低温下的充放电[94]。将 AN 与乙酸甲酯以不同比例混合，溶解 1mol/L 的 TEA-BF₄ 后组装 600F 双电层电容器，发现在−55℃低温下可以实现放电，而基于 AN 单溶剂电解液体系的电容器在这样低的温度下不能工作。配制混合溶剂 AN 与甲酸甲酯（体积比 1:1）后，对比了不同电解质盐 TEA-BF₄ 和 SBP-BF₄，发现此类电解液在−70℃下可以充放电，其能量密度是室温下的 86%，而且 SBP-BF₄ 体系性能明显优于 TEA-BF₄。但是此类电解液高温性能较差。将 AN 与二氧戊环以不同比例混合后溶解 TEA-BF₄ 体系，由于二氧戊环超低的熔点，这种电解液可以在−70℃下实现充放电。

左飞龙等[95]将四氢呋喃（THF）和 2-甲基四氢呋喃（MeTHF）作为低温共溶剂加入乙腈电解液体系，实现了双电层电容器可以在超低温−70～65℃环境范围内工作。其中 AN+THF 电解液在−70℃时可以保持常温下容量的 85%，如图 2-16 所示。

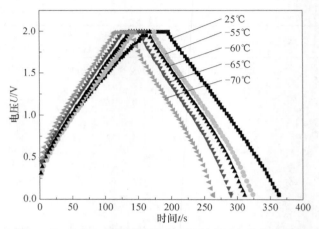

图 2-16　AN+THF 体系电解液不同温度下充放电曲线[95]

但是四氢呋喃的电化学窗口不够宽，这导致单体器件工作电压仅为 2.0V。经过大量筛选研究发现，以丁酸乙酯（DA）和 AN 以 1:2 比例组成的混合溶剂体系是低温性能较好的组合，既能保持优异的低温特性，又能维持较高的工作电压和长寿命，如图 2-17 所示。

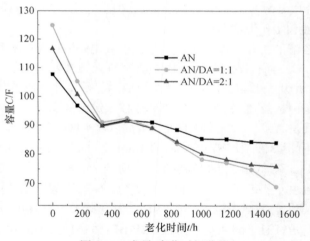

图 2-17　容量-老化时间曲线

提高工作电压一直是双电层电容器研究的一项重要任务，因为其在提高器件能量密度的同时，组装模块中还可以减少串联单体器件的个数，这在实际应用中也具有很重要的意义。选择耐高压溶剂可以有效解决这一问题。

线性小分子砜类可以作为电解液溶剂用于碳基双电层电容器[96]，其中乙基异丙基砜和乙基异丁基砜性能优异，具有沸点高、黏度低、对电解质盐溶解度高等优点，更重要的是其耐电压可达 3.3～3.7V，远高于 PC 的 2.5V。此外，与 PC 易和水发生反应相比，线性砜对水比较稳定，因此由其组成的电解液在双电层电容器中循环稳定性能更好。

由于多次的大电流充放电，动力型双电层电容器在应用过程中温度往往会比较高，这就要求电解液具有一定的耐高温性能。AN 的沸点为 82℃，但是一般 AN 体系有机电解液限定工作温度不超过 70℃，长期高温工作会导致电容器寿命的极大衰减。通过改变电解液溶剂可以实现提高电容器耐高温性能。阮殿波等通过将高沸点溶剂如环丁砜、γ-丁内酯等与 AN 混合，成功实现了将超级电容器工作温度提高到 85℃。同时由于环丁砜等溶剂的电化学性能稳定，在提高工作温度的同时，工作电压也得到了提高。

另外，对比一系列 4, 5-取代的环状碳酸酯，即碳酸乙烯酯（EC）、碳酸丙烯酯（PC）、碳酸丁烯酯（2, 3-BC）、碳酸异丁烯酯（iBC）、碳酸戊烯酯（PIC），经过测试发现碳酸丁烯酯具有和 PC 相当的熔点（243℃），而且由于其具有更高的抗氧化性，由其组成的电解液的耐电压性（3.5V）远高于 PC（2.7V）[97]。

2.2.3　离子液体

近年来，离子液体作为一种新型的绿色电解液，以其相当宽的电化学窗口、几乎不挥发、低毒性等优点，在双电层电容器领域得到了广泛的应用，使得包含离子液体的双电层电容器具有稳定、耐用、电解液没有腐蚀性、工作电压高等优点，但其缺点是离子液体的黏度过高、成本高、电导率较低，导致其低温性能差[87]。因此，无溶剂纯离子液体或者离子液体混合物作为双电层电容器的电解液应用大大受限，但是其可以应用于如高温 100～120℃特定环境。目前综合性能最优的离子液体是 1-乙基-3-甲基咪唑四氟硼酸盐，其电导率高达 14mS/cm，制备提纯工艺较成熟，生产成本勉强可以接受，已经初步实现小规模应用。

2.2.4　电解液的制备与检测方法

目前，新宙邦科技股份有限公司是我国主要提供双电层电容器电解液的公司，其通过自主创新掌握了双电层电容器电解液的关键技术——季铵盐合成技术以及电解液配置技术，也有少量离子液体电解液产品。此外，江苏省国泰超威新材料有限公司、湖北诺邦科技股份有限公司等也有少量的双电层电容器电解液产品。国外主要有德国 BASF、韩国 Skychem 和 LG Chemical、日本 Carlit 等公司批量生产有机电解液。

工业化生产有机电解液相比锂离子电池电解液较为简单，主要分为两部分：电解质盐的合成及纯化；有机溶剂和电解质盐的混溶与除水。

1. 电解质盐的合成及纯化

目前有机电解质盐主要是 TEA-BF$_4$、TEMA-BF$_4$、SBP-BF$_4$ 等，下面以 TEA-BF$_4$ 为例进行简单介绍。将两种物质 A、B 在一定介质中发生离子交换反应，然后经提纯得到产物。

A 一般为含有季铵根离子的卤素盐或碳酸单烷基酯。

B 一般为 HBF$_4$、MBF$_4$、NH$_4$BF$_4$ 等。

反应介质一般为水、有机溶剂如 DMF、乙腈、甲醇等。

例如，新宙邦科技股份有限公司报道的专利[98]中介绍的 TEA-BF$_4$ 的合成为：将溴（或氯）季铵盐与四氟硼酸碱金属盐在水中发生离子交换反应，然后进行重结晶操作，原理是利用不同季铵盐在溶剂中的溶解度的差别而得到产物。反应式如下：

$$\text{Cl}^-\ \overset{+}{N}\ +\ \text{NaBF}_4\ \xrightarrow{\text{溶剂}}\ \overset{+}{N}\ \text{BF}_4^-$$

此外，日本专利中也有介绍使用 HBF$_4$ 或 HF 和 BF$_3$ 来代替 MBF$_4$ 的，若使用含有卤素离子的季铵盐原料进行离子交换，得到的产物不可避免地会引入卤素离子杂质，粗产物需要多次的重结晶提纯步骤来达到要求，而这会造成工艺复杂，最终收率较低。而使用含有单碳酸酯的季铵盐原料进行离子交换则可以避免以上问题。

反应介质使用有机溶剂是传统的方法，这会造成环境污染及对生产人员的危害，而使用水作为离子交换介质则可以避免这一问题，同时可以有效降低生产成本。此外也有资料介绍使用离子交换树脂进行离子交换，可以大大提高粗品的转化率及纯度。

2. 有机溶剂和电解质盐的混溶与除水

首先将溶剂经过精馏、干燥等步骤得到纯度较高、含水量很低的溶剂。同时将合成的电解质盐经过多次的提纯以达到合格纯度和含水量要求后，将二者混合。搅拌均匀，即可得到最终电解液产品。

此混配步骤虽然没有经过化学反应，但是其决定了电解液产品的最终质量。由于电解液对纯度、杂质离子及含水量要求非常苛刻，所以这一步工艺控制非常重要，要求严格的无氧无水操作环境。此外，如果混配后产品含水量过高，还必须增加多次分子筛干燥除水步骤，直到最终产品性能达到要求。

电解液的指标通常都有行业标准，但一般生产厂家的企业标准要求更加严格。从电解质盐纯度、溶剂纯度、杂质离子含量、水分、色度等多方面都有严格要求。

表 2-11 列出了 TEA-BF$_4$ 电解质盐性能指标。

表 2-11　TEA-BF₄ 电解质盐性能指标

项目	标准	单位
色度	≤30	Hazen
纯度	≥99.5	%
水分	≤50	10^{-6}
铁含量	≤2	10^{-6}
Cl^-	≤5	10^{-6}
SO_4^{2-}	≤20	10^{-6}
Pb^{2+}	≤1	10^{-6}
Ca^{2+}	≤1	10^{-6}

3. 检测方法

电解液各项指标都有相应的检测方法，表 2-12 列出了一些常规的、行业内通用的检测方法。其中水分测试所用的卡尔费休法是测试微量水分最准确、最常用的方法，使用库仑法微量水分测试仪配合商品化的卡尔费休试剂可以很简单地对含水量为 10×10^{-6} 以下的电解液进行测试。

表 2-12　电解液检测方法

检测项目	检测方法
色度	Hazen 铂钴色系
水分	卡尔费休法
铁含量	邻菲罗啉比色法
Cl^-	比浊法
SO_4^{2-}	比浊法
重金属	比浊法
密度（25℃）	密度计法

2.2.5　电解液发展方向

水系电解液因其分解电压低（1.2V）而大大限制了器件的能量密度。高分子凝胶电解液近年来科学研究比较热，但是过低的电导率导致其在工业化生产中大规模应用仍有很大距离。而作为被研究更加广泛和火热的无溶剂离子液体电解液，高生产成本和较差的低温性能成为其实现工业化的巨大障碍。有机体系电解液虽然应用较为广泛，但是其本身仍有很多不足有待改进，如安全性能、耐电压性能等。

总之，双电层电容器作为一种新型的储能装置在各个领域都体现出其潜在的巨大应用价值，尤其符合我国当前节能减排、发展新能源领域的可持续发展之路。

能量密度、功率密度、安全性以及寿命是衡量电容器性能的主要指标，而电解液的性质是影响双电层电容器性能的关键因素之一。对于电解液，黏度、电导率、电化学稳定性、化学稳定性是影响双电层电容器性能的重要因素，在使用相同的电极材料的情况下，提高电解液的电导率和电化学稳定性可以提高双电层电容器的能量密度和功率密度。

2.3　双电层电容器用隔膜

通过中国知网（CNKI）系统，搜索 2012～2014 年（三年）超级电容器用原材料发表的论文数量，结果如图 2-18 所示。电极材料和电解液是我国科学人员研究的重点，而隔膜、黏结剂和集流体每年发表文章总量不足 6%，其中隔膜仅占1.2%，但是隔膜材料是影响电解质离子能否高效通过的重要因素，是动力型双电层电容器研究中重要的原材料之一。

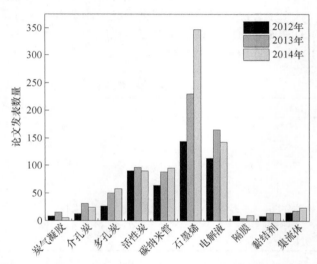

图 2-18　超级电容器用原材料 2012～2014 年发表的论文数量（来自 CNKI，2015-5-1）

电极和电解液影响双电层电容器的能量密度和功率密度，而隔膜主要影响双电层电容器的功率密度与漏电流。隔膜的作用是与电极一起完全浸润在电解液中，隔绝两个电极，防止内部短路，阻止电子传导，并形成电源电动势。因此，作为双电层电容器的隔膜应具有：①优异的电子绝缘体、良好的隔离性能和较低的内阻；②良好的化学稳定性，不易老化；③较高的电解液浸透率；④较强的力学性能和较好的热稳定性，具有耐高温特点；⑤较高的孔隙率，具有良好的离子传输能力，同时孔隙大于电解液离子的尺寸，并尽可能小于电极材料颗粒粒径，以减少两极之间接触；⑥组织成分均匀，厚度一致、孔径大小一致。

目前商用的双电层电容器隔膜有两大类，即聚丙烯（polypropylene, PP）隔膜和纤维素（cellulose）隔膜，其中聚丙烯隔膜主要用于小型双电层电容器（纽扣式），而纤维素隔膜用于大型双电层电容器（卷绕式或叠层式）。Sun 等[99]比较了无纺布 PP 隔膜、多孔 PP 隔膜、Al$_2$O$_3$ 涂层 PP 隔膜（Al$_2$O$_3$-PP 隔膜）和纤维素隔膜的物理性能及其作为隔膜应用于双电层电容器的电化学性能，结果见表 2-13。

表 2-13　不同种类隔膜性能参数[96]

隔膜	厚度 δ/mm	面密度 ρ_s/(g/cm^2)	孔隙率 q/%	熔点 t/℃	Et$_4$NBF$_4$/PC		比容量 C/(F/g)
					吸液率 w/%	接触角 θ/(°)	
无纺布 PP 隔膜（MPF30AC100）	100	19.0	—	162.92	77.5	∼0	∼96.5
多孔 PP 隔膜（Celgard 2400）	25	13.0	41	167.63	3.6	55.5	∼97.5
Al$_2$O$_3$-PP 隔膜	20	42.5	43	168.38	71.0	30.2	∼96
纤维素隔膜（TF40-30）	30	20.0	49	>230	117.2	∼0	101.4

孔隙率几乎相等的多孔PP隔膜、Al$_2$O$_3$-PP隔膜和纤维素隔膜中，纤维素隔膜基双电层电容器在1mol/L Et$_4$NBF$_4$/PC电解液中的自放电性能略差于其他三种双电层电容器，但是其容量、内阻、倍率性能远优于其他三种双电层电容器，同时纤维素隔膜的润湿性优于无纺布PP隔膜、多孔PP隔膜、Al$_2$O$_3$-PP隔膜。为了提高PP隔膜的亲水性能，Stepniak等[100]分别在PP隔膜和活性炭纤维布上涂一层聚丙烯酸，明显改善了PP隔膜和活性炭纤维的亲水性，使之组装的双电层电容器在4.6mol/L LiOH水溶液中的能量密度和功率密度有了显著的增加。同样，Wada等[101]利用磺化PP隔膜作为双电层电容器隔膜得到了相似的结果。但是，对于动力型双电层电容器，其电解液往往采用有机体系电解液，聚丙烯酸/PP隔膜或磺化PP隔膜的表面含氧官能团必然会影响器件的循环稳定性。此外，有机体系双电层电容器对水分要求比较严格，在其实际生产装配过程中，往往是先组装好再进行烘干，所以对隔膜纸的耐温及高温烘干过程中的稳定性和可烘干程度都有一定的要求。由于纤维素隔膜能在200℃以内几乎不发生收缩，而PP隔膜熔点低于170℃，在超过125℃后PP隔膜会发生严重的收缩，所以目前工业上纤维素隔膜是动力型双电层电容器使用的第一选择。

动力型双电层电容器用纤维素隔膜生产厂家主要是日本高度纸工业株式会社（NKK 公司）。

纤维素隔膜对动力型双电层电容器的电化学性能有重要的影响，尤其是漏电流。表 2-14 和表 2-15 列出了阮殿波等[35]有关相同厚度、不同纤维素隔膜以及不同厚度、不同纤维素隔膜所制电容器漏电流的研究结果。

表 2-14　不同种类隔膜对漏电流的影响[35]

隔膜型号	厚度 $\delta/\mu m$	老化 48h 后的漏电流 I/mA
TF48-40	40	0.865
NB-FPTC407	40	0.610
NB-FPTC405	40	0.529

表 2-15　不同厚度隔膜对漏电流的影响[35]

隔膜型号	厚度 $\delta/\mu m$	老化 48h 后的漏电流 I/mA
TF40-30	30	0.836
TF48-40	40	0.369

从表 2-14 可以看出，日本三菱纸业 NB 系隔膜（NB-FPTC405、NB-FPTC407）所制电容器的漏电流小于日本 NKK 公司 TF 系隔膜（TF48-40）。这是由于 NB 系隔膜为无纺布加纤维素纸（日本三菱），孔较小；而 TF 系隔膜是纤维素纸，孔较大。在隔膜厚度相同的情况下，电容器的漏电流与隔膜孔的大小有关，在一定孔尺寸范围内，电容器的漏电流与隔膜孔的大小成正比，即隔膜孔越小，电容器的漏电流越小。但是如果孔太小又会导致电解液中的离子阻抗增加，以致电容器内阻增大，所以实际中隔膜的使用应该根据产品型号的具体要求选择适宜孔尺寸的隔膜。

从表 2-15 中可看出，隔膜越厚，电容器的漏电流越小。其原因在于：隔膜厚度增加，电解液离子的运动阻抗增大，且随着正负离子传输距离的增加，离子间相互吸引的电场力减弱，导致电容器的漏电流变小；当隔膜太厚时，不仅会因电解液离子的运动阻力增加引起电容器的内阻增大，而且会使单体在有限的空间内组装时减少电极极片的装入量，进而造成电容器容量的降低。因此，隔膜厚度设计与选取应基于电容器的用途和对漏电流的要求。另外，隔膜材料越薄，传递和存储能量的速度就越快，然而纤维素隔膜的力学性能随着厚度变薄而变差，纤维素隔膜的厚度越薄越容易被刺破，造成微短路。

除了常用的 PP 隔膜和纤维素隔膜以外，聚偏氟乙烯（PVDF）隔膜由于具有可调控的孔隙结构，所以对其研究也越来越多。Karabelli 等[102]利用相转变的方法得到不同结构的 PVDF 隔膜，其中 30～35μm、(75±5)%孔隙率的 PVDF 隔膜在

1mol/L TEA-BF$_4$/AN 电解液中的电导率（18mS/cm，25℃）高于商业化纤维素隔膜和 Celgard^{TM}2500 隔膜，表明该隔膜具有较高的离子迁移速率。此外，Karabelli 等[102]也研究了聚偏氟乙烯-六氟丙烯（PVDF-HFP）隔膜和聚偏氟乙烯-六氟氯乙烯（PVDF-CTFE)的性能。Tõnurist 等[103]把静电纺制备的不同厚度的聚偏氟乙烯（PVDF）多孔隔膜（记为 TU×1-5）与目前商业化的聚丙烯（Celgard2400）隔膜、纤维素（TF4425、TF4530、TF4030）隔膜进行研究对比，将它们分别与相同的炭电极构成电容器，在有机电解质(C$_2$H$_5$)$_3$CH$_3$NBF$_4$ 下得到交流阻抗谱，研究发现电纺制备的 PVDF 薄膜（图 2-19）在合适的厚度下，其性能已经能与商业化的隔膜材料相媲美。PVDF 隔膜最大的缺点是：①热稳定性较差，其熔点低于 170℃；②难以实现规模化生产。

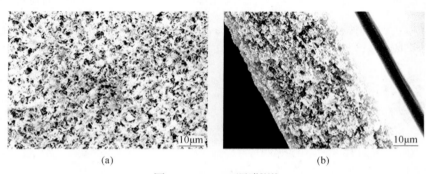

(a)   (b)

图 2-19   PVDF 隔膜[103]

Yu 等[104]发现多孔结构的鸡蛋壳膜（ESM）能承受 220℃ 以上的高温，并具有足够的力学性能，因此将其作为隔膜应用于双电层电容器中。与 PP 隔膜相比，ESM 组装的双电层电容器在 1mol/L Na$_2$SO$_4$ 电解液中拥有更低的等效串联内阻，且具有很好的循环稳定性（10000 次循环后，比容量仍保持在 92%），如图 2-20 所示，说明 ESM 是一种良好的隔膜材料。

 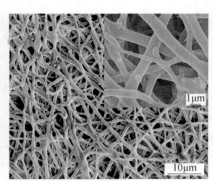

(a) 表面形貌 1   (b) 表面形貌 2

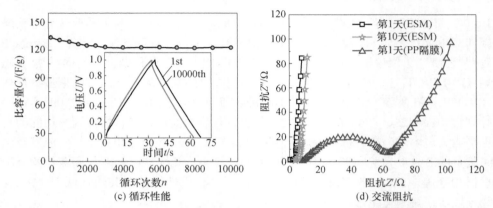

(c) 循环性能　　　　　　　　　　(d) 交流阻抗

图 2-20　ESM 的表面形貌及其组装的双电层电容器的循环性能和交流阻抗曲线[104]

最近，锂电池隔膜制造商 Dreamweaver 国际公司推出了一种用于超级电容的纳米纤维隔膜系列，如图 2-21 所示。

(a)　　　　　　　　　　　　　　(b)

图 2-21　纳米纤维隔膜（Dreamweaver 国际公司提供）

这种纳米纤维隔膜的倍率性能优于 PP 隔膜和 PP/PE 复合隔膜，说明纳米纤维隔膜是未来的发展方向之一。

目前在有机体系电解液中，纤维素隔膜是动力型双电层电容器用主要隔膜，而未来需要在不影响力学性能的条件下进一步降低纤维素隔膜的厚度，以增大器件的容量与降低器件的内部阻抗。

2.4　双电层电容器用集流体

集流体作为电极材料的载体，在电容器组成中起到集电流和支撑的作用，需具备导电性、耐腐蚀性和抗过载能力。集流体材料多采用导电性能良好的 Al、Cu、Ni 或 Ti 等稳定金属箔或网，在特殊环境下也采用贵金属作为集流体材料。在动力型双电层电容器中，通常以铝箔作为集流体，因为铝具有高电导率、低价格、耐腐蚀等优点。由于铝集流体活性高，表面容易生成导电性差的氧化铝薄膜，氧化铝薄膜的存在会增加集流体与活性物质之间的电阻，降低集流体与活性物质的黏合性，所以对铝集流体进行适当处理是十分必要的。

工业上对动力型双电层电容器用铝箔的表面处理主要是刻蚀，刻蚀以后的铝箔称为腐蚀铝箔。尽管腐蚀铝箔导电性低于光箔，但腐蚀铝箔与电极材料的黏结性优于光箔。

早期 Alwitt 等[105]对电化学蚀刻铝箔集流体做过一些基础研究，在铝集流体性能改善方面取得了一些效果。王力臻等[106]在 2mol/L HCl 溶液中、室温条件下以 200mA/cm^2 的直流电流刻蚀铝箔片 50s，得到了比较均匀的蜂窝状结构铝箔，增加了活性物质与集流体的接触紧密性和均匀性，使刻蚀铝箔比未刻蚀的界面电阻更低。洪东升等[107]将铝箔在 80℃下于 2mol/L HCl+0.2mol/L Al$_2$(SO$_4$)$_3$ 的混合溶液中分别刻蚀 40s、60s、80s 后的表面微观形貌如图 2-22 所示（包含未刻蚀）。以未刻蚀铝箔为集流体的双电层电容器的比容量为 102.6F/g，以刻蚀 40s、60s 和 80s 的铝箔为集流体的双电层电容器的比容量分别为 113.2F/g、130.7F/g 和 140.2F/g，可见铝箔刻蚀时间的增加，可使双电层电容器电极比容量增大，同时内阻随着刻蚀时间的增加而变小。

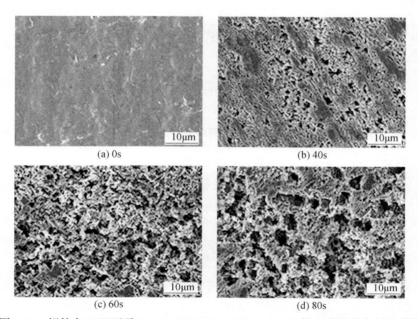

图 2-22 铝箔在 80℃下于 2mol/L HCl+0.2mol/L Al$_2$(SO$_4$)$_3$ 的混合溶液中刻蚀时间
分别为 0s、40s、60s 和 80s 后的表面微观图[107]

　　曹小卫等[108]在室温条件下，选择 4mol/L 的 HCl、HNO₃、H₂SO₄ 和 KOH 溶液体系分别进行化学蚀刻，通过不同测试手段测试腐蚀铝箔，发现经 H₂SO₄ 处理的集流体制成的超级电容器性能最佳。Simon 等[109-111]先在 NaOH 溶液中进行化学蚀刻，再在 HCl 溶液中进行电化学蚀刻，得到多孔结构的铝基体，在基体上采用表面溶胶凝胶方法沉积导电薄膜。此方法提高了集流体表面的粗糙度，降低了集流体与活性物质的界面电阻，如图 2-23 所示。

图 2-23　腐蚀铝箔（a）、溶胶凝胶方法沉积导电薄膜（b）及其组装的双电层电容器的等效串联电阻与循环次数之间的关系（c）[110]

　　阮殿波[35]验证了 30μm 光箔和腐蚀铝箔对超级电容器的导电性和稳定性的影响，其中不同集流体超级电容器在 70℃、2.7V 条件下的加速寿命参数如表 2-16 所示，光箔、腐蚀铝箔集流体的体积比容量与直流内阻的加速寿命曲线如图 2-24 所示。

　　综合表 2-16 和图 2-24 可知，光箔的初始直流内阻明显低于腐蚀铝箔，初始体积比容量也高一些。但是高温保持 1008h 后，光箔的直流内阻涨了十几倍，体积比容量也迅速衰减。拆开实验完成的样品发现，该电极材料已经大部分从集流体上剥落，可以认为这是体积比容量下降与直流内阻上升的主要原因。腐蚀铝箔因其表面粗糙而大大提高了电极与集流体之间的黏结性，并使得产品性能更加稳定。由上述结论可知腐蚀铝箔是长寿命超级电容器集流体的较好选择。

表 2-16　不同集流体超级电容器 70℃、2.7V 条件下的加速寿命参数表

集流体	初始体积比容量 C/(F/cm³)	高温 1008h 后体积比容量 C/(F/cm³)	初始直流内阻 R/mΩ	高温 1008h 后直流内阻 R/mΩ
光箔	25.13	3.98	110	1207
腐蚀铝箔	24.36	21.05	135	148

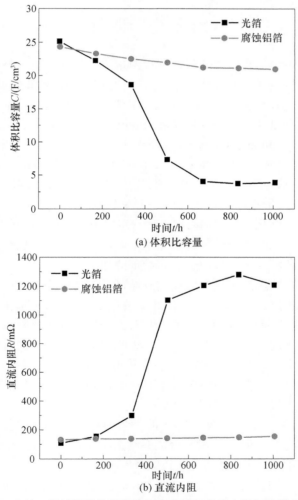

(a) 体积比容量

(b) 直流内阻

图 2-24　光箔、腐蚀铝箔集流体体积比容量与直流内阻加速寿命曲线[35]

　　总之，腐蚀铝箔制造的双电层电容器具有更高的容量和更好的稳定性，但是腐蚀铝箔的厚度一般维持在 20μm 以上，因为腐蚀铝箔的厚度决定了其力学性能，尤其是在大规模自动化生产双电层电容器过程中，厚度小于 20μm 的腐蚀铝箔相对容易断带。在体积一定的条件下，为提高双电层电容器的容量，需要特殊的铝箔作为集流体，因此未来铝箔发展的方向主要有两个：①在双电层电容器体积一定的条件下，开发较薄且保持较优力学性能、较高导电性和柔韧度的腐蚀铝箔，目的是降低集流体所占质量而提高器件的能量密度；②光箔与活性物质之间的界面电阻较低，因此在减小光箔厚度的同时开发高导电胶涂覆于铝箔表面以降低界面电阻并形成粗糙接触面。

2.5　双电层电容器用黏结剂

　　黏结剂是双电层电容器器件制造过程中重要的辅助材料，是连接电极材料和集流体的关键材料。黏结剂最重要的特点是具有较强的黏性和较高的化学稳定性，不溶于电解液且与电解液不发生化学反应。目前，聚偏氟乙烯（poly(vinylidene difluoride)，PVDF）、聚四氟乙烯（poly(tetrafluoroethylene)，PTFE）、丁苯橡胶（SBR）、羧甲基纤维素钠（sodium-carboxymethyl cellulose，CMC)、聚乙烯吡咯烷酮（PVP）、聚偏氟乙烯-六氟丙烯（PVDF-hexafluoropropylene，PVDF-HFP）、PVP-聚乙烯醇缩丁醛（PVP-polyvinyl butyral，PVP-PVB）、天然纤维素（natural cellulose）、PVDF-HFP/PVP 等是应用于双电层电容器的主要黏结剂，其中 PVDF、PTFE、CMC、SBR 是最常用的黏结剂。黏结剂的加入量决定电极材料和集流体之间的黏结强度，但是电极的比表面积随着黏结剂的增加而下降，所以适中的黏结剂量有利于双电层电容器的储能和稳定。一般而言，黏结剂的加入量要小于 10%（质量分数）。

　　双电层电容器中应用及研究最多的黏结剂是 PTFE 和 PVDF，其中 PVDF 适合 N-甲基吡咯烷酮（简称 NMP）的有机体系，而 PTFE 通常是在其形成水系乳液后使用。Abbas 等[112]研究表明，采用 PVDF 作为黏结剂容易阻塞活性炭的微孔结构，导致活性电极的比表面积严重下降，影响双电层电容器的内阻、比容量和寿命，如图 2-25 所示，这是因为 PVDF 亲油基团更容易吸附至活性炭表面，包围在活性炭表面。另外，存在于 PVDF 中有的 NMP 残留容易缩短双电层电容器的寿命，所以工业上一般不建议使用 PVDF。

　　CMC 是一种溶于水的分散型黏结剂，且环境友好，价格仅为 PTEF 和 PVDF 的 1/10。研究表明，CMC 是一种良好的黏结剂，与 PTEF 和 PVDF 相比，活性炭-CMC 电极的内阻较大，且循环性能较差[113]。Bonnefoi 等[114]分别采用 PTFE 和 CMC 制备了活性炭电极，测试了其在 1.7mol/L NEtMeSO$_4$/AN 电解液中、电压范围为 0～2.15V 内的电化学性能，结果如表 2-17 所示。

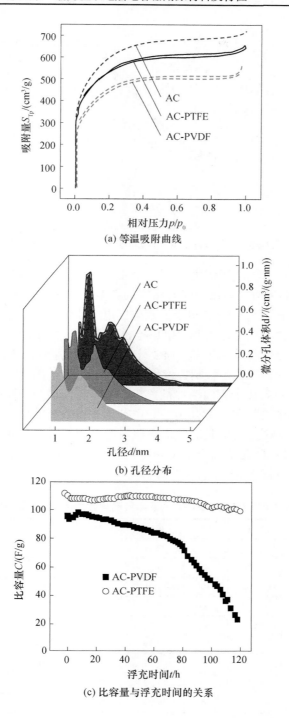

(a) 等温吸附曲线

(b) 孔径分布

(c) 比容量与浮充时间的关系

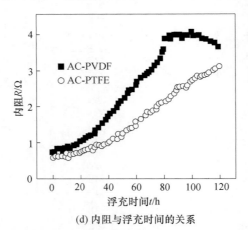

(d) 内阻与浮充时间的关系

图 2-25　活性炭-PVDF 电极和活性炭-PTFE 电极的性能

表 2-17 显示了双电层电容器器件的容量和内阻随着温度的降低（25℃、0℃、-18℃）分别减小和增大；在相同的黏结剂和温度条件下，电极越薄，器件的性能越好；在低温条件下，PTFE 组装的双电层电容器器件的性能优于 CMC 组装的双电层电容器器件的性能，表明双电层电容器器件的内阻不仅与温度相关，而且与黏结剂、电极厚度有关。尽管 CMC 作为黏结剂使用时，器件的内阻偏大，但是在工业化生产中往往在电极制备过程加入 CMC，这是因为 CMC 不仅是一种黏结剂，而且是一种阴离子表面活性剂，其能有效降低水的表面张力，使活性炭、导电剂和黏结剂混合均匀，尤其是当导电剂为难以分散的碳纳米管或石墨烯时。另外，CMC 是一种增稠剂，能有效改善浆料的黏稠度和润滑度，有利于电极的涂覆。通常，单一 CMC 黏结剂的加入量低于 5%（质量分数），而 CMC 作为辅助添加剂使用的加入量低于 3%（质量分数）。

表 2-17　CMC、PTFE 对双电层电容器器件性能的影响[114]

电极组成（质量比）	温度 t/℃	I/A	V_{dis}/V	C/F	R_{cycl}/mΩ	R_{1000Hz}/mΩ	R_{ESR}/mΩ
（1） AC:CMC:导电剂= 80:5:15	25	2	2.07	243	23	10.5	—
		4	2.03	233	21.5	10.5	—
		10	1.91	226	20.5	10.5	—
	0	2	2.01	211	29	12.8	—
		4	1.89	202	27.5	12.8	—
		10	1.59	199	25.5	12.8	—
	−18	2	2.04	190	40	16.6	—
		4	1.97	182	36	16.6	—
		10	1.79	182	32	16.6	—

续表

电极组成（质量比）	温度 t/℃	I/A	V_{dis}/V	C/F	R_{cycl}/mΩ	R_{1000Hz}/mΩ	R_{ESR}/mΩ
（2） AC:PTFE:导电剂= 80:5:15	25	2	2.10	272	17.5	—	11
		4	2.06	264	17	—	11
		10	1.8	255	16	—	11
	0	2	2.10	248	19	—	11.8
		4	2.07	239	18	—	11.8
		10	1.96	232	17	—	11.8
	−18	2	2.10	229	20	—	12.6
		4	2.06	220	19	—	12.6
		10	1.96	216	18	—	12.6
（3） AC:PTFE=95:5	25	2	2.13	294	17	—	8
		4	2.12	294	16	—	
		10	2.12	294	15	—	
	0	2	2.14	264	18	—	9.2
		4	2.14	271	16	—	9.2
		10	2.14	266	16	—	9.2
	−18	2	2.14	239	20	—	10.5
		4	2.14	239	18	—	10.5
		10	2.14	239	18	—	10.5

注：数据取自 4.7cm×1.8cm×8.5cm 方型电容器，其中泡沫镍为集流体，镍为极耳；电解液为 1.7mol/L NEtMeSO₄/AN。其中，组成（1）为 10 对电极，（2）为 12 对电极，（3）为 14 对电极，（1）、（2）、（3）活性炭的质量相等。电压范围为 0~2.15V。V_{dis} 为放电初始电压，R_{cycl} 为 2000 次循环时第一次循环内阻，R_{1000Hz} 为在电阻抗测试时 1000Hz 的阻抗，R_{ESR} 为欧姆降。

SBR 是近些年兴起的新型水系黏结剂，其最大的优点是在长期使用后，形态不会发生变化，而 PTFE 会存在形态上的变化，由颗粒状变成细长的网状纤维，这一变化会导致电极材料的大面积脱落，最终影响电容器的使用寿命。阮殿波[35] 分别采用 PTFE 和 SBR 组装活性炭电极，结果如表 2-18 所示。活性炭-PTFE 电极和活性炭-SBR 电极分别在 1mol/L TEA-BF₄/AN 电解液中的初始体积比容量基本相同，然而活性炭-SBR 电极的初始直流内阻明显小于活性炭-PTFE 电极的初始直流内阻，同时在高温 1008h 后，活性炭-SBR 电极的体积比容量减少了 41.6%，直流内阻增大了 1.2 倍，说明活性炭-SBR 电极具有更好的功率特性和循环稳定性。

表 2-18　黏结剂 PTFE 和 SBR 分别对电极电化学性能的影响[35]

电极组成	初始体积比容量 C/(F/cm³)	高温 1008h 后体积比容量 C/(F/cm³)	初始直流 内阻 R/mΩ	高温 1008h 后直流 内阻 R/mΩ
AC-3% PTFE（质量分数）	24.32	14.20	150	332
AC-3% SBR（质量分数）	24.36	21.05	135	148

表 2-19 列出了黏结剂 PTFE、PVDF、PVP 和 PVP-PVB 对活性炭电极性能的影响。

表 2-19　黏结剂 PTFE、PVDF、PVP 和 PVP-PVB 对活性炭电极的影响[112, 115, 116]

序号	材料	S_{BET} /(m²/g)	V_{tot} /(cm³/g)	V_{micro} /(cm³/g)	电解液	质量比容量 C/(F/g)	备注
1	AC	2066	1.100	0.908	—	—	—
	AC-10% PVDF（质量分数）	1544	0.855	0.675	1mol/L NaNO₃	110，100	1.6V，浮充 120h 前、后
	AC-10% PTFE（质量分数）	1835	1.003	0.807		95，20	
2	AC	1720	0.73	—	—	—	
	AC-3.5% PVP（质量分数）	1675	0.71	—	TEA-BF₄/PC	112	2.7V， 0.1A/g
					TEA-BF₄/AN	97	
	AC-5% PVP（质量分数）	1574	0.66	—			
	AC-5% PTFE（质量分数）	1523	0.65	—	TEA-BF₄/PC	107	2.7V， 0.1A/g
	AC-10% PVDF（质量分数）	1213	0.52	—	TEA-BF₄/PC	70	
3	AC	2112	1.09	—	—	—	
	AC-1.5% PVP/6% PVB （质量分数）	1852	0.92	—	1mol/L NaCl	120	1.2V，1A/g
					1mol/L H₂SO₄	160	
					6mol/L KOH	160	
	AC-10% PVDF（质量分数）	1545	0.75	—	1mol/L NaCl	110	

研究表明，除了 PVDF、PTFE、CMC、SBR 以外， PVP 也是一种比较有前途的黏结剂[115]。PVP 适合用于有机体系，能溶于乙醇，因为乙醇的沸点较低，易脱除和回收，所以 PVP 黏结剂体系具有较低的污染性。Aslan 等[116]利用 PVP作为黏结剂时，发现电极的比表面积随着 PVP 含量的增加而减小，且孔容急剧减小，表明黏结剂的加入堵塞了活性炭的孔隙。当活性炭中加入 3.5%（质量分数）的 PVP 作为黏结剂时，电极表现出良好的电化学性能，其在 1mol/L TEA-BF₄/PC和 TEA-BF₄/AN 电解液中分别具有 112F/g 和 97F/g 的比容量（电流密度为 0.1A/g），优于 PTFE 和 PVDF 作为黏结剂制备的双电层电容器电化学性能。当采用 PVP-PVB 复合黏结剂组装电极时，电极的比表面积高于以 PVDF 作为黏结剂组装的电极，且前者在 1mol/L H₂SO₄ 和 6mol/L KOH 电解液中表现出 16F/g 的比容量（电流密度为 1A/g），在 1mol/L NaCl 中拥有 120F/g 的比容量。另外，在 1mol/L NaCl中，PVP-PVB 复合黏结剂组装的电极在电流密度为 1.28A/g 和电化学窗口为 0～1.2V 下循环 10000 后，比容量仅下降了 2.5%。

在 PVDF、PTFE、CMC、SBR 黏结剂中，CMC 的价格最低，并且是绿色的黏结剂。Böckenfeld 等[117]利用更廉价的天然纤维素作为黏结剂研制成活性炭-纤维素电极，并且研究了电极在 1mol/L Et₄NBF₄/PC 电解液中的电化学性能。结果表明，活性炭-纤维素电极的倍率性能与活性炭-PVDF 电极相似，优于活性炭-CMC，说明纤维素作为黏结剂有一定的应用前途。

PVDF、PTFE、CMC、SBR 是常用的黏结剂，这四种黏结剂的主要区别是：①在工业化使用时，PVDF 必须先溶于 NMP，而 PTFE、CMC、SBR 制成水系乳液或水溶液即可使用；②PVDF、PTFE 适用于水系和有机系电解液，而 CMC、SBR 只能适用于有机系电解液；③PTFE、SBR 的适用温度较宽；④PVDF、PTFE、CMC、SBR 的分子结构不同。比较结果如表 2-20 所示。

表 2-20　PTFE、PVDF、CMC 和 SBR 的比较

黏结剂	适用温度 $t/℃$	适用电解液体系
PVDF	～150	水系、有机系
PTFE	～300	水系、有机系
CMC	～100	有机系
SBR	～300	有机系

韩国 Kim 等[118]分别利用 PVDF-HFP 和 PVDF-HFP/PVP 复合黏结剂制备了双电层电容器器件，研究表明，PVDF-HFP/PVP 具有较低的内阻，并利用其研制成 2.3V/3000F 圆柱型双电层电容器。宁波中车新能源科技有限公司利用线状 PTFE 和粒状 SBR 的复合黏结剂作为双电层电容器的黏结剂使用，制造的动力型双电层电容器容量高达 9500F。复合黏结剂的应用成功，体现了复合黏结剂中各组分黏结剂的重要优点：不同分子结构的黏结剂联合作用更能有效固定电极材料，使电极不掉粉，增大双电层电容器的功率特性，同时器件的电化学性能更稳定。因此，复合型黏结剂也是未来发展的一种趋势。

参 考 文 献

[1] Burke A. Ultracapacitors: Why, how, and where is the technology[J]. Journal of Power Sources, 2000, 91(1): 37-50.

[2] 刘玉荣. 碳材料在超级电容器中的应用[M]. 北京: 国防工业出版社, 2013.

[3] Zhang J B, Jin L J, Cheng J, et al. Hierarchical porous carbons prepared from direct coal liquefaction residue and coal for supercapacitor electrodes[J]. Carbon, 2013, 55(2): 221-232.

[4] Deng M G, Wang R Q. The effect of the HClO₄ oxidization of petroleum coke on the properties of the resulting activated carbon for use in supercapacitors[J]. New Carbon Materials, 2013, 28(4): 262-266.

[5] Jiang L, Yan J W, Hao L X, et al. High rate performance activated carbons prepared from ginkgo

shells for electrochemical supercapacitors[J]. Carbon, 2013, 56(56): 146-154.

[6]　Geng X, Li L X, Zhang M L, et al. Influence of reactivation on the electrochemical performances of activated carbon based on coconut shell[J]. Journal of Environmental Sciences, 2013, 25(25): S110-S117.

[7]　Lee H M, Kim H G, Kang S J, et al. Effects of pore structures on electrochemical behaviors of polyacrylonitrile (PAN)-based activated carbon nanofibers[J]. Journal of Industrial and Engineering Chemistry, 2015, 21(1): 736-740.

[8]　梁大明, 孙仲超, 等. 煤基炭材料[M]. 北京: 化学工业出版社, 2010.

[9]　Pastor V J, Duran V C J. Pore structure of activated carbons prepared by carbon dioxide and steam activation at different temperatures from extracted rock rose[J]. Carbon, 2002, 40(3): 397-402.

[10]　Bouchelta C, Medjram M S, Bertrand O, et al. Preparation and characterization of activated carbon from date stones by physical activation with steam[J]. Journal of Analytical and Applied Pyrolysis, 2008, 82(1): 70-77.

[11]　蔡琼, 黄正宏, 康飞宇. 超临界水和水蒸气活化制备酚醛树脂基活性炭的对比研究[J]. 新型炭材料, 2005, 20(2): 122-128.

[12]　Reddy K S K, Shoaibi A A, Srinivasakannan C. A comparison of microstructure and adsorption characteristics of activated carbons by CO_2 and H_3PO_4 activation from date palm pits[J]. New Carbon Materials, 2012, 27(5): 344-350.

[13]　Teng H S, Yeh T S, Hsu L Y. Preparation of activated carbon from bituminous coal with phosphoric acids activation[J]. Carbon, 1998, 36(9): 1387-1395.

[14]　Zhang Z J, Dong C, Ding X Y, et al. A generalized $ZnCl_2$ activation method to produce nitrogen-containing nanoporous carbon materials for supercapacitor applications[J]. Journal of Alloys and Compounds, 2015, 636: 275-281.

[15]　Zhu L H, Gao Q M, Tian Y L, et al. Nitrogen and oxygen co-doped microporous carbons derived from the leaves of euonymus japonicas as high performance supercapacitor electrode material[J]. Microporous and Mesoporous Materials, 2015, 210: 1-9.

[16]　Wu F C, Wu P H, Tseng R L, et al. Preparation of activated carbons from unburnt coal in bottom ash with KOH activation for liquid-phase adsorption[J]. Journal of Environmental Management, 2010, 91(5): 1097-1102.

[17]　立本英机, 安部郁夫. 活性炭的应用技术——其维持管理及存在问题[M]. 高尚愚, 译. 南京: 东南大学出版社, 2002.

[18]　Guo Y, Shi Z Q, Chen M M, et al. Hierarchical porous carbon derived from sulfonated pitch for electrical double layer capacitors[J]. Journal of Power Sources, 2014, 252: 235-243.

[19]　Xu H, Gao Q M, Guo H L, et al. Hierarchical porous carbon obtained using the template of

NaOH-treated zeolite β and its high performance as supercapacitor[J]. Microporous and Mesoporous Materials, 2010, 133(1-3): 106-114.

[20]　Xia K S, Gao Q M, Jiang J H, et al. Hierarchical porous carbons with controlled micropores and mesopores for supercapacitor electrode materials[J]. Carbon, 2008, 46(13): 1718-1726.

[21]　Mo S S, Sun Z F, Huang X J, et al. Synthesis, characterization and supercapacitive properties of hierarchical porous carbons[J]. Synthetic Metals, 2012, 162(1-2): 85-88.

[22]　Shi H. Activated carbons and double layer capacitance[J]. Electrochimica Acta, 1996, 41(10): 1633-1639.

[23]　王瑶. 两亲性炭材料的结构及其在电极材料领域应用的研究[D]. 天津: 天津大学博士学位论文, 2010.

[24]　Janes A, Kurig H, Lust E. Characterisation of activated nanoporous carbon for supercapacitor electrode materials[J]. Carbon, 2007, 45(6): 1226-1233.

[25]　Barbieri O, Hahn M, Herzog A, et al. Capacitance limits of high surface area activated carbons for double layer capacitors[J]. Carbon, 2005, 43(6): 1303-1310.

[26]　Chmiola J, Yushin G, Dash R, et al. Effect of pore size and surface area of carbide derived carbons on specific capacitance[J]. Journal of Power Sources, 2006, 158(1): 765-772.

[27]　Qiao Z J, Chen M M, Wang C Y, et al. Humic acids-based hierarchical porous carbons as high-rate performance electrodes for symmetric supercapacitors[J]. Bioresource Technology, 2014, 163(7): 386-389.

[28]　Zhou S Y, Li X H, Wang Z X, et al. Effect of activated carbon and electrolyte on properties of supercapacitor[J]. Transactions of Nonferrous Metals Society China, 2007, 6(17): 1328-1333.

[29]　Si W J, Zhou J, Zhang S M, et al. Tunable N-doped or dual N,S-doped activated hydrothermal carbonsderived from human hair and glucose for supercapacitor applications[J]. Electrochimica Acta, 2013, 107(3): 397-405.

[30]　Zhao Y H, Liu M X, Deng X X, et al. Nitrogen-functionalized microporous carbon nanoparticles for high performance supercapacitor electrode[J]. Electrochimica Acta, 2015, 153: 448-455.

[31]　Chen W Z, Shi J J, Zhu T S, et al. Preparation of nitrogen and sulfur dual-doped mesoporous carbon for supercapacitor electrodes with long cycle stability[J]. Electrochimica Acta, 2015, 177: 327-334.

[32]　Zhu D Z, Wang Y W, Gan L H, et al. Nitrogen-containing carbon microspheres for supercapacitor electrodes[J]. Electrochimica Acta, 2015, 158: 166-174.

[33]　Jin H, Wang X M, Gu Z R, et al. Carbon materials from high ash biochar for supercapacitor and improvement of capacitance with HNO_3 surface oxidation[J]. Journal of Power Sources, 2013, 236(16): 285-292.

[34] Kim M H, Yang J H, Kang Y M, et al. Fluorinated activated carbon with superb kinetics for the supercapacitor application in nonaqueous electrolyte[J]. Colloids and Surfaces A, 2014, 443(4): 535-539.

[35] 阮殿波. 石墨烯/活性炭复合电极超级电容器的制备研究[D]. 天津: 天津大学博士学位论文, 2014.

[36] 阮殿波, 王成扬, 聂加发. 动力型超级电容器应用研发[J]. 电力机车与城轨车辆, 2012, 35(5): 16-20.

[37] Portet C, Yang Z, Korenblit Y, et al. Electrical double-layer capacitance of zeolite-templated carbon in organic electrolyte[J]. Journal of the Electrochemical Society, 2009, 156(1): A1-A6.

[38] Xing W, Qiao S Z, Ding R G, et al. Superior electric double layer capacitors using ordered mesoporous carbons[J]. Carbon, 2006, 44(3): 216-224.

[39] Biener J, Stadermann M, Suss M, et al. Advanced carbon aerogels for energy applications[J]. Energy and Environmental Science, 2011, 4(3): 656-667.

[40] Wang J B, Yang X Q, Wu D C, et al. The porous structures of activated carbon aerogels and their effects on electrochemical performance[J]. Journal of Power Sources, 2008, 185(1): 589-594.

[41] Pekala R W, Kong F M. Resorcinol-formaldehyde aerogels and their carbonized derivatives[J]. Polymer Preprints, 1989, 30(1): 221-223.

[42] Lauren M C, Feral T, Marleny D A, et al. Barley β-glucan aerogels as a carrier for flax oil via supercritical CO_2[J]. Journal of Food Engineering, 2012, 111(4): 625-631.

[43] Juuso T K, Hiekkatsipale P, Malm J, et al. Inorganic hollow nanotube aerogels by atomic layer deposition onto native nanocellulose templates[J]. ACS Nano, 2011, 5(3): 1967-1974.

[44] Wu X L, Wen T, Guo H L, et al. Biomass-derived sponge-like carbonaceous hydrogels and aerogels for supercapacitors[J]. ACS Nano, 2013, 7(4): 3589-3597.

[45] Grzyb B, Hildenbrand C, Berthon F S, et al. Functionalisation and chemical characterization of cellulose-derived carbon aerogels[J]. Carbon, 2010, 48(8): 2297-2307.

[46] Tsioptsias C, Michailof C, Stauropoulos G, et al. Chitin and carbon aerogels from chitin alcogels[J]. Carbohydrate Polymers, 2009, 76(4): 535-540.

[47] Chang X H, Chen D R, Jiao X L. Starch-de rived carbon aerogels with high-performance for sorption of cationic dyes[J]. Polymer, 2010, 51(16): 3801-3807.

[48] Iijima S. Helical microtubules of graphitic carbon[J]. Nature, 1991, 354: 56-58.

[49] 张强, 黄佳琦, 赵梦强, 等. 碳纳米管的宏量制备及产业化[J]. 中国科学: 化学, 2013, 43(6): 641-666.

[50] Zhang Q, Huang J Q, Zhao M Q, et al. Radial growth of vertically aligned carbon nanotube arrays from ethylene on ceramic spheres[J]. Carbon, 2008, 46(8): 1152-1158.

[51]　Zhang Q, Zhao M Q, Liu Y, et al. Energy-absorbing hybrid composites based on alternate carbon-nanotube and inorganic layers[J]. Advanced Materials, 2009, 21(28): 2876-2880.

[52]　Chabot V, Higgins D, Zhang J J, et al. A review of graphene and graphene oxide sponge: Material synthesis and applications towards energy and the environment[J]. Energy and Environmental Science, 2014, 7(5): 1564-1596.

[53]　Jiang L, Fan Z. Design of advanced porous graphene materials: From graphene nanomesh to 3D architectures[J]. Nanoscale, 1998, 6(4): 1922-1945.

[54]　Lerf A, He H Y, Forster M, et al. Structure of graphite oxide revisited[J]. Journal of Physical Chemistry B, 1998, 102(23): 4477-4482.

[55]　Stoller M D, Park S J, Zhu Y W, et al. Graphene-based ultracapacitors[J]. Nano Letters, 2008, 8(10): 3498-3502.

[56]　Dreyer D R, Park S, Bielawski C W, et al. The chemistry of graphene oxide[J]. Chemical Society Reviews, 2010, 39(1): 228-240.

[57]　Yoo J J, Balakrishnan K, Huang J S, et al. Ultrathin planar graphene supercapacitors[J]. Nano Letter, 2011, 11(4): 1423-1427.

[58]　Yoon Y, Lee K, Kwon S, et al. Vertical alignments of graphene sheets spatially and densely piled for fast ion diffusion in compact supercapacitors[J]. ACS Nano, 2014, 8(5): 4580-4590.

[59]　Li X M, Zhao T S, Wang K L, et al. Directly drawing self-assembled, porous, and monolithic graphene fiber from chemical vapor deposition grown graphene film and its electrochemical properties[J]. Langmuir, 2011, 27(19): 12164-12171.

[60]　Zhang L L, Zhao X, Stoller M D, et al. Highly conductive and porous activated reduced graphene oxide films for high-power supercapacitors[J]. Nano Letter, 2012, 12(4): 1806-1812.

[61]　Sun D F, Yan X B, Lang J W, et al. High performance supercapacitor electrode based on graphene paper via flame-induced reduction of graphene oxide paper[J]. Journal of Power Sources, 2013, 222: 52-58.

[62]　Gao H C, Xiao F, Ching C B, et al. High-performance asymmetric supercapacitor based on graphene hydrogel and nanostructured MnO_2[J]. ACS Applied Materials and Interfaces, 2012, 4: 2801-2810.

[63]　Chen P, Yang J J, Li S S, et al. Hydrothermal synthesis of macroscopic nitrogen-doped graphene hydrogels for ultrafast supercapacitor[J]. Nano Energy, 2013, 2(2): 249-256.

[64]　Lee K G, Jeong J M, Lee S J, et al. Sonochemical-assisted synthesis of 3D graphene/nano particle foams and their application in supercapacitor[J]. Ultrasonics Sonochemistry, 2015, 22: 422-428.

[65]　Lee J S, Kim S I, Yoon J C, et al. Chemical vapor deposition of mesoporous graphene nanoballs for supercapacitor[J]. ACS Nano, 2013, 7(7): 6047-6055.

[66]　Chang Y Z, Han G Y, Fu D Y, et al. Larger-scale fabrication of *N*-doped graphene-fiber mats used in high-performance energy storage[J]. Journal of Power Sources, 2014, 252: 113-121.

[67]　Sun J K, Li Y H, Peng Q Y, et al. Macroscopic, flexible, high-performance graphene ribbons[J]. ACS Nano, 2013, 7(11): 10225-10232.

[68]　Aboutalebi S H, Jalili R, Esrafilzadeh D, et al. High-performance multifunctional graphene yarns: Toward wearable all-carbon energy storage textiles[J]. ACS Nano, 2014, 8(3): 2456-2466.

[69]　Zhu Y W, Murali S, Stoller M D, et al. Carbon-based supercapacitors produced by activation of graphene[J]. Science, 2011, 332: 1537-1541.

[70]　李作鹏, 赵建国, 温雅琼, 等. 超级电容器电解质研究进展[J]. 化工进展, 2012, 8: 1631-1640.

[71]　Demarconnay L, Raymundo P E, Béguin F. A symmetric carbon/carbon supercapacitor operating at 1.6V by using a neutral aqueous solution[J]. Electrochemistry Communications, 2010, 12(10): 1275-1278.

[72]　Khomenko V, Raymundo P E, Béguin F. A new type of high energy asymmetric capacitor with nanoporous carbon electrodes in aqueous electrolyte[J]. Journal of Power Sources, 2010, 195(13): 4234-4241.

[73]　Ratajczak P, Jurewicz K, Béguin F. Factors contributing to ageing of high voltage carbon/carbon supercapacitors in salt aqueous electrolyte[J]. Journal of Applied Electrochemistry, 2014, 44(4): 475-480.

[74]　Zhang X Y, Wang X Y, Jiang L L, et al. Effect of aqueous electrolytes on the electrochemical behaviors of supercapacitors based on hierarchically porous carbons[J]. Journal of Power Sources, 2012, 216: 290-296.

[75]　Sun X Z, Zhang X, Zhang H T, et al. A comparative study of activated carbon-based symmetric supercapacitors in Li_2SO_4 and KOH aqueous electrolytes[J]. Journal of Solid State Electrochemistry, 2012, 16(8): 2597-2603.

[76]　Gao Q, Demarconnay L, Raymundo P E, et al. Exploring the large voltage range of carbon/carbon supercapacitors in aqueous lithium sulfate electrolyte[J]. Energy and Environmental Science, 2012, 5(11): 9611-9617.

[77]　Fic K, Grzegorz L, Meller M, et al. Novel insight into neutral medium as electrolyte for high-voltage supercapacitors[J]. Energy and Environmental Science, 2012, 5(2): 5842-5850.

[78]　Shi K, Ren M, Zhitomirsky I. Activated carbon-coated carbon nanotubes for energy storage in supercapacitors and capacitive water purification[J]. ACS Sustainable Chemistry and Engineering, 2014, 2(5): 1289-1298.

[79]　Janes A, Eskusson J, Mattisen L, et al. Electrochemical behaviour of hybrid devices based on

Na₂SO₄ and Rb₂SO₄ neutral aqueous electrolytes and carbon electrodes within wide cell potential region[J]. Journal of Solid State Electrochemistry, 2015, 19(3): 769-783.

[80]　Yan J, Wang Q, Wei T, et al. Recent advances in design and fabrication of electrochemical supercapacitors with high energy densities[J]. Advanced Energy Materials, 2014, 4(4): 1-43.

[81]　Senthilkumar S T, Selvan K R, Lee Y S, et al. Electric double layer capacitor and its improved specific capacitance using redox additive electrolyte[J]. Journal of Materials Chemistry, 2012, 1(4): 1086-1095.

[82]　Roldán S, Granda M, Menéndez R, et al. Mechanisms of energy storage in carbon-based supercapacitors modified with a quinoid redox-active electrolyte[J]. The Journal of Physical Chemistry C, 2011, 115(35): 17606-17611.

[83]　Anjos D M, McDonough J K, Perre E, et al. Pseudocapacitance and performance stability of quinone-coated carbon onions[J]. Nano Energy, 2013, 2(5): 702-712.

[84]　Isikli S, Díaz R. Substrate-dependent performance of supercapacitors based on an organic redox couple impregnated on carbon[J]. Journal of Power Sources, 2012, 206: 53-58.

[85]　Wasinski K, Walkowiak M, Lota G. Humic acids as pseudocapacitive electrolyte additive for electrochemical double layer capacitors[J]. Journal of Power Sources, 2014, 255: 230-234.

[86]　Mai L Q, Minhas K A, Tian X C, et al. Synergistic interaction between redox-active electrolyte and binder-free functionalized carbon for ultrahigh supercapacitor performance[J]. Nature Communications, 2013, 4(1): 2923-2930.

[87]　左飞龙, 陈照荣, 傅冠生, 等. 超级电容器用有机电解液的研究进展[J]. 电池, 2015, 45(2): 112-115.

[88]　Ue M, Ida K, Mori S. Electrochemical properties of organic liquid electrolytes based on quaternary onium salts for electrical double-layer capacitors[J]. Journal of the Electrochemical Society, 1994, 141(11): 2989-2996.

[89]　Ue M. Chemical capacitors and quaternary ammonium salts[J]. Electrochemistry, 2007, 75(8): 565-572.

[90]　Béguin F, Frąckowiak E. Supercapacitors: Materials, Systems, and Applications[M]. Weinheim: Wiley-VCH Verlag, 2013.

[91]　Ruan D B, Zuo F L. High voltage performance of spiro-type quaternary ammonium salt based electrolytes in commercial large supercapacitors[J]. Electrochemistry, 2015, 75(8): 565-572.

[92]　Decaux C, Matei Ghimbeu C, Dahbi M, et al. Influence of electrolyte ion-solvent interactions on the performances of supercapacitors porous carbon electrodes[J]. Journal of Power Sources, 2014, 263: 130-140.

[93]　Väli R, Laheäär A, Jänes A, et al. Characteristics of non-aqueous quaternary solvent mixture and Na-salts based supercapacitor electrolytes in a wide temperature range[J]. Electrochimica

Acta, 2014, 121(0): 294-300.

[94]　Brandon E J, West W C, Smart M C, et al. Extending the low temperature operational limit of double-layer capacitors[J]. Journal of Power Sources, 2007, 170(1): 235-239.

[95]　左飞龙, 乔志军, 傅冠生, 等. 环丁砜混合有机电解液在超级电容器中的应用[J]. 广东化工, 2015, 42(11): 88-89.

[96]　Chiba K, Ueda T, Yamaguchi Y, et al. Electrolyte systems for high withstand voltage and durability I. Linear sulfones for electric double-layer capacitors[J]. Journal of the Electrochemical Society, 2011, 158(8): A872-A882.

[97]　Chiba K, Ueda T, Yamaguchi Y, et al. Electrolyte systems for high withstand voltage and durability II. Alkylated cyclic carbonates for electric double-layer capacitors[J]. Journal of the Electrochemical Society, 2011, 158(12): A1320-A1327.

[98]　郑仲天, 吴科国. 铝电解电容器、超级电容器用季铵盐的制备方法[P]: 中国, CN100561619C. 2009.

[99]　Sun X Z, Zhang X, Huang B, et al. Effects of separator on the electrochemical performance of electrical double-layer capacitor and hybrid battery-supercapacitor[J]. Acta Physico-Chimica Sinica, 2014, 30(3): 485-491.

[100]　Stepniak I, Ciszewski A. Grafting effect on the wetting and electrochemical performance of carbon cloth electrode and polypropylene separator in electric double layer capacitor[J]. Journal of Power Sources, 2010, 195(15): 5130-5137.

[101]　Wada H, Nohara S, Furukawa N, et al. Electrochemical characteristics of electric double layer capacitor using sulfonated polypropylene separator impregnated with polymer hydrogel electrolyte[J]. Electrochimica Acta, 2004, 49(27): 4871-4875.

[102]　Karabelli D, Leprêtre J C, Alloin F, et al. Poly(vinylidene fluoride)-based macroporous separators for supercapacitors[J]. Electrochimica Acta, 2011, 57(1): 98-103.

[103]　Tõnurist K, Jänes A, Thomberg T, et al. Influence of mesoporous separator properties on the parameters of electrical double-layer capacitor single cells[J]. Journal of the Electrochemical Society, 2009, 156(4): A334-A342.

[104]　Yu H J, Tang Q W, Wu J H, et al. Using eggshell membrane as a separator in supercapacitor[J]. Journal of Power Sources, 2012, 206(206): 463-468.

[105]　Alwitt R S, Uchi H. Electrochemical tunnel etching of aluminum[J]. Electrochemical Science and Technology, 1984, 131(1): 13-17.

[106]　王力臻, 郭会杰, 谷书华, 等. 集流体表面直流刻蚀对超级电容器性能的影响[J]. 电源技术, 2008, 32(8): 504-507.

[107]　洪东升, 周海生, 何捍卫, 等. 铝箔刻蚀与导电剂对双电层电容器性能的影响[J]. 粉末冶金材料科学与工程, 2012, 17(6): 729-734.

[108]　曹小卫, 吴明霞, 安仲勋, 等. 一步法腐蚀铝箔对超级电容器性能影响[J]. 电池工业, 2012, 17(3): 143-146.

[109]　Portet C, Taberna P L, Simon P, et al. Modification of Al current collector surface by sol-gel deposit for carbon-carbon supercapacitor applications[J]. Electrochimica Acta, 2004, 49(6): 905-912.

[110]　Taberna P L, Portet C, Simon P. Electrode surface treatment and electrochemical impedance spectroscopy study on carbon/carbon supercapacitors[J]. Applied Physics A, 2006, 82(4): 639-646.

[111]　Portet C, Taberna P L, Simon P, et al. Modification of Al current collector/active material interface for power improvement of electrochemical capacitor electrodes[J]. Journal of the Electrochemical Society, 2006, 153(4): A649-A653.

[112]　Abbas Q, Pajak D, Frąckowiak E, et al. Effect of binder on the performance of carbon/carbon symmetric capacitors in salt aqueous electrolyte[J]. Electrochimica Acta, 2014, 140(27): 132-138.

[113]　Laforgue A, Simon P, Fauvarque J F, et al. Hybrid supercapacitors based on activated carbons and conducting polymers[J]. Journal of the Electrochemical Society, 2001, 148(10): A1130-A1134.

[114]　Bonnefoi L, Simon P, Fauvarque J F, et al. Multi electrode prismatic power prototype carbon/carbon supercapacitors[J]. Journal of Power Sources, 1999, 83(1-2): 162-169.

[115]　Aslan M, Weingarth D, Jäckel N, et al. Polyvinylpyrrolidone as binder for castable supercapacitor electrodes with high electrochemical performance in organic electrolytes[J]. Journal of Power Sources, 2014, 266(1): 374-383.

[116]　Aslan M, Weingarth D, Herbeck-Engel P, et al. Polyvinylpyrrolidone/polyvinyl butyral composite as a stable binder for castable supercapacitor electrodes in aqueous electrolytes[J]. Journal of Power Sources, 2015, 279: 323-333.

[117]　Böckenfeld N, Jeong S S, Winter M, et al. Natural, cheap and environmentally friendly binder for supercapacitors[J]. Journal of Power Sources, 2013, 221(1): 14-20.

[118]　Kim K M, Hur J W, Jung S et al. Electrochemical characteristics of activated carbon/PPY electrode combined with P(VdF-co-HFP)/PVP for EDLC[J]. Electrochimica Acta, 2004, 50(2-3): 863-872.

第 3 章　动力型双电层电容器的制造工艺及评价测试方法

3.1　动力型双电层电容器的制造工艺技术概述

　　动力型双电层电容器主要由电极、隔膜、电解液三部分组成，其单体的构成示意图如图 3-1 所示，可见每一部分的生产工艺甚至环境因素都会对单体的性能造成影响。电极作为双电层电容器的核心部件，其能量密度直接关系到单体的能量密度。因此，电极的工艺技术对最终产品的电化学性能起着至关重要的作用。此外，为了满足双电层电容器在不同场合的应用，需要对产品的结构和组装工艺进行严格控制。首先，工艺环境对单体的影响不容忽视，因为湿度、温度、氧含量直接影响产品的漏电流和循环寿命性能；其次，尽管双电层电容器是基于"双电层"理论进行储能的新型能量存储器件，是物理过程，但是由于电极材料及制备过程中总存在一些含氧官能团，会产生一定量的法拉第准电容，这就使得电容器的老化分选工艺尤为关键，老化条件的好坏直接影响最终产品的漏电流、内阻以及容量等性能参数指标；最后，分选工艺的选择直接影响双电层电容器组成模组系统后的电压均衡控制，对系统寿命有显著的影响。

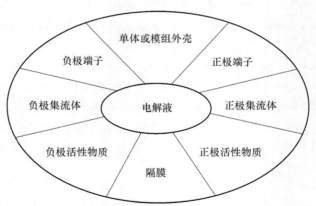

图 3-1　动力型双电层电容器单体的构成示意图

每条线代表电容器各组成部分与工作区域之间的界面

3.2　动力型双电层电容器的工艺制备流程

动力型双电层电容器在能量密度和功率密度等方面具有较高的技术指标。目前，根据产品的性能及结构特点，能够作为动力型双电层电容器的产品从外观结构看，主要分为圆柱型和方型两种。正是上述两种产品外观的差异，导致产品的制备工艺过程不一致，其中前者以卷绕型有机系 3000F 产品为代表，后者则以叠片型 9500F 产品为代表。二者的工艺制备流程分别如图 3-2 和图 3-3 所示。

(1) 混浆
浆料制备

(2) 涂覆
浆料涂覆于集流体上并干燥、收卷

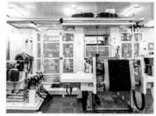
(3) 碾压
使电极碾压至预定厚度

(4) 分切
将电极裁剪至预定尺寸

(5) 卷绕
将电极和隔膜卷绕成电芯

(6) 组装
将电芯组装入壳

(7) 干燥
除去电芯内部水分

(8) 注液
注入电解液及封装

(9) 检测及分检
检测单体容量、内阻及漏电流

(10) 入库
对单体进行包装入库

图 3-2　圆柱型双电层电容器制备工艺流程图（湿法电极制备工艺）

(1) 混浆
浆料制备

(2) 涂覆
浆料涂覆于集流体上并干燥、收卷

(3) 碾压
使电极碾压至预定厚度

(4) 分切
将电极裁剪至预定尺寸

(5) 冲切
将电极冲切成一定形状和尺寸

(6) 清洗
清除极片表面粉尘

(7) 叠片
正、负极与隔膜按Z型方式叠片

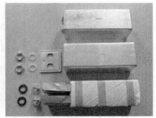

(8) 入壳及极耳连接
将电芯放入壳体并进行极耳铆接

(9) 干燥
除去电芯内部水分

| (10) 注液及密封 | (11) 老化检测 | (12) 入库 |
| 向单体注入电解液并密封 | 对单体进行老化检测处理 | 对单体进行包装入库 |

图 3-3　方型双电层电容器制备工艺流程图（湿法电极制备工艺）

3.3　动力型双电层电容器的电极制备

电极制备过程包括将电极炭材料附着于金属集流体上，干燥，并将其进行碾压，以得到一定密度的电极。与电池储能方式不同，双电层电容器正负电极材料均采用"物理吸脱附"方式进行能量存储，因此正负电极的浆料成分相同，主要由高性能活性物质、炭导电剂（乙炔黑、石墨、石墨烯、碳纳米管等）、黏结剂（SBR、PTFE、PVDF、JSR 等）以及分散剂（CMC）组成。目前，电极制备工艺主要分为湿法电极制备工艺和干法电极制备工艺两种。

3.3.1　湿法电极制备工艺

湿法电极制备工艺顾名思义就是采用去离子水或 NMP 作为溶剂，将活性炭、黏结剂、导电剂、分散剂四者均匀混合，形成具有一定黏度且流动性良好的电极浆料，并将其按照一定厚度要求涂覆于集流体上。根据工艺的实施过程，又可将湿法电极制备工艺分为制浆工艺、涂覆工艺、碾压工艺三步。湿法电极制备工艺具有连续生产效率高的特点，使其成为中国中车 CRRCCAP、韩国 Nesscap 等多家国际国内厂商的主流电极制备工艺。良好的电极浆料必须满足四个条件：①活性材料不沉降，浆料有合适的黏度且能够均匀涂覆而不产生明显颗粒；②导电炭黑和黏结剂分散均匀，避免活性物质间的二次团聚；③导电炭黑和黏结剂均匀分散在整个活性物质表面；④电极浆料的固含量尽可能提高。

1. 制浆工艺

双电层电容器浆料主要由活性物质、黏结剂、导电剂与分散剂四种组分组成。浆料分散性、流动性的好坏直接决定电极的质量，因为分散性差将容易导致电极材料从集流体上脱落。为了获得性能优异的电极材料，通常采用如图 3-4 所示工艺进行浆料制备，具体为：在双行星式搅拌器中将活性炭和导电炭黑进行干法混合，然后按照一定质量比将分散剂 CMC 加入粉体混合物中，待其形成"颗粒状"混合物后继续搅拌形成"面团"，紧接着将"面团"、黏结剂和去离子水一同加入双行星式搅拌器中进行真空搅拌一段时间，最终得到涂覆用电极浆料。不同厂家工艺制备过程的差异，使得最终浆料组分之间的比例存在差异。一般来说，活性炭、导电炭黑、黏结剂和分散剂的质量分数分别为 85%～90%、5%～10%、3%～5%和 3%～5%，浆料固含量一般控制为 20%～40%。同时，为了获得流动性好的浆料，黏结剂和溶剂需要搭配使用，SBR 和 PTFE 常选用去离子水作为溶剂，而 PVDF 选用 NMP 作为溶剂。此外，值得注意的是，在电极浆料中，分散剂 CMC 除了起到分散不同组分、提高电极材料与集流体之间连接性的作用，还具有防止活性炭吸附过多水分的作用。

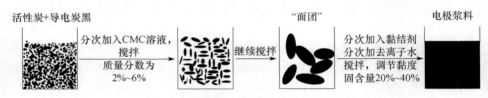

图 3-4　湿法电极浆料制备工艺示意图

2. 涂覆工艺

电极浆料与集流体之间的复合依靠涂布技术，涂布后电极性能的好坏和技术水平的高低主要取决于以下几个参数：浆料的固含量、浆料的黏度、电极涂布的厚度和电极密度，这几个参数是相互关联的，不同生产厂家有不同的涂布工艺参数要求。目前，常用的电极涂覆设备形式包括挤压式、逆转辊涂式以及刮刀式[1]。每种设备都能生产出符合要求的电极，其中刮刀式电极涂覆设备操作简单、易于实现大批量生产，在现今工业生产上得到广泛应用。双电层电容器生产制备过程通常会将浆料的固含量控制在 20%～40%（质量分数）。这是因为浆料固含量越高，浆料的黏度就越大，而黏度越大时，在夹缝涂覆的电极厚度就越薄，如图 3-5 所示。图 3-5（a）和（b）中，刮刀与铝箔具有同样高度的缝隙，图 3-5（a）是高黏度浆料所形成的涂层，图 3-5（b）是低黏度浆料所形成的涂层，根据流体黏度的物理原理可知，低黏度浆料的涂层厚度大于高黏度浆料的涂层厚度。

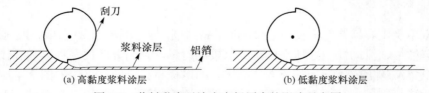

(a) 高黏度浆料涂层　　　　　　　　　　　(b) 低黏度浆料涂层

图 3-5　浆料黏度对涂布电极厚度的影响示意图

　　另外，在浆料固含量一定的条件下，电极浆料的黏度越高，涂覆后所得电极的密度反而越低，具体如表 3-1 所示。从图 3-6 中可知，当浆料固含量一定时，浆料黏度越高即意味着浆料体系中吸附的水分越多，促使活性炭颗粒吸附水分后体积变化明显，而涂覆时将电极中水分干燥去除后活性炭颗粒体积变小，进而引起活性炭颗粒之间存在大量的孔隙，在电极厚度不变的条件下使得最终电极的密度变小；而当浆料黏度偏低时，活性炭内部并没有饱和吸附水分，电极干燥后也并没有产生较大的孔隙，最终使得炭电极密度变大。

表 3-1　浆料黏度、电极厚度与电极密度实验记录数据

实验次数	浆料黏度 η/cP	电极厚度 δ/μm	电极密度 ρ/(g/cm³)
1	1160	261	0.546
2	1172	260	0.543
3	1208	258	0.546
4	1212	258	0.538
5	1240	255	0.539
6	1272	252	0.531

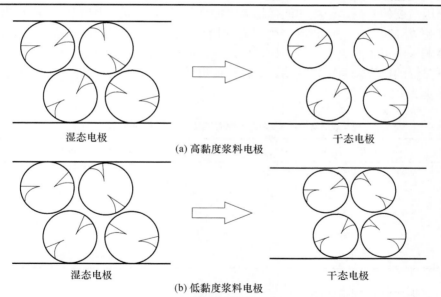

(a) 高黏度浆料电极

(b) 低黏度浆料电极

图 3-6　浆料黏度对电极密度的影响示意图

　　基于不同的电容器结构设计，电极涂覆厚度也发生相应的变化，通常双面涂覆后电极的厚度控制在 50～300μm 范围内。这是因为当涂覆厚度太薄时，尽管能够制备功率性能优异的产品，但是单位体积条件下活性物质的含量显著降低，最终使得产品的容量不能满足设计要求；而当涂覆厚度过高时，电解质离子从电极表面扩散到电极内部的距离增长，产品的内阻将明显升高，同时外层活性物质与集流体之间距离的增长将使得产品长时间在工作条件下，容易发生活性材料剥落的不良现象，最终严重损坏产品的电化学性能。

3. 碾压工艺

湿法涂覆方式制备的电极干燥后因为水分蒸发留下大量的孔隙，进而造成电极密度偏低，如果将电极直接组成电芯不仅会造成单体容量偏低，还会导致产品内阻偏高，循环寿命变差。为了提高双电层电容器的电化学性能，涂覆后的电极一般都会采用碾压的方式来提高产品的电极密度。碾压的基本原则是在保证集流体铝箔不发生褶皱的前提下尽可能地压实电极。具体操作过程需要根据活性炭材料的物理性能进行调整，这是因为不同种类活性炭的振实密度相差较大，如果过度碾压容易造成产品注液困难，最终引起产品性能变差。

碾压工艺分为常温碾压和高温碾压两种。从表 3-2 中可以看出，随着碾压温度升高，电极材料的电极密度明显提升。实际生产过程中一般将碾压温度控制在120℃以内。这是因为黏结剂 SBR 在高温下会软化，黏结性大大提高。但是，随着碾压温度的升高，辊机的能耗将大大提高，增加产品的制造成本，而且当碾压温度超过 120℃时，电极会产生明显的褶皱，影响产品后续的制造工艺。此外，加热碾压电极还能提高电极的稳定性，所得电极材料的表面也会比较光亮，而常温下对辊的电极表面比较灰暗。这种现象也进一步印证了高温下黏结剂效果更好的事实。

表 3-2　不同温度下测得碾压后的电极密度数据

碾压温度 $t/℃$	电极密度 $\rho/(g/cm^3)$
25	0.540
50	0.543
80	0.561
100	0.573
120	0.591

3.3.2　干法电极制备工艺

湿法电极制备工艺过程虽然具有连续生产能力强、工程化应用难度小等特点，但是需要借助溶剂（如去离子水等）调节浆料黏度，而电容器在后续制备过程中对水分非常敏感，即使进行高温、高真空度的干燥处理也很难将水分去除。水分的存在，不仅使电极容易产生剥落现象，还会引起产品漏电流增大，影响产品的长期稳定性。此外，由于湿法电极制备工艺所得电极密度偏低（常小于 0.6g/cm³），最终将限制单体的容量及耐电压值（小于 2.7V）。

制备过程不需要添加任何溶剂的干法电极制备工艺成为解决上述工艺不足的优良方案，其具体过程如图 3-7 所示。PTFE 具有良好的线性形变方式，使其成为干法电极制备工艺过程的唯一黏结剂。具体来说，其制备过程是：将活性炭、导电炭黑以及 PTFE 粉末预先均匀混合，再将混合物进行"超强剪切"（PTFE 发生由球形到线形的形变，使得导电炭黑与活性炭黏贴在黏结剂表面），紧接着将所得的干态混合物依次进行"垂直碾压"形成碳膜和"水平碾压"提高电极密度，在获得厚度均一的碳膜后将其与集流体通过导电胶粘贴在一起，加热固化后即可得到相应的干法电极。

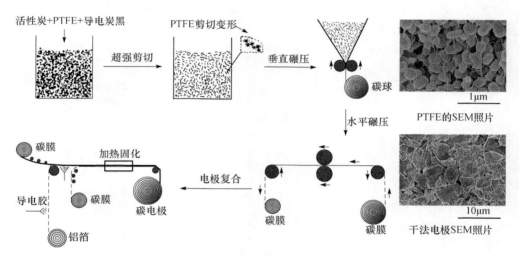

图 3-7　干法电极制备工艺示意图

与湿法电极制备工艺相比，工艺干法电极制备工艺由于需要将粉末状态混合物调制成碳膜，使得电极制备过程较为复杂，因此该工艺的设备投资高、连续生产能力低，所得电容器产品的成本也就较高。两种电极制备工艺的对比情况如表 3-3 所示。目前，干法电极制备工艺主要以美国 Maxwell 公司的有机系 3000F 双电层电容器的电极为代表。

表 3-3　湿法电极制备工艺和干法电极制备工艺的综合性能对比

工艺方式	设备投资	生产能力	电极密度 $\rho/(g/cm^3)$	耐电压 U/V	容量
湿法	小	生产效率高	≤0.6	≤2.7	同等体积较低
干法	大	生产效率低，并且注液困难	≥0.6	2.7～3.0	同等体积较高

3.4　动力型双电层电容器单体组装工艺

动力型双电层电容器主要以圆柱型和方型结构为主，两者的电极制备工艺相近，而组装工艺过程存在明显的区别。本节重点介绍这两种结构的双电层电容器制备过程的关键步骤。

3.4.1　圆柱型单体

相比于方型单体，圆柱型单体采用错位卷绕方式制备电芯，因此在同等条件下生产效率更高。每个厂家的工艺大体相同，仅存有细微差异。其典型的组装过程需将电芯、外壳以及引出端子进行连接，典型制备过程如图 3-8 所示。

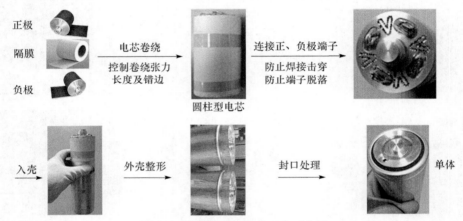

图 3-8　圆柱型单体组装工艺示意图

对于圆柱型单体，电极工序之后的卷绕是生产单体的核心。将一定宽度（通常小于 138mm）的正极、负极、隔膜放置在卷绕机上，根据单体容量及尺寸的设计要求，卷绕机自动完成电芯卷绕。卷绕过程应严格控制极片卷绕张力，卷绕张力过大不仅会引起极片断带，而且会引起单体注液困难，最终使产品内阻等其他性能参数变差。此外，一般卷绕机自身都会配置毛刷，卷绕前需确保电极表面无多余的掉粉等不良现象产生。卷绕结束后需用耐腐蚀的胶带黏结电芯，防止电芯松弛。卷绕电极过程还需通过目测或者 X 射线监控的方式确保正负极极片对齐。

电芯需要利用阻抗测试仪进行短路测试，一般要求干态内阻值大于 0.1MΩ。通过早期发现单体潜在的缺陷，能够避免不良单体的返工处理，从而有效控制成本。总之，卷绕工序要保证电芯三要素：活性物质不剥落、电芯内部不短路以及电芯尺寸合格。

由于卷绕型电芯的引流端分别在电芯的两侧，需要将其从集流体向外引出，所以引流端子与极片之间的连接方式尤为重要。目前，主要采用激光焊接方式进行连接，电芯入壳后为了防止电芯的松动，会进行滚槽处理（也称为缩脖）。此外，为了保证单体外壳不产生形变，一般会对单体进行"外壳整形"处理。

动力型双电层电容器主要选用超高比表面积（$S_{BET} \geqslant 1500m^2/g$）活性炭作为核心储能材料，这种材料具有非常强的吸水能力，因而在成品成型前极易引入水分，而水分极易对单体性能产生不良影响。所以，单体注液前需要进行严格的干燥处理。目前，主要有真空干燥和气体置换真空干燥两种方式。干燥过程的温度、时间不仅取决于电极材料（尤其是隔膜的耐高温性）、单体结构，而且与干燥系统真空泵的真空度有关。通常，圆柱型单体会在 120～200℃真空干燥 6～20h，从而达到去除电芯内部水分的目的。

干燥后的单体需在水分含量控制严格的环境下进行面盖组装和电解液注入。其中，面盖组装工序需要完成绝缘垫、密封垫、面盖的组装与滚槽固定，而电解液注入则常常采用真空注液的方式进行。这是因为电芯内部卷绕后电解液难以渗入，而真空条件下能够有效提高电解液的渗透能力。此外，工业上还有一种高温注液的方式，虽然该工艺能够加快电解液的注入速度，但由于常用电解液溶剂的沸点较低（乙腈的沸点仅为 80～82℃）且容易燃烧，如果控制不好生产过程，将容易产生爆炸。工业生产上，电解液主要是 TEA-BF$_4$/AN 体系。

圆柱型单体与外电路的连接有激光焊接和螺纹连接两种方式（图 3-9）。其中，前者内阻低，而后者内阻相对较高。

(a) 激光焊接   (b) 螺纹连接

图 3-9 激光焊接和螺纹连接方式圆柱型单体端子外观结构

在安全性防护方面，圆柱型单体常常在外壳表面采取铣薄外壁的安全压力设置方式，即在单体表面某一部位采用耐压力小于一定值的外壳结构，具体如图 3-10 所示。当单体内部压力超过防爆薄壁的设定值后（常为 0.3MPa），安全结构破裂。

图 3-10　圆柱型单体表面安全结构

　　电容器单体注液、封装完成后通常会用含有少量清洗剂的水清洗去除附着在外壳表面的残留电解质盐，并应用气味感应器或高温加速检测的方式对单体进行漏液情况检测，从而确保单体良好的密封性。密封合格的单体经检测分选后即可进行入库处理。事实上，有些企业为了防止单体在实际使用过程中前期单体性能急剧下降，常常会采用老化工艺来加快单体内部准电容部分的衰减，从而避免产品交付客户手中后性能衰减过快。老化工艺具体来说就是将单体充电至额定电压后，恒温恒压保持一段时间。

　　与此同时，工业上为了便于识别和记录产品性能参数，普遍采用在电容器表面印刷单体编码和其他信息（如生产型号、日期等）的方法，这些编码可用于追溯单体生产过程参数，如制造日期、装配线、操作者、所有零部件和原材料等情况。

3.4.2　方型单体

　　方型单体组装示意图如图 3-11 所示。方型单体制备从拌浆、涂覆直到电极分

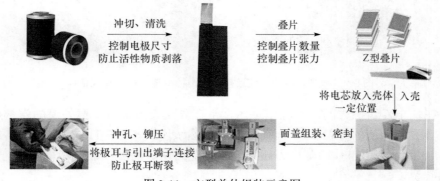

图 3-11　方型单体组装示意图

切工艺都与圆柱型单体制作过程基本一致，之后工序有很大的不同。

分切后的电极需要根据外壳的尺寸要求，冲切成一定规格尺寸的电极片。由于冲切过程，电极端面难免会出现少量炭粉剥落的现象，为了防止后续过程因炭粉的存在而发生单体内部短路现象产生，在叠片前通常会进行极片的清洗。清洗的原理是使用真空吸盘吸住电极，通过高速旋转的毛刷进行清理，粉尘被真空吸尘器收集。

清洗后的正、负极片与隔膜按照 Z 型方式进行叠片，根据最终产品的尺寸要求进行电芯厚度的设定，期间叠片张力、电芯重量以及电芯干态内阻值（常要求大于 0.1MΩ）的控制直接关系到最终产品的性能参数。对于方型结构电容器，由于集流体与单体引流端子的连接常常为几十层甚至上百层铝箔（单层厚 15～40μm）与铝质引出端子之间的连接，目前常用的方式为高功率超声波焊接和铝钉的铆接，其中前者容易发生虚焊或由于高频摩擦振动导致部分集流体极耳撕裂等不良现象，所以目前工业上主要采用铆接的方式进行极耳连接。

与圆柱型电容器一样，方型单体的水分去除也是一项非常重要的工艺，目前主要采用的方式是将单体放置于干燥桶内，对干燥桶进行真空干燥。具体的干燥条件需根据所用活性炭材料、单体结构特征等进行确定。

一般情况下，在对方型单体注液前需对引出端子一侧的面盖进行密封焊接，操作过程要求在水分含量小于 10×10^{-6} 的条件下进行。目前单体的密封和注液工序分别在多功能手套箱或干燥房内完成。

不同于圆柱型单体的"一次性"安全结构设计，方型单体往往会在面盖表面安装可重复使用的单向截止阀（图 3-12），当单体内部压力过大时，单体顶部的单向截止阀会自动向外释放压力，从而达到保证产品安全性的目的，同时氧化性气体的及时排出也提高了单体的使用寿命。与圆柱型结构产品类似，方型单体同样需要进行老化、检测以及外壳编码标识等处理。

图 3-12　方型双电层电容器单体安全阀

3.5　关键工艺技术研究

3.5.1　电极平衡技术研究

一般来说，双电层电容器的正负电极厚度是一样的，但实际上正负电极所处电位不同和电解液中正负离子的存在，使得实际工作中正负电极所处的电位存在差异。通常，正极所处的电位较高（4.35V vs.Li⁺/Li），而长期工作在高电位情况下电极所承受的腐蚀性较强，最终严重影响产品的使用寿命，因此电极平衡工艺至关重要。

阮殿波等[2]系统研究了不同正负电极厚度比对产品性能的影响，并得出当负极厚度为 200μm、电极平衡系数为 0.2（电极平衡系数为正负电极厚度差与负极厚度的比值）时，电容器具有极佳的循环稳定性和较小的膨胀率（图 3-13），这是因为当电容器外壳体积一定时，正极越薄，电容器可容纳电极的对数越多，进而提高产品体积比容量。同时，电极厚度的增加又会使电子和离子的运动距离增长，也就是说，电容器内部组成的等效串联电阻的电子阻抗和离子阻抗同时增加，进而引起电容器内阻值的增大。但是，电容器经过长时间的加速老化测试后，正极一侧的隔膜会变黄、变黑，正极表面会出现明显的"虫子啃食苹果"现象（图 3-14），最终引起产品性能的急剧下降，因此不同电容器结构中正负电极间应具有满足全寿命周期要求的最佳电极平衡系数。

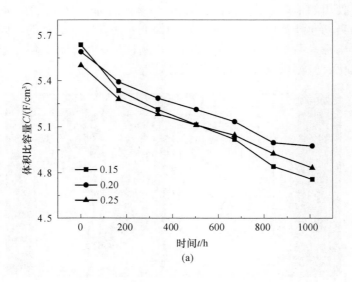

(a)

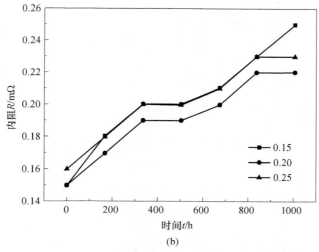

(b)

图 3-13　不同电极平衡系数的电容器体积比容量与内阻
随加速循环寿命测试时间的变化曲线[2]

　　(a) 电芯　　　　　　　　　　　　(b) 正极片

图 3-14　加速寿命测试后电容器的电芯与正极片形貌图[2]

3.5.2　电解液注入量的影响

　　目前可用于双电层电容器的电解液种类很多，但是受制于成本及技术成熟度等方面的限制，目前商业化的电解液仅有 TEA-BF$_4$（AN 或 PC）电解液。由双电层电容器的储能机理可知，双电层电容器是通过极化电解液离子与电极上的电子形成双电层而进行能量存储的，所以单体内部电容量的大小与电极中的电子数量有关，同时电子与电解液离子是配对出现的，离子的数量决定了电子的数量。需要强调的是，炭材料孔隙结构等限制因素的影响，使得最终电解液离子存在上限浓度值。以相同制备工艺条件商用 3000F 单体电容器为样品，分别注入 168.4g 和 176.4g 的 TEA-BF$_4$/AN 电解液，在 2.7V、65℃高温保持 1008h 后测试的结果显示（图 3-15）：注液量大的样品容量和内阻的稳定性更好，这表明大量离子的存在有助于动态情况下产品稳定性的提升。但是电解液的量不是越大越好，因为过量的电解液会导致产品发气量增大，所以需要根据所使用的活性炭种类探索电解液的最佳注入量。

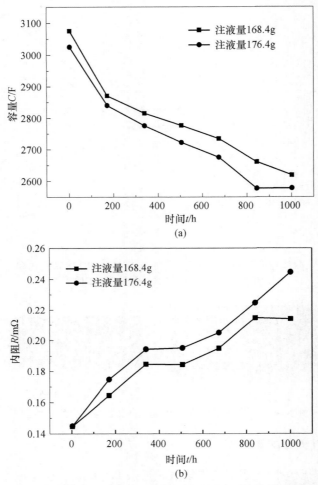

图 3-15　2.7V、65℃高温保持 1008h 时，不同注液量单体容量与内阻随时间的变化情况

3.5.3　漏电流工艺控制

作为一种高效储能器件，保持电荷的能力是双电层电容器的一项重要参数指标。如何提高其电荷保持能力涉及材料选择、过程工艺控制和老化技术等多方面因素。可从不同角度来研究双电层电容器的电荷保持能力，即通常所说的漏电性能。衡量漏电性能的量化指标有两个：①漏电压（self-discharge，SD），一般定义为以额定电流将电容器单体充电到额定电压并保持 1h 后将其开路，72h 后测量开路电压值，漏电压值等于额定电压值减去 72h 后的开路电压值；②漏电流（leakage current，LC），定义为将电容器充电至额定电压后稳定其额定电压，待 48h 后检测其维持额定电压所需的电流平均值。一般情况下，漏电压常用于企业生产品质控

制，而漏电流则主要用于产品研发和对产品的强制检验。

影响产品漏电流的因素有很多，主要可分为材料部分（包括活性炭种类、孔径大小、表面官能团数量、金属杂质总含量、隔膜的种类与厚度、电解液种类等）和工艺部分（包括电芯的水分含量、电极毛刺大小、电极掉粉的程度、单体产品的老化方式与时间等）两方面。表 3-4 中列出了尺寸为 60mm×56mm×160mm 的方型 3000F 电容器产品在不同活性炭条件下的漏电流性能，可以看出，日本可乐丽公司生产的 YP50 具有最低的漏电流值。

表 3-4　不同种类活性炭的漏电流

活性炭名称	老化 48h 后的漏电流 I/mA
YP50	0.250
3j&j 炭	0.263
CEP21	0.600
YP50(50%)+PCT21(50%)	0.511
YP50(80%)+PCT21(20%)	0.385
活性炭/石墨烯复合炭	0.890
河南滑县活性炭	0.622
新加坡 SHIZUKA 炭	0.288

工艺控制条件方面，通过对比分析尺寸为 79mm×56mm×230mm 的方型 7500F 电容器单体漏电压值（表 3-5）发现，随着老化时间的延长，单体的漏电压值明显降低。这是因为老化过程不仅能引发残余水分的分解，同时引起了材料表面官能团的分解反应，老化时间的延长能够减少后续单体使用过程中上述两种反应的发生，从而降低单体漏电流值。当然，老化时间并不是越长越好，因为老化时间过长，单体内阻会显著上升。所以，工业上一般将单体直流内阻出现明显拐点的时间作为最佳老化时间。

表 3-5　不同老化时间单体电容器的漏电流

65℃、2.7V 老化时间 t/h	24h 后的漏电压 U/mV
12	151.14
16	127.52
18	119.91

3.5.4　单体安全性结构研究

1. 产气原理分析

双电层电容器常用电解液主要由乙腈和季铵盐构成，二者的分子结构式分别如下：

乙腈　　　　　　　　四氟硼酸四乙基铵盐（TEA-BF$_4$）

通常，电容器在充放电过程中会产生气体，可能的原因有以下几方面：

（1）水分电解产生 H$_2$，反应过程见式（3-1）。水的标准分解电压为 1.23V，而一般单体的充电电压要 2.7V，远高于水的分解电压，导致残存水分的分解，从而产生氢气。

$$H_2O + e^- \longrightarrow OH^- + 1/2H_2 \qquad (3-1)$$

极片一般在 180℃下进行真空干燥，因为如果高于 180℃会导致纤维素隔膜发生磺化失效，而在这个干燥条件下基本无法完全排除极片中的残留水分。此外，商业采购的电解液中也存在少量的水分（一般要求电解液含水量少于 10×10^{-6}）。

（2）羧基氟化作用产生 H$_2$。超级电容器极片材料主要为活性炭，炭颗粒越小越容易氧化。相关文献表明[3]：纳米级炭颗粒在空气中会因氧化而自燃。极片在生产过程中接触空气时间较长，而且在极片生产和单体装配过程存在加热工艺，导致极片炭粉不可避免地存在不同程度的氧化，氧化结果多以表面羧基、羟基、醛基的形式存在。

$$C_nH_{2n+1}COOH + (2n+1)HF \longrightarrow C_nF_{2n+1}COOH + (2n+1)H_2 \qquad (3-2)$$

（3）碳氧化产生 CO$_2$ 及 CO。炭粉直接氧化产生 CO$_2$ 及 CO，但这个反应产生的气体量很小。

$$C + O_2 \longrightarrow CO_2 \qquad (3-3)$$
$$2C + 2O_2 \longrightarrow 2CO \qquad (3-4)$$

（4）有机酸脱羧基反应产生 CO$_2$。电解液和极片中水分的存在会造成电解液的水解，产生乙酰胺和有机酸，此时 HF 的存在会促进此反应的进行，具体过程如下：

$$H_3C-C\equiv N \xrightarrow{H_2O} \qquad (3-5)$$

$$H_3C-C\equiv N \xrightarrow{HF} \quad \xrightarrow{HF} \quad \xrightarrow[-2HF]{H_2O} \qquad (3-6)$$

有机羧酸的羧酸根在电解和加热的情况下会产生脱羧反应。

① 有水的情况下，有机羧酸电解脱羧反应产生 H_2 和 CO_2。

$$2RCOOH \xrightarrow[H_2O]{\text{电解}} R—R + H_2 + 2CO_2 \tag{3-7}$$

② 加热情况下，脱羧反应产生 CO_2，加热脱酸反应多发生在二元酸中。

$$RCH_2COOH \xrightarrow{\triangle} R + CH_3 + CO_2 \tag{3-8}$$

（5）四乙基胺（电解质正离子）霍夫曼消除反应产生 C_2H_2。

$$\left[H_3CH_2C—\overset{\overset{\displaystyle CH_2CH_3}{|}}{\underset{\underset{\displaystyle CH_2CH_3}{|}}{N^+}}—CH_2CH_3 \right] X \longrightarrow (C_2H_5)_3N + H_2C = CH_2 + HX \tag{3-9}$$

其中，HX 为四氟硼酸，其不稳定性导致分解产生 HF，这是氢氟酸的来源。

（6）铝箔氧化层（Al_2O_3）氟化作用产生 O_2。电解质分解产生的 HF 具有极强的活泼性，极片中铝箔的氧化层在被腐蚀时会产生氧气，这是氧气的一个来源，另一个来源就是水电解产生的氧气。

以上是电容器内部产气机理分析，值得注意的是，纯净电解液表现出了极好的热稳定性和较宽的电化学窗口，但是炭电极的存在催化了电解液及电解质盐的分解，电极中杂质的存在也会催化电解液的分解产气。抽真空注液对膨胀的改善情况目前无理论计算数据，从原理上分析，极片炭粉的微孔会吸附气体分子，其分子之间的间隙要小于自由空间中气体的分子间隙，当电解液进入微孔后气体分子排放到电容器自由空间中，所占的体积要比电解液的体积大，导致压力上升。但与其他产气原因相比，这部分气体的压力升高不会太大。总之，双电层电容器中产生的气体大部分来源于氧化还原反应，通过循环伏安测试可以直观地观察到氧化还原反应的存在[4]。

2. 安全结构设计

作为一种能量存储器件，产品的安全性至关重要。双电层电容器在制备过程会不可避免地发生前文所述的痕量水分解、羧基氟化作用等产生 H_2、CO_2 等气体的现象，进而降低单体的安全性。目前，圆柱型结构的产品（以有机系 3000F 为代表）采用全密封式的结构，单体在长期大电流充放电、过压或断路使用等极端条件下容易产生不可复原的鼓壳、爆裂甚至爆炸等危险现象。因此，工业化生产过程中，单体安全管理结构的设计永远是不可避免的一个课题。表 3-6 列出了不同双电层电容器厂家的安全管理结构与特点。

表 3-6　　不同厂家双电层电容器安全管理结构与特点

公司	安全管理结构	特点
美国 Maxwell 公司	外壳防爆槽	过压破裂失效
韩国 Nesscap 公司	上盖防爆薄片	过压破裂失效
中国中车公司	单向截止阀	动态压力调节，无失效

在尺寸为 60mm×56mm×160mm 的方型 3000F 单体上进行测试，结果显示，具有动态压力调节结构（图 3-16）的产品寿命更长。对单体进行 65℃、2.7V 长时间加速老化测试发现，单体在实验过程中发生了 6 次明显的压力释放，如图 3-17 所示，对安装单向截止阀的单体进行 4032h 老化测试后壳体仍保存完好，电容器的容量只下降 21.6%，低于一般寿命终结的规定值（30%）。究其原因在于电芯与电解液分解出的氧化性气体被及时排出，避免进一步氧化电极上的炭，所以单体电容器的寿命得以延长。

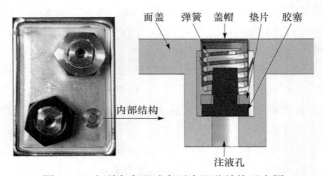

图 3-16　方型电容器动态压力调节结构示意图

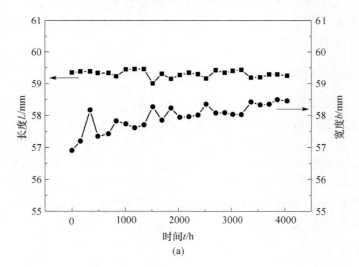

(a)

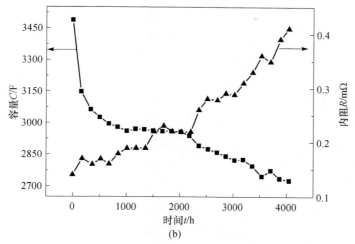

图 3-17　方型 3000F 单体长度和宽度、容量和内阻随时间的变化曲线

3.6　水分与湿度管理

在大容量型双电层电容器没有被广泛应用之前，水分和湿度的管理在工程化应用过程中并没有引起足够的重视，这是因为在 2006 年之前的双电层电容器工作电压相对较低（方型电容器工作电压为 2.1～2.5V，纽扣式电容器工作电压为 2.5～2.85V）。但是随着人们对双电层电容器高效储能方式的逐渐认可，对于双电层电容器在高工作电压、低内阻以及高充放电效率等方面要求也逐渐提高，很多应用市场（包括轨道交通、能量回收装置以及港口机械等方面）更希望有 2.7～3.5V 高电压且低内阻的高效双电层电容器的出现。此时，高耐压储能材料与电解液体系的研发滞后性，使得水分和湿度管理成为实现这一目标最为行之有效的方法[5]。

3.6.1　水分的影响

由于水的分解电压较低（1.23V vs.Li$^+$/Li），当单体工作电压超过这一数值时会引起水分分解，从而产生气体，这将造成产品漏电流明显增加并降低产品的容量与寿命。这是因为动力型双电层电容器内部水分在高电压分解的同时需要消耗单体内部存储的电子，从而造成产品漏电流或者漏电压的明显上升。从图 3-18 中可以明显看出，干燥过程电容器单体电芯失水率的提升能够显著改善产品的漏电压（即 U_{SD}），提升产品的稳定性。

当双电层电容器电极内部吸收水分后，活性炭孔隙内部呈现为亲水性，此时与呈油性的电解液体系（如 TEA-BF$_4$/PC 电解液）产生明显的排斥现象，最终降

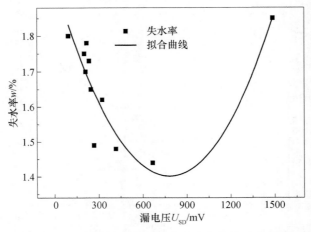

图 3-18　单体漏电压与电芯失水率之间的关系曲线

低电容器产品的容量。与此同时，吸收水分的电极材料在长期的使用过程中容易产生活性物质剥落等不良现象，最终影响产品的循环使用寿命。

3.6.2　干燥除水

正是由于水分对动力型双电层电容器的电化学性能具有至关重要的影响，所以在产品生产制备过程中对水分和环境湿度的控制非常严格。从拌浆过程控制水分加入开始到涂覆过程烘箱干燥温度以至于电芯干燥过程的真空度、温度和时间设定，最后到注液工序环境湿度等都需要严格把控。

拌浆过程水分的加入通过调节浆料固含量来控制，而涂覆过程水分的去除通常是采用分阶段干燥的方式进行，受制于黏结剂与干燥耗能方面的限制，目前电极干燥的烘箱温度设定范围一般在 80～150℃，具体干燥温度与时间需要根据涂覆速度和电极工艺条件进行确定。对比电芯在 170℃不同干燥时间条件下的方型400F 电容器（尺寸为 50mm×25mm×70mm）漏电流数据（表 3-7）可以看出，干燥时间的延长可以显著降低产品的漏电流，最终使得干燥后产品电芯内部水分含量小于 $10×10^{-6}$。当然，电芯干燥过程不仅与工艺条件有关，还与所用设备相关。双电层电容器特殊的多孔电极材料使得真空干燥过程对于干燥泵的真空度要求很高，一般采用干式螺杆泵或罗茨泵组等高真空度的设备。

表 3-7　不同干燥时间单体电容器的漏电流

真空干燥时间 t/h	48h 后的漏电流 I/mA
6	0.865
10	0.605

注液过程环境的水分含量主要采用干燥房或手套箱两种方式进行管控,工业上通常以露点控制。动力型双电层电容器大批量生产过程需要控制环境露点值在−60℃以下,个别工序控制在−70℃以下,从而避免单体内部水分含量超标,表 3-8 为不同露点对应的水分含量表。

表 3-8　露点与水分含量对照表

露点 $t/℃$	水分含量/10^{-6}	绝对湿度 $\rho/(g/m^3)$	露点 $t/℃$	水分含量/10^{-6}	绝对湿度 $\rho/(g/m^3)$
0	6033	4.517	−64	6.154	0.004608
−10	2566	1.921	−70	2.584	0.001935
−20	1019	0.7629	−76	1.031	0.001055
−30	375.3	0.281	−80	0.5410	0.0004051
−40	126.8	0.09491	−84	0.2764	0.000207
−44	80.03	0.05993	−90	0.09564	0.00007161
−50	38.89	0.02912	−94	0.0452	0.00003394
−54	23.51	0.01761	−100	0.01387	0.0001039
−60	10.68	0.007998			

3.6.3　干燥房与手套箱

动力型有机系双电层电容器的制备过程需要采用干燥房或手套箱(图 3-19)的方式来控制注液工序的水分含量。两种注液工作方式均广泛存在于双电层电容器制造企业中,但是两者相互之间各具特色,区别见表 3-9。对某一家生产企业而言,具体采用哪种手段更多地取决于设备资金的投入和对产品产能的设计要求。

(a) 手套箱　　　　　　　　　　　　(b) 干燥房

图 3-19　手套箱与干燥房

表 3-9　干燥房与手套箱的对比

项目	干燥房	手套箱
设备投资成本	投资成本高，易操作	成本相对较低，操作不便
产能	生产效率高	生产效率低
水分含量	一般控制到 $10\times10^{-6}\sim100\times10^{-6}$	能够控制到 $1\times10^{-6}\sim10\times10^{-6}$
安全性	安全系数高	封闭环境，安全性较差
操作人员数量	严格控制，越少越好	不需要控制
人员防护	需要全身防护服	不需要

3.7　动力型双电层电容器的特性评价及测试方法

3.7.1　电压特性

　　双电层电容器与电池在储能机理上存在根本的区别，双电层电容器主要通过极化电解液离子，从而达到存储能量的目的。在整个能量存储过程中，理论上不存在化学反应和相变过程，而大多数电池性储能器件则通过发生氧化还原反应或者相变过程来达到存储能量的目的。反映到电压特征曲线方面，即表现为双电层电容器在恒定电流密度的条件下，电压的增加与充电时间呈近似线性关系（图 3-20（a）），其中，电容器仍存在内阻，使得电容器在充放电开始的瞬间总存在一定电压转变滞后现象，学术上通常将这一部分电压变化称为内阻电压降（IR-drop）。将这一部分电压降除以电流值后即可得到该电容器的等效串联电阻（equivalent series resistance，ESR）。目前，ESR 主要采用如图 3-20（b）和（c）所示的两种方式进行计算，其中图 3-20（b）中 $ESR=\Delta U/I$，图 3-20（c）中 $ESR=\Delta U/(2I)$，ΔU 表示内阻电压降，I 表示电容器恒流充放电过程中的电流值。

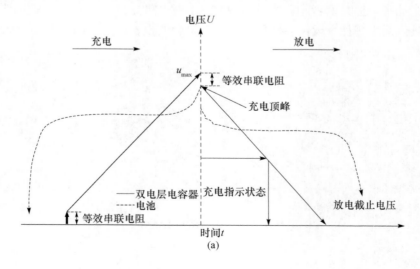

(a)

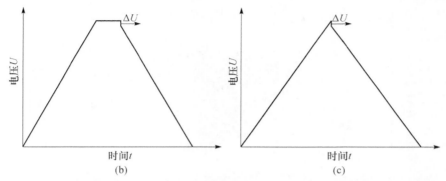

图 3-20   理想的双电层电容器和电池的充放电曲线对比（a）以及 ESR 计算示意图（b、c）

相反，一般电池在充电或者放电过程，除了接近 100%充电状态（充电顶峰，TOC）和接近 0%状态（放电截止电压，EOD）以外，在充放电曲线上一般都存在一个较为明显的充放电平台，即具有一个恒定的电压（图 3-20（a））。因此，在实际电源系统应用过程，对于需要以恒定电压输出的应用，双电层电容器就需要有一个直流-直流（DC-DC）变换器来调节和稳定其输出电压。如果需要交流电，无论是电池还是双电层电容器都需要一个合适的逆变器。

在实际研究和生产过程中，受制于电极材料、电解液以及隔膜体系等不同组成部分，双电层电容器单体的工作电压常常小于 2.7V。这是因为双电层电容器电极材料在实际工作过程中正负电极所处的工作电压区间不同，一般来说，正极材料所处的工作电压较高，其稳定的工作电压范围通常在 3～4.5V(vs.Li$^+$/Li)，而负极材料处于低电势环境，工作电压主要集中在 1.5～3.0V(vs.Li$^+$/Li)。正是正负电极材料所处的电势环境存在较大的差异，使得工业上双电层电容器的生产过程通常采用正负电极厚度不同的方式来缓解长期高电势环境对电容器产品循环使用性能的影响。Naoi 等[4]通过对不同电压条件下收集双电层电容器正负电极的产气进行分析，得出随着电压的升高，正负电极材料的稳定性逐渐下降，电容器产品性能的稳定性也逐渐降低。当工作电压高于 2.7V 时，正负电极稳定性逐渐降低，电极材料表面依次产生大量的不可逆氧化还原反应，最终以 H$_2$、CO、CO$_2$ 等气体的方式进行释放（图 3-21（b））。这也是目前商用双电层电容器工作电压一般限制在 2.7V 以下的原因。同时，由能量存储公式 $E=CU^2/2$ 可知，双电层电容器在工作电压方面的限制也直接导致最终产品能量密度偏低。

受制于电极材料、电解液体系等多方面因素的影响，目前商用化的双电层电容器产品主要以有机系（0～2.7V）和水系（0.8～1.6V）为主。但是随着美国 Maxwell 公司和中国中车 CRRCCAP 公司 2.85V/3400F 和 3V/12000F 产品的问世，相信在不久的将来，双电层电容器的工作电压一定会有更加全面的提高。

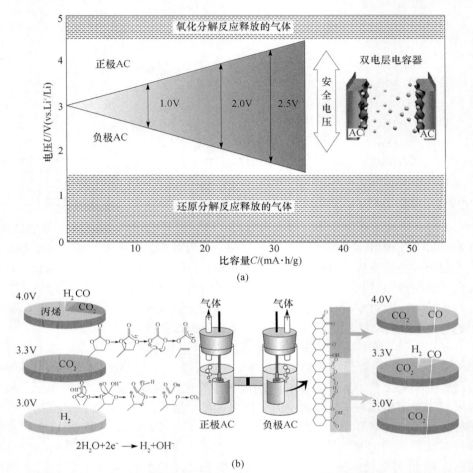

图 3-21　碳基双电层电容器正负电极工作电压（a）以及在不同工作电压条件下
电容器的产气情况（b）[4]

3.7.2　电容量

　　电容量是表征电容器存储电荷多少的物理量，即额定电压条件下电荷存储量。根据应用场合的不同，电容量通常会基于单体质量、单体体积以及电极材料的比表面积进行表示，并分别称为质量比容量（F/g）、体积比容量（F/cm³）和面积比容量（μF/cm²）。其中，质量比容量一般是针对不同电极材料的比容量进行对比研究与表征的，在水系条件下，炭材料的质量比容量较高，达到了 180~300F/g，而在有机体系中，受制于电解液离子尺寸、孔径分布等因素的影响，炭材料的质量比容量一般在 80~160F/g。随着电容器应用市场的开拓，人们在关注电容器电极材料质量比容量的同时越来越多地关注在有限空间内部，电容器或者电极材料存储能量的多少，即单体或电极材料的体积比容量，结合现有商品化电极材料和制造技术，双电层电容器的电极体积比容量一般在 10～30F/cm³。上述两种电容量的表达方式主要集中在电容器的应用技术研究方面，在实际过程中基础研究也非常重要。目前学术上公认的观点是双电层电容器用活性炭一般仅有 20%～30% 的孔隙可供电解液离子真正地进入和浸润[5-7]，相当于活性炭电极材料仅 20%～30%的比表面积进行了电荷储能。所以，有必要对电极材料的面积比容量进行研究。不同于质量比容量和体积比容量，面积比容量[8]是单位表面积下的容量，碳基双电层电容器的面积比容量值一般在 15～30μF/cm²。

对于对称型双电层电容器，整个电容器的电容按照式（3-10）进行计算，单电极电容按式（3-11）进行计算。在双电层电容器中，由于电极材料具有很高的比表面积（800～2000m²/g）[9]，电极材料与电解液离子之间距离仅为几埃，所以这种电容器具有非常大的电容量。

$$\frac{1}{C_{cell}} = \frac{1}{C_1} + \frac{1}{C_2} \tag{3-10}$$

$$C = \frac{S\varepsilon_r\varepsilon_0}{d} \tag{3-11}$$

式中，C_{cell} 为电容器的电容值，C_1 与 C_2 分别为两对电极的电容值，C 为单电极的电容值，ε_r 为电解液介电常数，ε_0=8.84×10⁻¹²F/m 为真空中的介电常数，S 为电解液可以浸润到的多孔电极的比表面积，d 为极片间隔距离。

由式（3-11）可知，双电层电容器的电容值取决于电极材料与电容器的结构设计。电极材料的性能方面主要包括材料的比表面积、孔径分布、孔隙特性以及导电性能。从图 3-22（a）中可以看出，在水系电解液体系中，当孔径分布情况固定时，比表面积越大，比容量越大；而当比表面积一定时，微孔孔径越小，比容量反而越大；当微孔孔径小于 1nm、比表面积足够大时，电容器能表现出最大的比容量。由图 3-22（b）可知，微孔、中孔孔容的不同能引起双电层电容器比容量的差异。当微孔孔容（约 1.2m³/g）越大，并且含适量中孔（约 0.42m³/g）时，电容器能够展现出最大的比容量。总之，在一般情况下，微孔型电极材料在小电流密度下能够具有较大的比容量，而中孔含量较高电极材料则具有较好的倍率性能。

当然，电容器的电容量除了与电极材料的比表面积、孔隙结构等有关外，还与电解液离子的尺寸有关。电解液离子尺寸越小，相同比表面积条件下吸附的离子数量就越多，如表 3-10 和表 3-11 所示，最终使得整个电容器的电容量就越高，这也是目前相同电极材料在水系条件下具有更高比容量的原因。

· 液态电解质

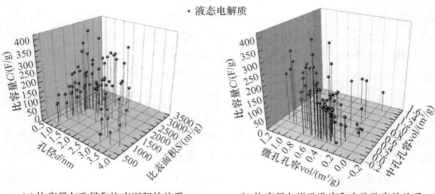

(a) 比容量与孔径和比表面积的关系　　　(b) 比容量与微孔孔容和中孔孔容的关系

图 3-22　比容量与比表面积和孔径分布（a）、微孔和中孔孔容（b）之间关系的三维示意图[10]

表 3-10　常用双电层电容器的电解质的离子直径[11]

电解质	离子尺寸 D/nm	
	阳离子	阴离子
有机电解质		
$(C_2H_5)_4N \cdot BF_4(TEA \cdot BF_4)$	0.686	0.458
$(C_2H_5)_3(CH_3)N \cdot BF_4(TEMA \cdot BF_4)$	0.654	0.458
$(C_2H_5)_4P \cdot BF_4(TEF \cdot BF_4)$		0.458
$(C_4H_9)_4N \cdot BF_4(TBA \cdot BF_4)$	0.830	0.458
$(C_5H_{13})_4N \cdot BF_4(THA \cdot BF_4)$	0.960	0.458
$(C_2H_5)_4N \cdot CF_3SO_3$	0.686	0.540
$(C_2H_5)_4N \cdot (CF_3SO_2)_2N(THA \cdot TFSI)$	0.68	0.650
无机电解质		
H_2SO_4		0.533
KOH	0.26①	
Na_2SO_4	0.36①	0.533
NaCl	0.36①	
$LiPF_6$	0.152②	0.508
$LiClO_4$	0.152②	0.474

① 水合离子的 Stokes 直径。
② 在 PC 中的直径，由所用溶剂决定。

表 3-11　常用双电层电容器的溶剂[11]

溶剂	熔点 t/℃	黏度 η/(Pa·s)	介电常数 ε
乙腈(AN)	−43.8	0.369	36.64
γ-丁内酯(GBL)	−43.3	1.72	39.0
二甲基酮(DMK)	−94.8	0.306	21.01
碳酸丙烯酯(PC)	−48.8	2.513	66.14
水	0	0.895	78.36

此外，在双电层电容器的实际生产过程中，受制于电解液离子和电子传输速率间扩散差异的影响，在不同电流测试条件下，同一个电容器单体的电容量大小不同（图 3-23）。图 3-23（c）为炭/炭双电层电容器的一个典型的电压-时间曲线。根据定义：

$$C = \frac{I}{dU/dt} \quad 或 \quad C = I\left(\frac{t_2 - t_1}{U_1 - U_2}\right) \tag{3-12}$$

式中，下标 1 和 2 是指放电器件的两个时间点，具体如图 3-23（c）所示。

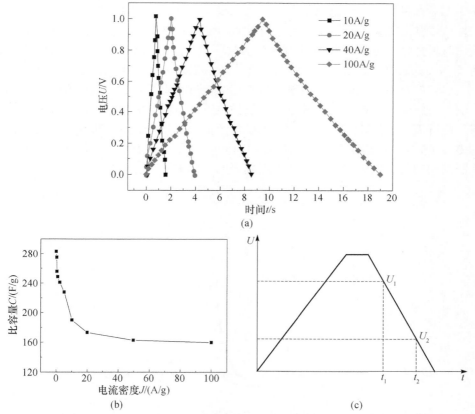

图 3-23　多孔炭材料在不同电流密度下的充放电曲线和比容量变化曲线[10]

对于双电层电容器的大批量生产，往往高电容（电容量≥7000F）和低电容（电容量≤0.01F）的产品非常难实现批量化生产，这是因为单体容量越高，产品的影响因素就越多，最终使得产品之间的一致性受到较大的限制；另外，单体容量较小时要求电容器具有极小的极片尺寸和极片厚度，意味着单体的制备难度显著增大。目前市场上大容量双电层电容器主要以功率型 3000F 以上产品为主。

3.7.3　内阻

　　本节从内阻的定义出发，结合器件的构成分析可能影响内阻的因素。根据测试方式的不同，可将电容器内阻分为直流等效串联电阻和交流阻抗。

　　内阻是指电容器的内部电阻，主要包括电子阻抗与离子阻抗。电子阻抗与集流体、电极材料、导电剂材料的电导性相关；离子阻抗与隔膜孔径、电极材料孔径结构、电解液的电导率及电解质的离子尺寸等相关。根据测试过程电流种类选取的不同，又可将内阻分为直流等效串联电阻（ESR，图 3-20）和交流电阻（AC，图 3-24）两种。其中交流电阻主要是从电极动力学角度考察电容器及其电极材料的性能，根据实验数据可以得到电极阻力、传质阻力等方面的信息。图 3-24 为多孔炭材料经过 1 次循环和经过 10000 次循环之后的 Nyquist 曲线。可以看出，这两条 Nyquist 曲线均可分为三部分：在高频区表现为一个半圆，在中频区表现为一段 45°的直线，在低频区呈现与横坐标轴接近垂直的直线。其中高频区半圆弧左端点对应的值为体系的接触电阻，包括电解液内阻、活性材料内阻以及活性材料、电解液、集流体之间的接触电阻；而半圆弧的半径表示电极充放电电荷转移的电阻（R_{ct}）。中频区 45°的直线称为 Warburg 阻抗区，表示电解质离子在电极内孔隙结构中的扩散电阻；低频区接近垂直的直线表示电容特性。

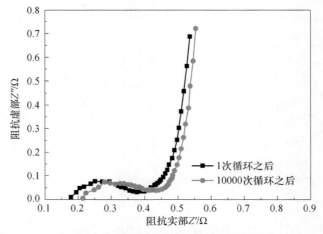

图 3-24　多孔炭材料的交流阻抗谱图[12]

　　尽管同一款产品不同厂家在容量上基本能够保持相似，但是在内阻方面表现出较大的差异。这主要与电极材料、极片制作方式、电解液注入量以及产品结构设计有关。目前，主要从以下几个方面降低电容器直流内阻：①采用近晶体化和介孔发达的炭材料作为电极材料；②采用多种导电剂进行浆料配置，从而获得一个稳定的极片导电网络，如采用"导电炭黑+碳纳米管+石墨烯"组成的三维导电结构；③采用适当的结构连接方式，如焊接连接圆柱型结构的低内阻性，铆接连接方型叠片结构的高能量性（图 3-25）；④尽可能降低电极厚度；⑤预先在集流体上涂布导电胶层。

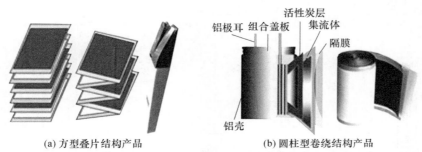

(a) 方型叠片结构产品　　　　　　(b) 圆柱型卷绕结构产品

图 3-25　方型叠片结构产品和圆柱型卷绕结构产品的结构示意图

3.7.4　额定电流与短路电流

双电层电容器在不同电流密度下具有不同的容量特性，即对于电容器产品，测试电流的不同将会导致同一个电容器产品具有不同的电容量（表 3-12）。通常，不同厂家会通过实验规定一个特定的电流值作为额定电流，而在此电流下进行连续充放电时，单体温度会稳定在 40～60℃，产品没有安全性问题，通过散热可解决产品寿命问题，这个电流值一般可定义为额定电流，如现阶段市场应用范围最为广泛的 3000F 有机系电容器的额定电流通常为 150A。而其他不同型号电容器，根据应用场合分别规定了相应的额定电流。

表 3-12　不同电容器单体在不同电流条件下的电容量

单体型号/公司名称	测试电流与单体电容量	测试电流与单体电容量
3000F/韩国 Nesscap	50A，3190F（0～2.7V）	200A，3149F（0～2.7V）
2000F/JSR Micro	80A，1897F（3.8～2.2V）	200A，1817F（3.8～2.2V）

理论上有人定义的额定电流为用 5s 的时间将单体放电至单体半电压的电流值；峰值电流为用 1s 的时间将单体放电到单体半电压的电流值，通过计算可知其数值相当大，而实际上受产品结构的限制。电子通路受连接面积与导电性的制约使得电容器不可能在理论计算的额定电流与峰值电流下工作，否则将造成电容器使用寿命极速衰减。

由于电容器单体在实际应用过程中不可避免地会遇到超高功率情况，所以需要对电容器单体的短路放电能力进行测试。单体电容器能够承受的最大峰值电流定义为短路电流，一般使用示波器和霍尔电流传感器组成的短路电流测试系统进行测试（图 3-26），将电容器充电至额定电压 2.7V 后，短路 100ms，即可在示波器上通过电压和电流的变化曲线读出产品的短路电流。通过测试 3000F 双电层电容器发现，该单体的短路放出电流可达 5400A。

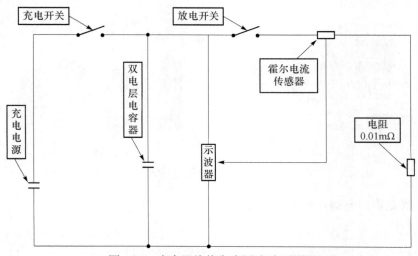

图 3-26　电容器峰值电流测试原理图[13]

3.7.5　能量密度与功率密度

能量密度又称比能量，包括质量能量密度和体积能量密度，分别指单位质量或者单位体积的电容器所能释放的全部能量。对于双电层电容器，单体的质量能量密度一般在 3～10W·h/kg，同时，由于双电层电容器用炭材料的堆积密度一般在 0.3～0.5g/cm^3，所以同一电容器单体体积能量密度一般稍大于质量能量密度。从能量的计算公式 $E=CU^2/2$ 可以得出，要提高电容器单体或电极材料能量密度则需要提高工作电压或电容量，其中能量密度与工作电压的平方成正比，因此相对而言，电压工作区间的提升能更大程度提高产品的能量密度。随着双电层电容器在轨道交通、风力发电等新兴领域的应用[14]，对能量密度的要求越来越高。现阶段，通过开发新材料（如石墨烯[15]、碳纳米管、石墨烯复合物等）和构建新型电容器体系[16]，达到提高产品能量密度的目的。魏飞等成功报道了耐电压达 4.0V 以上的高耐电压碳纳米管电极材料超级电容器[17, 18]。

其中，电容器的能量密度计算公式为

$$E_m = \frac{CU^2}{7200m}$$

（3-13）

$$E_{\mathrm{L}} = \frac{CU^2}{7200V} \tag{3-14}$$

式中，E_{m} 为质量能量密度，$\mathrm{W \cdot h/kg}$；C 为单体容量，F；U 为单体额定电压，V；m 为电容器质量，kg；E_{L} 为体积能量密度，$\mathrm{W \cdot h/L}$；V 为电容器体积，L。

通常情况下，电容器的能量密度都是在特定的功率密度条件下表现出来的，其中功率密度主要用来表征双电层电容器所能承受电流的大小，是指单位质量或单位体积的电容器所能给出的功率。根据功率密度不同的应用场合，可将其分为最大功率密度（即工业界通常所指的功率密度）和平均功率密度，两者分别按照如下公式进行计算：

$$P_{\mathrm{max}} = \frac{U^2}{4Rm} \tag{3-15}$$

$$P_{\mathrm{avg}} = \frac{E}{\Delta tm} \tag{3-16}$$

式中，P_{max} 和 P_{avg} 分别表示最大功率密度和平均功率密度；U 表示放电开始时的工作电压；R 表示等效串联电阻；E 表示单体的能量密度；Δt 表示放电时间；m 表示电容器的整体质量。

在上述两个参数的实际运用过程中，由于考察对象的不同，通常会导致参数指标的差异。通常，学术上 m 主要代表电极活性物质、电极材料或者单体总重三者中的一个，而工业上 m 均针对整个电容器系统。就两者的关系而言，一般电极材料能量密度的 $1/3 \sim 1/4$ 即可表示为以该材料作为活性物质的电容器单体的能量密度。因此，在实际数据对比过程中需要特别注意 m 值所指的对象。

此外，通常能量密度和功率密度会采用 Ragone 图的方式同时给出，具体如图 3-27 所示[19]。从图中可以明显看出，双电层电容器的功率密度可达到 $10 \sim 100\mathrm{kW/kg}$，是二次电池的 $10 \sim 100$ 倍，可以在短时间内实现几百安至几千安电流的充放，而其他储能器件则很难具有如此之高的功率特性。正如前文提到的，单体功率密度的提高主要是通过降低器件的内阻与重量实现的。

3.7.6　自放电

自放电现象是指在充电时阻碍电容器电压升高、放电时加速电压下降的那部分非正常电流，是电容器在充放电过程中不可避免的特征现象[20]。其产生的根本原因是：电极/溶液界面双电层由紧密层和分散层构成，双电层上的离子受到电极上异性电荷的静电吸引力和向溶液本体迁移力两个作用力的共同作用。分散层中离子受到的静电吸引力小，因此向溶液本体中的迁移趋势更大，而紧密层中的离子也会因为自身的振动脱离紧密层进入分散层，最终导致电容器的漏电。自放电现象不仅会导致产品存储能量的流失，还会引起电容器模组寿命的急剧衰退，因为

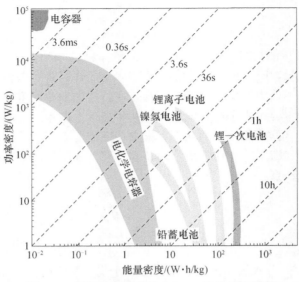

图 3-27　不同储能器件的 Ragone 性能对比图[19]

电容器模组中往往存在"短板效应"，一个单体漏电流值的偏大将导致最终模组电路控制板的高负荷工作[21]。因此，在实际生产过程中需要重点关注"自放电现象"。目前，自放电现象主要由漏电压（SD）和漏电流（LC）两者进行表征。一般来说，电容器生产厂家都会根据产品的特性及应用范围规定电容器 SD 和 LC 的检测方法与标称值。通常情况下，漏电流大的产品一般具有较大的漏电压，二者近似呈线性关系，两种参数指标的选用也与产品的应用市场相关。由于漏电压与产品的放置环境及放置时间息息相关，难以进行标准化设置，所以现阶段对于自放电现象的表征主要以漏电流为主、漏电压为辅的方式进行。

　　总之，电极材料的选取、隔膜的选择以及电极干燥和老化工艺的优化等方面都对电容器单体的性能具有重要的影响[22]。学术上一般偏重研究电极材料对最终产品性能的影响，而制备工艺对最终产品性能的影响则相对较少。阮殿波等[22]研究了电容器用活性炭孔隙结构与表面官能团含量、电容器隔膜的孔径和厚度以及电极干燥和老化工艺等方面对电容器性能参数的影响。实验结构表明：①平均孔径较大的活性炭具有更小的漏电流（如日本可乐丽公司的 YP50 系列产品），这是因为孔径大有利于离子的移动，缩短离子与电子之间的距离，较大的孔径可使电极表面与电解液之间的浓度明显减小，以致吸附在孔隙内壁的电解质离子不易脱附，所以具有大孔径的活性炭所制电极组装的超级电容器漏电流较小。②对于相同的活性炭，表面官能团含量越小，所制电容器的漏电流就越小。这是因为活性炭表面官能团含量较低时，用于分解它的电流就相对较小，所以在双电层电容器用活性炭的制备过程中应尽可能降低表面官能团的含量。一般来说，商业上活性炭材料的表面官能团含量通常用碱性 Boehm 滴定法进行表征，且产品的酸性官能团含量一般小于 0.50meq/g[23]。③隔膜孔隙越大、厚度越薄，电解液中离子移动过程遇到的阻力就越小，最终使得电容器产品的漏电流就越大，因此隔膜厚度与材料的选取应基于电容器的用途和对漏电流的要求进行选择。④由于电容器在制备过程中不可避免地会吸收大量的水分，所以长时间的真空高温干燥显得尤为重要，从而减小使用过程单体因发生不可逆的氧化还原反应而引起漏电流增大，通常电极的干燥时间为 6~12h。⑤老化工艺不仅可以分解残留的微量水分，还可以减小电极活性炭表面的官能团，进而降低产品的漏电流，提高产品的长期稳定性。通常，电容器在高温、高压条件下的老化时间为 6~12h。另外，其他制备工艺，如电极毛刺与电极掉粉程度也会引起电容器漏电流的增加。因此，制备高存储特性的双电层电容器，不仅要选择优质的电极材料、适宜的隔膜，制定合理的制备工艺，还要有配套的工程装备。

正如前文所述，自放电现象对于电容器尽管是一个不可避免的现象，但是通过合适的材料和工艺技术条件是能够将其进行有效控制的，目前常用的 3000F 电容器漏电流值一般小于 5mA（常温，72h 条件下检测）。

3.7.7　长期使用寿命

理论上基于双电层吸附理论的电容器具有无限次循环使用寿命，但是实际情况下受材料及匹配方式的影响，其使用寿命有一定程度的限制。

双电层电容器的一次充放电过程称为一个循环或者一个周期，其能够反映电容器电容的稳定性和实用性。理论上，由于双电层电容器采用纯物理吸脱附方式进行能量存储，整个存储过程中不涉及任何化学反应，但是在实际研究与生产过程中，不可避免地会引入一些杂质或水分，而导致氧化还原反应的发生，最终使得电容器的使用寿命受到很大程度上的限制。双电层电容器的实际使用寿命一般会大于 10 万次，在特定工作条件（工作电压控制在 1.5~2.5V，工作温度维持在 25~35℃）下甚至可以做到 100 万次（即 10 年）。目前，根据我国行业标准 QC/T 741—2014《车用超级电容器》中的规定，当电容器在长期使用后单体容量下降 30%、内阻上升 100%，这意味着该产品的实际使用寿命终结。

双电层电容器的理论循环寿命与实际使用寿命存在差距，主要是由电极材料的选取、电极平衡工艺的优化、电解液盐的消耗和工作环境的不同引起的。双电层电容器的电极材料主要由活性炭、黏结剂、导电剂、分散剂组成，各组分材料在制备过程中不可避免地存在一些表面官能团，使电容器在长期的高工作电压条件下与电解质盐发生反应，进而使活性炭孔隙表面产生大量绝缘性物质（图 3-28），最终导致产品容量衰减和电解液离子移动阻力增加。因此，制备长循环使用寿命双电层电容器单体需选用表面官能团含量低、电化学性能稳定的电极材料。

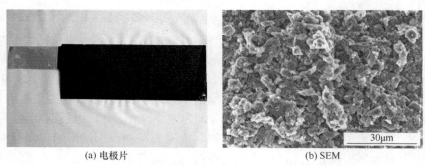

(a) 电极片　　　　　　　　　　　　(b) SEM

图 3-28　双电层电容器长期使用后电极表面情况

　　双电层电容器正负电极均采用活性炭作电极材料，储能机理相同，使得人们往往忽视正负电极平衡技术及其对最终产品性能的影响。阮殿波等[2]的研究表明：正负电极厚度不同时，电容器在长期使用条件下具有显著的性能差异（图 3-29），当正极厚度为 240μm、负极厚度为 200μm 时双电层电容器具有相对稳定的电化学性能和较小的膨胀率。

　　当然，在电容器实际使用过程中，工作环境、工作电压以及电解质盐的消耗也对产品的性能产生重要影响。其中，电容器在高工作温度和高电压应用条件使得电极材料长期处于高温的高电势条件下，最终在引起电解质盐消耗的同时堵塞大量的微孔孔隙，降低电容器的实际使用寿命。尽管电容器的实际使用寿命受各

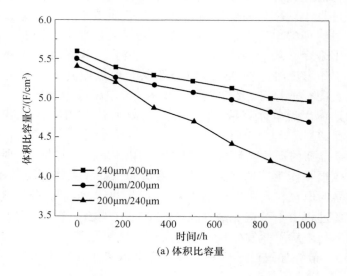

(a) 体积比容量

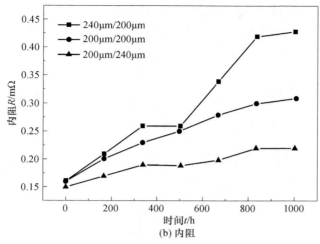

图 3-29　不同电极厚度比时电容器体积比容量与内阻随测试时间的变化曲线[2]

方面条件的限制，但是该器件仍然具有 10 万次以上的循环寿命，如果仍然按照全寿命实验（常温条件下恒流充放电）对于单体的循环稳定性进行测试，往往非常困难，一般采用加速寿命测试实验，具体测试方法为：将电容器置于 70℃的高温环境中，在一定电流条件下充电至额定电压，每隔 168h 对电容器进行一次容量、内阻检测，共测试 1008h。为此，阮殿波等[24]在结合日本 Panasonic 公司和电容器单体容量的实际情况，提出了产品使用寿命的计算公式：

$$T(\theta,U) = t \times 2^{(70-\theta)/10} \times 1.5^{(2.7-U) \times 10} \quad\quad (3\text{-}17)$$

式中，θ 为使用温度（℃）；U 为使用电压（V）；t 为单体恒温恒压的时间（h）。

　　例如，当恒温恒压 5000h 后，由上述公式可知 20℃、2.63V 时的寿命计算时间为 174850h，约为 19.96 年；30℃、2.63V 时的寿命时间为 87440h，约为 9.98 年。根据上述公式即可在一定温度和电压条件下预测最终产品的使用寿命，从而避免对最终产品的全寿命周期性能测试。

3.7.8　工作温度

　　双电层电容器在工作过程中看似与使用温度没有直接的关系，但是实际上息息相关，因为温度越高，单体内部不稳定的化学反应越激烈，越容易加速产品寿命的衰减。同时受制于液态电解液凝固点和沸点的影响，如常用的乙腈溶剂凝固点为−42.5℃，沸点为 83.5℃，温度过低时容易引起电解液凝固，从而降低电容器产品的容量，并提高产品的内阻；另外，当工作温度过高时，在诱发电极材料发生不可逆反应的同时容易导致产品内部因压力过高而产生漏液或爆炸现象，所以产品工作过程温度的控制显得尤为重要。商用电容器的性能测试与工作温度通常限制在−40～65℃（图 3-30），同时应该尽可能降低电容器的使用温度，延长电容器的使用寿命。

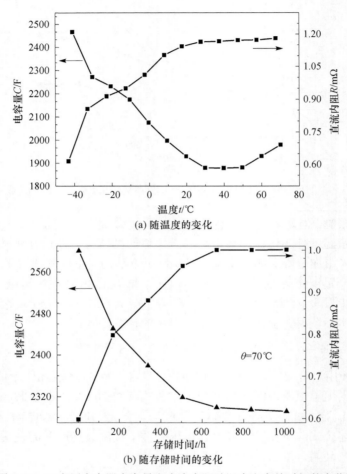

(a) 随温度的变化

(b) 随存储时间的变化

图 3-30　双电层电容器电容量和直流内阻随温度和存储时间的变化[25]

3.7.9　存储性能

一般来说，存储时需要将电容器单体或者模组进行"短路"连接处理，防止产品长期处于高电势条件下而发生不可逆反应。另外，由于商用的双电层电容器单体或模组均采用金属材料作为外壳，所以产品需要放置在湿度较小的常温环境中。图 3-31 为日常情况下双电层电容器模组的保存状态。

图 3-31　日常情况下双电层电容器模组的保存状态

参 考 文 献

[1] Doyle M, Newman J, Gozdz A S, et al. Comparison of modeling predictions with experimental data from plastic lithium ion cells[J]. Journal of the Electrochemical Society, 1996, 143(6): 1890-1903.

[2] 阮殿波, 王成扬, 杨斌, 等. 双电层电容器电极平衡技术的研究[J]. 中国科学: 技术科学, 2014, 44 (11): 1197-1201.

[3] Kurzweil P, Chwistek M, Electrochemical stability of organic electrolytes in supercapacitors: Spectroscopy and gas analysis of decomposition products[J]. Journal of Power Sources, 2008, 176(2): 555-567.

[4] Naoi K, Ishimoto S, Miyamoto J, et al. Second generation "nanohybrid supercapacitor": Evolution of capacitive energy storage devices[J]. Energy and Environmental Science, 2012, 5(11): 9363-9373.

[5] Qu D Y, Shi H. Studies of activated carbons used in double-layer capacitors[J]. Journal of Power Sources, 1998, 74(1): 99-107.

[6] Pell W G, Conway B E, Marincic N. Analysis of non-uniform charge/discharge and rate effects in porous carbon capacitors containing sub-optimal electrolyte concentrations[J]. Journal of Electroanalytical Chemistry, 2000, 491(1-2): 9-21.

[7] Vix-Guterl C, Frackowiak E, Jurewicz K, et al. Electrochemical energy storage in ordered porous carbon materials[J]. Carbon, 2005, 43(6): 1293-1302.

[8] Xu F, Cai R J, Zeng Q C, et al. Fast ion transport and high capacitance of polystyrene-based hierarchical porous carbon electrode material for supercapacitors[J]. Journal of Materials

Chemistry, 2011, 21(6): 1970-1976.

[9]　　Sonobe N, Nagai A, Aida Tomoyuki T, et al. Carbon material for electric double layer capacitor and its manufacture[P]: Japan, JP4117056. 1999.

[10]　Wang L Q, Wang J Z, Jia F, et al. Nanoporous carbon synthesised with coal tar pitch and its capacitive performance[J]. Journal of Materials Chemistry A, 2013, 1(33): 9498-9507.

[11]　Ue M. Mobility and ionic association of lithium and quaternary ammonium salts in propylene carbonate and γ-butyrolactone[J]. Journal of the Electrochemical Society, 1994, 141(12): 3336-3342.

[12]　Du S H, Wang L Q, Chen M M, et al. Hierarchical porous carbon microspheres derived from porous starch for use in high-rate electrochemical double-layer capacitors[J]. Bioresource Technology, 2013, 139(13): 406-409.

[13]　阮殿波, 王成扬, 王晓峰, 等. 超高功率型双电层电容器的研制[J]. 电池工业, 2011, 16(4): 195-200.

[14]　刘友梅, 轨道电力牵引新能源策略的思考[J]. 电力机车与城轨车辆, 2012, 35(5): 1-4.

[15]　Zhu Y W, Murali S, Stoller M D, et al. Carbon-based supercapacitors produced by activation of graphene[J]. Science, 2011, 332(6037): 1537-1541.

[16]　Naoi K, Naoi W, Aoyagi S, et al, New generation "Nanohybrid Supercapacitor" [J]. Accounts of Chemical Research, 2013, 46(5): 1075-1083.

[17]　Kong C Y, Qian W Z, Zheng C, et al. Raising the performance of a 4V supercapacitor based on an EMIBF$_4$-single walled carbon nanotube nanofluid electrolyte[J]. Chemical Communications, 2013, 49(91): 10727-10729.

[18]　Cui C J, Qian W Z, Yu Y T, et al. Highly electroconductive mesoporous graphene nanofibers and their capacitance performance at 4V[J]. Journal of the American Chemical Society, 2014, 136(6): 2256-2259.

[19]　Simon P, Gogotsi Y. Materials for electrochemical capacitors[J]. Nature Materials, 2008, 7(11): 845-854.

[20]　Ricketts B W, Ton-That C. Self-discharge of carbon-based supercapacitors with organic electrolytes[J]. Journal of Power Sources, 2000, 89(1): 64-69.

[21]　Jang J H, Yoon S H, Ka B H. et al. Complex capacitance analysis on leakage current appearing in electric double-layer capacitor carbon electrode[J]. Journal of the Electrochemical Society, 2005, 152(7): A1418-A1422.

[22]　阮殿波, 王成扬, 杨斌, 等. 有机系超级电容器漏电流性能的研究[J]. 中国科学基金, 2014, 41(3): 206-208.

[23]　Watanabe F, Oshida T, Miki Y, et al. Actived carbon for electric double-layer capacitor electrode and method for producing the activated carbon[P]: Japan, JP2008195559. 2008.

[24] 阮殿波，王成扬，聂加发. 动力型超级电容器应用研发[J]. 电力机车与城轨车辆, 2012, 35(5): 16-20.

[25] 阮殿波，王成扬，王晓峰. 活性炭纤维电极超级电容器的研制[J]. 电池, 2011, 41(6): 304-306.

第4章　双电层电容器系统集成技术

双电层电容器与传统的电容器相比，具有功率密度高、充放电循环寿命长、工作温度范围宽等显著特点。然而，在工程应用中，双电层电容器单体存在耐电压值低、输出功率有限等问题，因而无法满足多数工业领域对储能装置的高耐压以及大功率的应用需求。为了充分发挥双电层电容器的特性优势，通常需要对双电层电容器单体进行串并联重组，形成新的双电层电容器储能系统，进而提高工作电压和输出功率，满足工业应用的需求。本章将围绕双电层电容器的系统集成相关技术展开讨论。

4.1　双电层电容器建模

双电层电容器系统通常由双电层电容器单体阵列构成。为了保证系统高效和可靠地运行，系统设计者必须掌握和了解双电层电容器单体的各种特性。现有文献中已有不少关于双电层电容器单体模型的研究，包括理论物理模型、传输线模型、梯形模型、等效电路模型、热模型、频域模型、智能模型等。在实际应用中，等效电路模型是最常用的单体模型，本节将对双电层电容器的常见单体模型进行综述。

4.1.1　理想的等效电路模型

双电层电容器的理想电路等效模型为电容器 C，表征双电层电容器的最基本特性。双电层电容器的储能容量受电容值 C 以及最大工作电压 $U_{\max}$ 限制，电容器单体的最大存储电能容量 $Q = 1/2CU_{\max}^2$。

4.1.2　一阶 RC 串联的电路模型

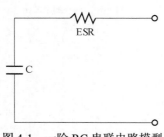

图 4-1　一阶 RC 串联电路模型

对双电层电容器进行充放电测试实验中可以发现，双电层电容器并非理想电容器，双电层电容器单体存在内部功率损耗，该损耗与流过电容器的电流基本成正比，表现出等效串联电阻（ESR）的电气特性。因此，通常引入一阶 RC 电路模型来描述双电层电容器的特性，如图 4-1 所示，C 表示电容器，ESR 与电容器 C 串联。电容器厂商一般都会给出这两个参数的数值，便于用户进行分析和计算。

4.1.3　改进的串联 RC 电路模型

通过进一步实验研究发现，双电层电容器的电压会随着存放时间的延长而下降，即双电层电容器存在自放电现象，也称为双电层电容器的漏电流效应。为了描述双电层电容器的自放电特性，需要在一阶串联 RC 电路模型的基础上，并联一个大的电阻，称为等效并联电阻（equivalant parallel resistance，EPR）。EPR 参数反映了电容器长期存储电能的能力，改进后的串联 RC 电路模型如图 4-2 所示[1]。由于该模型能够相对全面地描述电容器的基本电气特性，所以在文献中被广为引用。

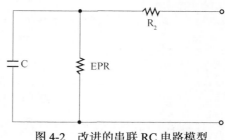

图 4-2　改进的串联 RC 电路模型

4.1.4　多分支模型

随着对双电层电容器研究的不断深入，简单的一阶 RC 电路模型已无法正确地描述双电层电容器外部特性。因此，学者根据研究点的不同，有针对性地提出了一些多分支模型结构。此类模型由多条 RC 支路组成，每一分支有不同的时间常数，在充放电过程的不同时间段，每一个分支单独起作用。

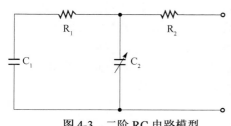

图 4-3　二阶 RC 电路模型

实验发现，在双电层电容器充电过程中，电容器的电容值会随着电容器端电压的改变而发生变化。因此，有学者提出了二阶 RC 电路模型，如图 4-3 所示。该模型中包含两个电容器 C_1 和 C_2，其中 C_1 具有双电层电容器的基本电容值，与 R_1 构成长时支路，用以描述充放电结束后双电层电容器内部电荷再分配现象。C_2 是可变电容器，反映充放电瞬间双电层电容器的电容值变化，因此描述双电层电容器在充放电时的外特性，反映电容值与端电压之间的依赖关系。该参数与等效串联电阻 R_1 及 R_2 一起构成了稳态时超级电容器的模型。从双电层电容器的外特性来看，电路模型的分支数越多，电容器的模型精度越高，但同时模型参数规模和辨识难度也会随之增加。

盖晓东等[2]提出了一种三分支等效电路模型，包含充电分支支路（C_i、R_i、u_v）、自再分布支路（C_1、R_1、C_d、R_d）以及泄放分支支路（R_{lea}），如图 4-4 所示。其中，充电分支支路相当于二阶 RC 模型，模型中引入了受控电压源 u_v，该受控电压源与固定的电容器 C_i 串联，用于描述电容器电容值随输出电压的变化特性。自再分布支路由短时分支电路（C_d、R_d）和长时分支电路（C_1、R_1）组成，描述双电层电容器充电结束后，电容器内电荷重新分布均匀的过程。其中，时间常数较大的恢复过程对应长时分支支路，时间常数较小的恢复过程对应短时分支支路。泄放分支支路 R_{lea} 表征超级电容器的漏电流特性。实验显示，该模型与实际双电层电容器的真实充放电特性有很好的一致性。

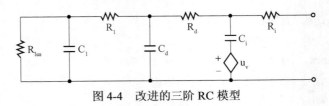

图 4-4　改进的三阶 RC 模型

综上，电容器的模型只有根据研究点以及关注对象的不同进行相应的调整，才能更具有针对性地描述双电层电容器的相关特性。

4.2　双电层电容器系统

双电层电容器单体的最大额定电压通常为 2.7～3.0V，而在绝大多数实际应用领域中，系统运行电压都远高于单体电压，因此需要通过单体串联、并联等系统集成技术来实现双电层电容器的应用。常见的双电层电容器的组态方式有四种，包括串联型、并联型、先串后并型及先并后串型。通过将电容器进行串并联组态，可以提高储能系统的输出电压，增大系统的最大输出功率和能量。为了保证组态后的储能系统能够正常工作，工程中通常采用螺纹连接、焊接等方式确保电容器间的可靠连接。

4.2.1　串联组态

串联组态是提升电容器系统耐压性的最直接方法，通过将多个标称容量相同的电容器串联使用来提高整体输出电压。电容器单体通过一个单体正极与另一个单体负极连接，如此循环往复，如图 4-5 所示。提高输出电压的方式称为串联连接，其容量计算公式如下：

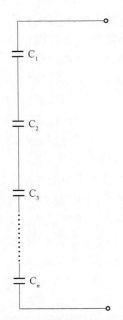

图 4-5　电容器串联
组态示意图

$$C_{总} = \frac{1}{n} C \qquad (4-1)$$

双电层电容器可由多支串并联组成标准模组应用于成熟市场，包括风力发电变桨技术用 16V 模组，混合动力大巴用 48V 模组，内燃机车启动用 30V、60V 模组等。该类模块化的产品电压一般不超过 100V，通过简单的系统控制保障用户使用要求。目前市场上常见的由 2.7V/3000F 单体组成的标准模组电压等级如表 4-1 所示。

表 4-1 常见标准模组概况

序号	外形尺寸/mm	串联数量	单体电压/V	额定电压/V
1	416×70×178	6	2.7	16
2	416×132×178	12	2.7	30
3	416×192×178	18	2.7	48
4	416×254×178	24	2.7	60

4.2.2 并联组态

并联组态是通过连接多个标称容量相同的电容器单体所有正极为正极，所有负极为负极，完成电能的对外输出（图 4-6），能够改善电容量不足或功率不足的情况。其容量计算公式如下：

$$C_{总}=nC \tag{4-2}$$

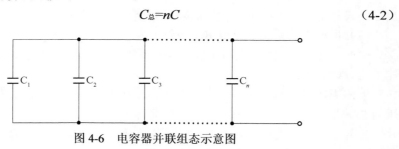

图 4-6 电容器并联组态示意图

4.2.3 先串后并组态

先将单体电容器串联至额定设计电压，再将多组进行并联的连接方法称为先串后并。该方法的优势在于：

（1）能够充分利用标准模组，如使用 125V 的模组进行系统集成；

（2）系统开发周期短，重复制造易于流水线生产以降低成本；

（3）储能容量的调整灵活方便；

（4）某一串联单元出现故障，可即时断开该支路，其余电容器可继续使用，降低风险等级。

劣势在于：

（1）在多并联单元中，控制系统庞大复杂，集成度不高；

（2）可靠性差；

（3）对各串联支路的电容量的一致性要求较高。

　　例如，设计 1200V/14MJ 的储能系统，利用 75 套 48V/65F 标准模组组成 450 串 3 并的一套系统，通过 25 套模组的串联，该储能系统的储能电压达到 1200V，但是储能能量仅 4.8MJ，无法支撑系统的运行要求，故通过 3 个 1200V 电压的电容器串联子单元进行并联，获得 14.4MJ 的储能规模，能满足系统的使用要求。

4.2.4　先并后串组态

　　双电层电容器的第四种组态方式是先并后串。顾名思义，该组态是将双电层电容器按照设计需求的容量及电压等级，将单体电容器先进行并联后再串联达到使用电压要求。该方法的优势在于：

　　（1）并联的单体之间能够自行进行电压平衡，保证各个单体的电压一致性，降低单个单体电压过高的风险；

　　（2）系统中平衡电路的工作节点减少，系统控制简单，工作效率高。

　　劣势在于：

　　（1）可靠性低，先并后串组态下的系统输出特性由特性最差的并联模组单元决定，若其中一组并联模组发生故障，则整套系统将无法工作；

　　（2）根据不同系统，需要重新设计开发，制造成本较高。

　　例如，北京地铁为目标用户的 750V 地铁车辆制动能量回收系统中的一个储能单元设计如下：

　　单体规格为 2.7V/7500F；连接方式为 5 并 300 串；储能容量为 125F；额定电压为 750V；最高电压为 780V；额定电流为 1000A。

　　先并后串系统与先串后并系统的区别在于，每并联的 5 个单体之间能够自行保持电压一致，均衡 5 个单体间的电压差，从而同样实现了系统所需总电压及电容量的输出。

　　由于 5 个并联单体之间的电压自平衡是自发的，没有能耗，所以此连接方式能够有效地降低该部分控制管理的耗能，进而提高储能系统的能量利用率。

　　先并后串系统的能源利用效果如图 4-7 所示，通过超级电容储能柜系统，从 375V 开始吸收制动能量至 750V 停止，从 750V 开始车辆牵引释放能量至 375V，如此往复 3 次，测得的平均值为：吸收能量 7.936kW·h，释放能量平均 6.8996kW·h，总的能量利用率约 86.94%。

　　系统能够达到以上效果的根本原因在于平衡各个单元的电压时耗费功率的降低，这一点从系统温升情况测试结果可以得到验证。

　　在额定电压及额定电流工况下，持续运行系统直至温升稳定，采用高精度温度监控器监测系统及各重要部件的温升情况，并与环境温度进行对比，结果如图 4-8 和图 4-9 所示，由图可知，重要部件及系统的温升控制在 40℃ 以内，表明系统内部的损耗得到了有效抑制。

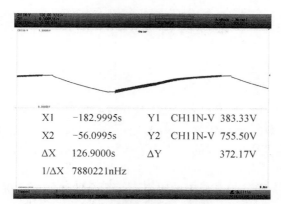

X1	−182.9995s	Y1　CH11N-V	383.33V
X2	−56.0995s	Y2　CH11N-V	755.50V
ΔX	126.9000s	ΔY	372.17V
1/ΔX	7880221nHz		

图 4-7　先并后串系统吸收与释放能量的曲线

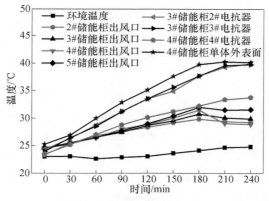

图 4-8　系统温升情况

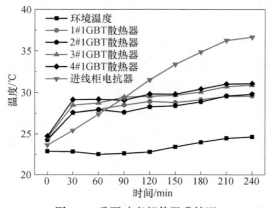

图 4-9　重要功率部件温升情况

　　在工程实际设计中，多以先并后串的方式设计电路，这种方式的优点大于先串后并，系统的整体可靠性高。

4.2.5　混合串并联使用

　　对于需要高能量密度的储能系统，先并后串具有一定的优势，但也存在着考验双电层电容器单体性能稳定性的风险。在某些对安全性或系统稳定性要求较高的领域，采取混合使用串并联的方式成为一种新兴的设计思路。

　　案例分析：前述为北京地铁设计的 5 并 300 串系统，如果从 5 个并联支路中提出 1～2 个支路先进行先并后串的组合后与剩余的储能单元进行并联，则可以获得 1＋2＋2、1＋4、1＋1＋3、2＋3 四种混合组合方案。

　　这四种衍生出来的系统解决方案同样能满足应用需求，在略微增加能耗的基础上，如果系统中出现某一支路故障，另一个支路依旧能够正常工作，在此状况下也能保障系统功能正常运行，避免出现停机的重大事故。

4.2.6　电容器与电池混合组态

　　双电层电容器具有功率密度大的优点，而电池储能器件通常具有很高的能量密度。将两者进行混合的储能系统组态，则可获得兼具高功率密度和高能量密度的储能装置。对于储能系统在部分既有功率要求，又有能量要求的应用领域，其中一种解决方案是：双电层电容器与电池搭配使用，电容器的存在能最大限度地减少电池系统的输出功率，避免大电流放电对电池寿命的影响，而电池的存在也为系统续航能力提供了保障。其优势在于：①输出功率大；②温度特性好，可在低温严寒地区直接输出大功率电能；③使用寿命长，双电层电容器设计使用寿命为 10 年，在这种情况下电池的使用寿命也被提高至理想水平。

　　应用案例：长久以来铅酸蓄电池一直作为内燃机车启动的唯一动力源，受制于其大功率下的寿命问题，内燃机车不能频繁启停，因此在低功率工作模式下，内燃机将长时间处于怠速状态，浪费了大量的燃油。

　　纯铅酸蓄电池启动时的电池输出电压及输出电流波形如图 4-10 和图 4-11 所示，车辆启动瞬间电池的电压（均方根有效值）由原来的 99V 跌落至 65.39V，跌落了 33.95%，最低瞬时电压为 47.8V，跌落了 51.72%，铅酸蓄电池处于过度放电状态。

　　将双电层电容器与电池组合作为启动供电系统，能够降低机车启动时铅酸蓄电池的输出功率，避免大电流放电对电池的损伤，提高电池的使用寿命，缩短发动机启动的时间，降低内燃机车启动供电系统的维护时间及成本。

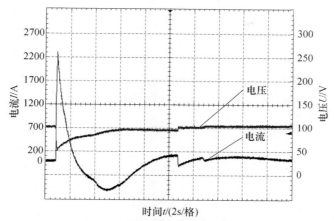

图 4-10 车辆启动时示波器捕捉纯铅酸蓄电池储能系统的输出电压和电流波形

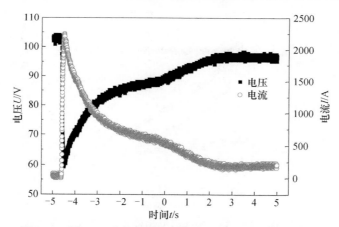

图 4-11 图 4-10 中铅酸蓄电池放电开始至放电停止波形

对比双电层电容器组与铅酸蓄电池组合系统启动内燃机的功率输出情况如图 4-12 和图 4-13 所示，此系统具有以下显著效果：

（1）启动时间（从静止至爆发）由原来的 1.604s，缩短到 1.060s，缩短了 33.92%；

（2）启动时，电压（均方根有效值）由原来的 99V 跌落至 82.62V，跌落了 16.55%，最低瞬时电压为 74.80V，跌落了 24.44%，电压相对纯铅酸蓄电池启动时跌落比明显降低，有效抑制了铅酸蓄电池的过放电；

（3）铅酸蓄电池的放电峰值电流由 2300A 降低至 1130A，降低了 50.87%；

（4）铅酸蓄电池放电电流均方根有效值由 1085.2A 降低至 419.5A，降低了 61.34%，从电流角度来说，明显降低了电池放电时的损耗，延长了铅酸蓄电池的寿命。

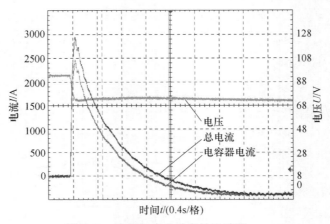

图 4-12　内燃机启动功率输出波形

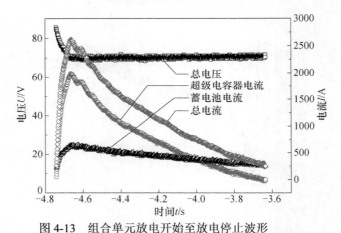

图 4-13　组合单元放电开始至放电停止波形

4.3　双电层电容器系统的电压控制

4.3.1　电容器间电压不平衡的原因

　　由于双电层电容器的制造装备、工艺水平等因素限制，市场上的双电层电容器的容量分散度为-10%～+20%。双电层电容器两端电压随充电电荷的积累而上升，随放电而下降，容量不均及漏电差异会导致充放电过程中的单体电压不均衡，进而导致系统中各个电容器的输出功率不一致。随着充放电次数的不断增加，系统内的各个电容器单体会发生不一致的参数衰减现象，这必然导致各单体端电压越来越不均衡，个别单体会提前失效，并引发一系列连续失效现象的发生，最终系统整体失效。

依据双电层电容器的寿命计算公式，双电层电容器的工作电压每升高 0.1V，寿命缩短约 1/3。因此，电容器间的电压平衡控制直接关系到电容器的使用寿命与系统的可靠性。

4.3.2　电压均衡控制技术

为了尽可能地保证储能系统中电容器工作环境的一致性，从而优化系统性能，提高装置寿命，系统集成会引入双电层电容器管理系统，该系统的关键任务是确保各个并联电容器间的输出电压保持相对平衡。

目前，双电层电容器电压均衡控制技术主要有稳压管法、开关电阻法、DC/DC 变换器法、带隔离变压器的 DC/DC 变换器法、单飞渡电容器电压均衡法、多飞渡电容器电压均衡法、平均值电感储能电压均衡法、相邻比较式电感储能电压均衡法等[3-7]。根据电容器能量耗散方式的不同，可以将已有方案分为两类：耗能型均衡方案和节能型均衡方案。

4.3.3　耗能型均衡方案

耗能型均衡方案在电容器电压平衡过程中，通常将平衡下来的电能直接以热能形式释放。耗能型均衡方案包括稳压管法和开关电阻法。

1. 稳压管法

稳压管法如图 4-14 所示，该电路的工作原理如下：稳压二极管反相击穿时，其输出端表现出稳压特性，可近似认为是一个恒压源。将稳压二极管与双电层电容器并联后，再进行串联，利用稳压二极管的恒压特性，保证双电层电容器充电时各个串联电容器的电压保持一致。

稳压管方案电路结构简单，但在实际系统中并不常见。原因在于：

（1）该方案在所有电容器的电压均高于稳压二极管的反相击穿电压的条件下工作，而实际应用中，电容器电压是在一个较大的区间内变化，因此工作条件难以得到满足；

（2）稳压二极管反相击穿电压的分散性很差，同一型号的稳压二极管的反相击穿电压存在较大偏差，因此稳压管法在应用中存在较多的限制条件。

2. 开关电阻法

将图 4-14 所示稳压管法中的稳压二极管替换成放电电阻与功率开关串联的形式，即可得到开关电阻法，如图 4-15 所示。该方案下，储能管理系统对于每一个电容器两端的电压进行实时轮询检测，并将检测结果进行比较，得到最高的电容器电压 U_{max}，对应的电容器编号为 x，然后闭合电容器 x 所对应的功率开关，使其放电，当电压降低至各个单体的平均电压时，断开功率开关，如此反复，可确保各个串联单体间的电压保持平衡。该方案解决了稳压管法受工作条件限制的问题，工作可靠性高，稳压效果好。但是，为平衡串联单体间的电压，该方案将较多的系统能量损耗在放电电阻上，引起电能的浪费以及系统温升偏高等问题。此类均衡技术推荐应用在充电功率较低的领域，如车辆启停技术领域、风力变桨技术领域等。

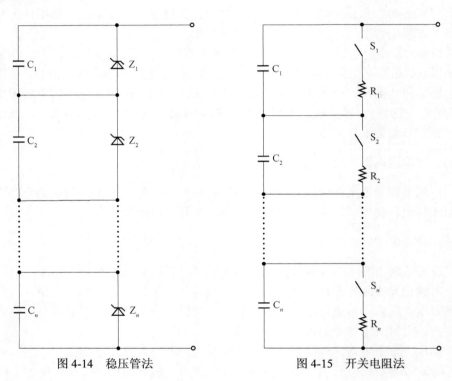

图 4-14　稳压管法　　　　　　　　图 4-15　开关电阻法

上述两种方案的局限在于：电容器单体间的电压调整是通过电容器对外放电的形式实现的，这会导致储能管理系统的整体损耗偏高，同时会给系统的散热设计增加额外的负担。

4.3.4　节能型均衡方案

本节主要介绍几种电容器间电压平衡方法，此类方法通常将高电压电容器单体的能量直接向低电压的电容器单体转移，从而有效避免系统损耗偏高的问题。此类方案通常利用电力电子技术中的 DC/DC 变换器，实现电能在电容器单体间的转移，从而平衡各个电容器单体间的电压。根据电力电子电路拓扑中是否存在电气隔离，电容平衡方法可分为非隔离型 DC/DC 变换器法及隔离型 DC/DC 变换器法。

1. 非隔离型 DC/DC 变换器法

非隔离型 DC/DC 变换器法是利用非隔离型 DC/DC 拓扑进行超级电容器的能量转移。通过分析可知，超级电容器储能系统中，电容器单体的节点以串联的形式进行组合，因此相邻节点的电容器单体的正极必然与另一个单体的负极直接相连。若需要在相邻节点间转移能量，那么对应的非隔离型拓扑结构必然是输出极性与输入极性相反的电路结构。

在电力电子基本拓扑中，最典型的电路是 Buck_Boost 电路，如图 4-16 所示，该电路是能量可双向流动的电路。以 C_1 向 C_2 传输能量的过程为例，该电路的工作原理如下。

（1）电路模式 1：开关管 S_1 开通，开关管 S_2 关闭。C_1 对电感 L_1 充电，C_1 的电压下降。此时，C_2 电压保持不变。

（2）电路模式 2：开关管 S_1 关闭，开关管 S_2 关闭。C_1 的电压保持不变。此时开关管 S_2 的反并二极管开通，电感 L_1 的能量对电容器 C_2 进行充电。

电路在模式 1 和模式 2 之间不断切换。

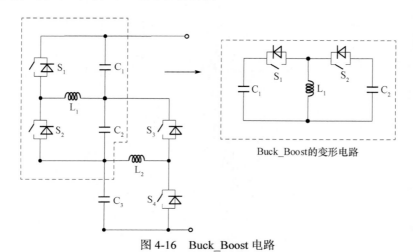

Buck_Boost的变形电路

图 4-16　Buck_Boost 电路

同理，将开关管 S_1 和 S_2 的动作时序进行调换，即可实现 C_2 向 C_1 传输能量。

该方案的优点在于：电路既可以工作在升压模式，也可以工作在降压模式。因此，该方法可以有效调节相邻电容器单体间的电压，使之达到平衡状态。

但是，该方案中使用的功率器件是开关电阻法的 2 倍，电路的成本较高。

2. 隔离型 DC/DC 变换器法

隔离型 DC/DC 变换器法又称高频隔离型 DC/DC 变换器法，也是利用理想条件下变压器副边匝比相同时输出电压相等的特性，平衡电容器单体间的电压。常见的两种方案为正激电路方案和反激电路方案，分别如图 4-17 和图 4-18 所示。

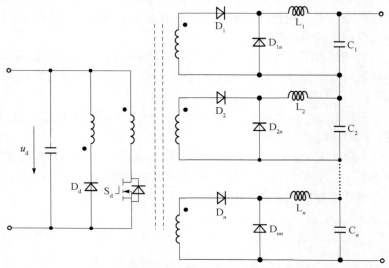

图 4-17　正激式变换器电压均衡电路方案

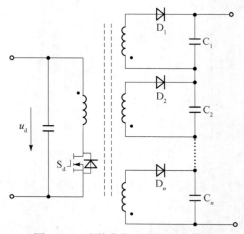

图 4-18　反激式电压均衡电路方案

1）正激电路方案

正激电路的变压器原边输入电压 u_d 为外部直流源，或者为电容储能系统的总电压。其工作原理也有两种模式。

（1）电路模式 1。变压器原边的开关管 S_d 导通。此时，变压器副边输出正电压，二极管 D_1、D_2、D_n 导通，二极管 D_{1n}、D_{2n}、D_{nn} 关断。电流通过电感 L_1、L_2、L_n，对副边的电容器 C_1、C_2、C_n 充电。

（2）电路模式 2。变压器原边的开关管 S_d 关闭。此时，变压器副边输出负电压，二极管 D_1、D_2、D_n 关断，二极管 D_{1n}、D_{2n}、D_{nn} 导通。副边的电感 L_1、L_2、L_n 进行续流，对副边的电容器 C_1、C_2、C_n 继续充电。同时，原边的二极管 D_d 开通，对原边的绕组进行退磁。

电路在模式 1 和模式 2 之间不断切换。

若将副边的二极管 D_1、D_2、D_n 替换成开关管，即可实现对副边电容器的选择性充电，从而对低电量的超级电容器单体进行电量补充，最终达到均衡效果。

2）反激电路方案

反激电路的工作原理同样有两种模式。

（1）电路模式 1。开关管 S_d 导通，输入电压源 u_d 对原边绕组进行充电；副边输出电压为负，二极管 D_1、D_2、D_n 关断。副边电容器 C_1、C_2、C_n 的电压保持不变。

（2）电路模式 2。开关管 S_d 关闭，副边输出电压被箝位为正，二极管 D_1、D_2、D_n 导通。原边向副边电容器 C_1、C_2、C_n 传输能量。

电路在模式 1 和模式 2 之间不断切换。

3）正、反激电路方案的特征

正、反激电路两种方案的共同点在于每一个电容器单体都与一个变压器绕组和二极管并联，由变压器原边向副边补充能量。与非隔离型的方案相比，这两种方案的优点是只需要一个电路即可实现均压控制，控制方案简单。缺点在于这两个高频隔离方案中能量只能由变压器原边向副边传递，即只能向超级电容器充电，而不能放电。因此，为了使电容器单体间电压保持平衡，系统的整体电压容易偏高。且正激电路方案和反激电路方案的磁路复杂，体积较大，绕组不易扩充，均衡误差大。

3. 飞渡电容器电压均衡法

飞渡电容器电压均衡法基于电能能够从高电压电容器向低电压电容器自然传递这一特性，构造中间储能单元。该单元不断地分别与高电压电容器和低电压电容器并联，电能就会在这三个电容器之间不停传递，直到三个电容器电压相等，如图 4-19 所示。

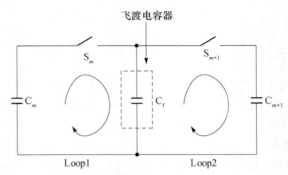

图 4-19　多飞渡电容器电压均衡电路工作原理

1）飞渡电容器电压均衡法的电路工作原理

（1）电路模式 1。开关管 S_m 开通，开关管 S_{m+1} 关断。电容器 C_m 与 C_f 并联，$u_{C_m} = u_{C_f}$。

（2）电路模式 2。开关管 S_m 关断，开关管 S_{m+1} 开通。电容器 C_{m+1} 与 C_f 并联，$u_{C_{m+1}} = u_{C_f}$。

电路在模式 1 和模式 2 之间不断切换，最终使得 C_m 与 C_{m+1} 的电压保持基本相同。

该方案可以有两种具体的实现方法：单飞渡电容器电压均衡法和多飞渡电容器电压均衡法。

2）单飞渡电容器电压均衡法

单飞渡电容器电压均衡法比较简单，中间电容器 C_f 不停地分别与超级电容器单体 $C_1 \sim C_n$ 进行并联，最终达到电容器单体的稳态电压平衡，即 $u_{C_1} = u_{C_2} = u_{C_n}$，如图 4-20 所示。

但是，由于只存在 1 个中间电容器，对电路进行一次均衡循环需要 n 个开关动作周期。因此该方案的均衡效率很低。

3）多飞渡电容器电压均衡法

多飞渡电容器电压均衡法方案构造了 $n-1$ 个中间电容器（图 4-21），其工作机理如下。

（1）电路模式 1。开关 S_1、S_2、S_n 向上导通，$u_{C_{f1}} = u_{C_1}$，$u_{C_{f2}} = u_{C_2}$，$u_{C_{fn}} = u_{C_{n-1}}$。

（2）电路模式 2。开关 S_1、S_2、S_n 向下导通，$u_{C_{f1}} = u_{C_2}$，$u_{C_{f2}} = u_{C_3}$，$u_{C_{fn-1}} = u_{C_n}$。

电路在模式 1 和模式 2 之间不断切换，最终使得 $u_{C_1} = u_{C_2} = u_{C_n}$，即系统内所有电容器单体实现均压。

由于飞渡电容器电压均衡法在方案中构造了开关电容器结构，当两个不同电压的电容器直接并联时，会有巨大的电流产生，可能引起功率开关的失效，导致系统故障。因此，需要减小中间电容器 C_f 的电容值。而 C_f 的电容值太小会引起电压平衡速度偏慢，所以中间电容器电容值的选取是本方案设计的关键。

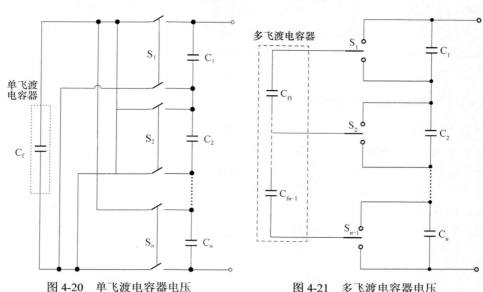

图 4-20　单飞渡电容器电压　　　　　图 4-21　多飞渡电容器电压
均衡电路结构　　　　　　　　均衡法的电路结构

4.4　双电层电容器系统的热管理

双电层电容器的寿命不仅与充放电次数和充电深度有关，还与工作电压和工作温度有关，工作温度每升高 10℃，寿命缩短约 50%，工作电压每升高 0.1V，寿命缩短约 1/3[8]。因此，温度的监控管理也是电容器使用过程中的重要集成技术。

温度控制的重要途径有两种：降低发热源的发热量和优化系统的散热条件。

4.4.1　双电层电容器的温度影响因素

从 4.1.3 节改进的串联 RC 电路模型（图 4-2）中可以看到，双电层电容器存在两项主要的发热源，即 ESR 和 EPR。其中，ESR 的发热与双电层电容器的充放电功率相关，相对应的发热量 $Q = \int I_{ch}^2 R_{ESR} \, \mathrm{d}t \cdot f_s$，式中 I_{ch} 是双电层电容器的充放电电流，积分项表示单次充放电产生的热量，f_s 表示充放电频率。从表达式中可以看出，ESR 上的发热与充放电电流的平方成正比，充电电流越大，电容器发热量越大；另外，该发热量与充放电频率成正比，充放电频率越高，电容器发热量越大。该表达式更重要的推论在于：发热量随着 ESR 阻值的上升而增加，即当双电层电容器发生老化，ESR 上升后，电容器的发热量也会增加，进而使电容器的寿命降低速度加快。因此，若不能有效控制电容器的工作温度，双电层电容器的使用寿命将会严重受损，所以双电层电容器的储能系统需要热管理。

因为双电层电容器的漏电流非常小，通常在毫安级以下，所以 EPR 的发热量相对较小，且不会随着工况的改变而发生显著变化，这部分的发热可以忽略不计。

4.4.2　双电层电容器的热管理

为了根据双电层电容器的温度特性对其进行热管理设计，本节将模拟实际工况对双电层电容器的温度特性进行测试，测试结果见图 4-22。24 个 2.7V/7500F 双电层电容器串联组成模组，分别进行 400A 充电以及 50A 放电实验。每一排电容器模组中间一个单体的最高温度点（前期实验获得）安装温度采样探头（按 1～6 号逐渐靠近风扇，风扇风向为向模组外抽风），记录每一次充放电结束后的温度（室温恒定在 15.5℃）。当温度采样探头温度上升至 30℃时，开启风扇。继续记录温度，直到温度趋向稳定，实验结束。

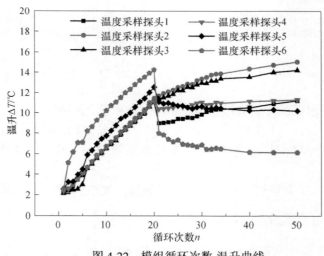

图 4-22　模组循环次数-温升曲线

从图 4-22 中可以看出，随着实验的进行，模组内部单体的温度逐渐升高，在进行到 50 个循环后，模组温升基本稳定。实验过程中的模组内部单体温升有差异，模组中部的单体温升较高，两端的单体温升较低，温升最高为 15℃，温升最低为 6℃。在轴流风扇开启后模组两端的单体温升有所下降，模组中部的单体温度下降不明显。作为车载双电层电容器系统，该模组的温升较高，所以在整车的设计中，双电层电容器储能系统的散热还需加设空调尾排散热，使模组温升进一步降低，以保证双电层电容器系统的性能和寿命。总之，系统的温度控制即热管理至关重要。实验表明，通过有效合理的热管理设计，可以优化系统的散热条件，降低双电层电容器的工作温度。降温可通过风冷、水冷等方式进行。

4.5 双电层电容器的管理系统

在双电层电容器储能系统中，除了需要对电压和温度进行管控，电容器管理系统还需要对双电层电容器系统进行综合管理，从而最大限度地发挥双电层电容器的储能优势，并保证系统的工作可靠性。

双电层电容器的应用过程中，需要双电层电容器管理系统（capacitor management system，CMS）对储能系统的运行状况、单体电压、温度等信息进行管理和反馈控制。CMS 获取的实验数据通常较多，是一个数据采集、反馈、分析处理、控制等一系列功能的集成，需要良好的管理平台支撑各个功能的运行。CMS 的作用主要包括：

（1）检测并均衡每个双电层电容器、储能单元的电压，使其在正常工作电压范围内均衡地工作；

（2）检测储能系统各部位温度并控制冷却系统工作，使电容器在合适的温度范围内工作；

（3）提供电压、温度的多级预警和过压、过热保护输出；

（4）对电容器的电容量、内阻进行监测，提供硬件自诊断服务；

（5）提供总线通信功能，便于与应用系统协调工作；

（6）提供远程监控服务，方便用户及时、全面地了解储能系统的状态。

CMS 能实时采集电容器充放电状态，包含电容器单体电压、系统总电压、系统总电流以及模块温度等，可实时监控电容器充放电状态下的过流、过压，并进行输出报警和信号控制；具有储能状态监控功能，系统可在线采集电流、电压等参数，通过控制器局域网络（CAN）传送到控制器；能实现模块温度控制功能，通常模块温度上升至设定温度 35℃时，发出散热信号，下降至设定温度时，撤销散热信号，上升至 55℃时，发出一般报警信号，上升至 60℃时，发出严重报警信号，控制器将发出停止运行命令。由于各个厂商的双电层电容器的参数以及特性存在一定差异，双电层电容器厂商需要根据产品的实用工况以及参数设计来设定 CMS 的控制参数。除了实现上述一些功能，CMS 在设计时还应充分考虑设备的兼容性、高安全性、低能耗特性、良好的人-机和机-机交互性。CMS 硬件设计还应注重可维修性和小型化，方便检修且有利于减小系统体积。

4.6　双电层电容器的失效实验

引起双电层电容器失效的原因是多种多样的，其材料、结构、制造工艺、使用环境及方法不同，相应的失效机理也不尽相同。引起双电层电容器失效的常见原因可以总结为以下四种：过压、过流、断路和短路。

4.6.1　过压

1. 过压失效机理

当双电层电容器工作电压超过其额定电压时，电容器内的电解液会因电压超过其氧化还原电位窗口，从而分解并产生气体，电压越高则反应越快。内部产生的气体会使电容器性能下降，例如，气体不能及时排出，会不断累积，导致电容器内部压力超过其安全结构上限，使其产生鼓壳、爆裂现象。

2. 验证实验

1）实验 A

将同一型号、同一批次额定电压为 2.7V/3000F 的两个样品放置在 65℃ 烘箱内，用 100A DC 恒流将样品 A 充电至 2.7V 后，转为恒压充电并持续 168h。用 100A DC 恒流将样品 B 充电至 2.9V 后，转为恒压充电并持续 168h，实验结束后将两个样品从烘箱中取出，静置 24h 后，测试样品的容量和内阻。以此重复共进行 9 轮实验，使样品稳压时间达到 1500h。观察样品测试过程中的状态并对每个阶段样品的检测数据进行比较。如图 4-23 所示，随着电压的升高，样品 B 的容量衰减和内阻上升明显高于样品 A，说明超电压使用会加速其寿命衰减。

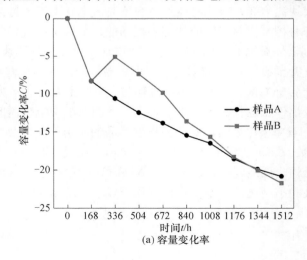

(a) 容量变化率

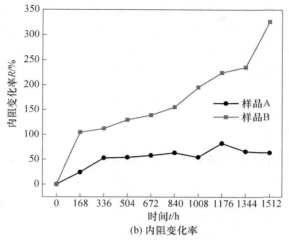

(b) 内阻变化率

图 4-23　样品容量变化率和内阻变化率示意图

2）实验 B

在 25℃和 65℃环境下，用 100A DC 恒定电流将同一型号、同一批次额定电压为 2.7V/3000F 的样品 C 和 D 充电至 5V，并稳压 30min，实验期间观察样品状态。

在 25℃环境下，样品 C 充电至 3.85V 后电压停止上升（在 3.80～3.87V 波动），且样品温度持续升高（电流仍为 100A），持续充电 54s 后样品防爆槽自动爆开，电解液流出，样品未发生爆炸和燃烧，具体如图 4-24（a）所示。

在 65℃环境下，样品 D 充电至 3.73V 后电压停止上升（在 3.70～3.75V 波动），且样品温度持续升高（电流仍为 100A），持续充电 53s 后样品防爆槽自动爆开，电解液流出，样品未发生爆炸和燃烧，具体如图 4-24（b）所示。

(a) 样品 C　　　　　　　　　　　(b) 样品 D

图 4-24　样品 C 和 D 实验后外观图

综上所述，双电层电容器长期处在 2.9V 过压状态下，将会使其容量快速衰减、内阻持续且较快地增长，从而严重影响其使用寿命，且当其使用电压超过一定数值（＞3.70V）时，电解液快速分解，内部压力增大会使其按设计时的防爆要求发生定向爆裂，从而释放内部压力，电容器无燃烧及爆炸现象发生。

4.6.2　过流

1. 过流失效机理

双电层电容器的工作电流超过其额定电流，虽然电容器的内阻很小，但是因为持续循环充放电，电容器还是会产生大量的热量，如热量不能及时散出，将使电容器的温度超出其使用温度上限，不仅会使寿命迅速下降，还会使其内部压力增大，从而产生鼓壳、爆裂现象。

2. 验证实验

用 12 个同一型号、同一批次额定电流为 200A 的 2.7V/7500F 双电层电容器单体串联组成两套 16V 模组样品 A 和 B；将模组放入防爆箱内，不做任何散热处理。对样品 A 和 B 分别以 300A 和 400A 进行恒流充电至 16V，再以相同的电流放电至 5V，循环往复，直至样品发生减压阀喷液实验停止，实验期间观察单体状态。

样品 A 在经过 300A 电流充放电循环 134 次后，模组内 6 个单体减压阀处大量电解液漏出，具体情况如图 4-25 所示。

 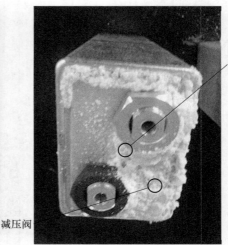

　　　　(a) A整体外观　　　　　　　　　　　　　(b) A中单体外观

图 4-25　实验后样品 A 整体外观和 A 中单体外观

样品 B 在经过 400A 电流充放电循环 77 次后，模组内 6 个单体减压阀处大量电解液漏出，具体情况如图 4-26 所示。

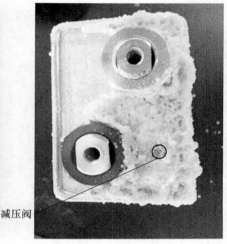

减压阀

(a) B 整体外观　　　　　　　　　　　　　(b) B 中单体外观

图 4-26　实验后样品 B 整体外观和 B 中单体外观

样品经大电流充放电后，内部温度急速升高，压力增大。在压力达到一定数值后，减压阀会自动开启，将单体内气体及电解液排出，单体未发生爆裂或燃烧的现象。所以，过流情况下，要进行必要的散热措施以避免内部压力急速上升。

4.6.3　断路

1. 断路失效机理

双电层电容器因外部影响或自身原因会造成内部断路，如电容器电极集流体的断裂或引流端子与电极集流体的脱落等。根据内部断路的程度不同，电容器性能会产生不同程度的下降，如容量降低、损耗增大等，严重的会造成电容器完全开路失效。

2. 验证实验

选取 4 个极耳断裂程度不同、同一型号的 2.7V/9500F 双电层电容器样品如图 4-27 所示，分别为正极极耳全断裂（图 4-27（a））、正极极耳半断裂（图 4-27（b））、负极极耳全断裂（图 4-27（c））、负极极耳半断裂（图 4-27（d）），与 12 个正常单体组成一套 2 并 8 串 20V 模组，问题样品的位置如图 4-28 所示。将模组放置于恒温 20℃环境内，以 400A 电流将模组充电至 20V 后，再以 100A 电流将模组放电至 8V，按此循环 5 次，记录实验期间单体的电压及温度变化情况。

(a) 正极极耳全断裂　　(b) 正极极耳半断裂　　(c) 负极极耳全断裂　　(d) 负极极耳半断裂

图 4-27　断路验证实验样品

极耳断裂单体及正常单体容量、内阻数据如表 4-2 所示。

表 4-2　极耳断裂单体及正常单体容量、内阻数据

单体编号	负极全断裂	负极半断裂	正极全断裂	正极半断裂	正常单体
容量 C/F	6112	6702	8191	8320	9584
内阻 R/mΩ	1.39	0.265	0.968	0.177	0.168

按图 4-28 所示单体分布组成模组及连接入测试电路。模组运行时监测点单体电压及温度数据如表 4-3 所示。

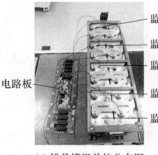

监测点5：负极半断裂
监测点4：负极全断裂
监测点3：正常单体
监测点2：正极半断裂
监测点1：正极全断裂
电路板

(a) 样品模组单体分布图　　　　　　　　　(b) 测试电路接入图

图 4-28　样品模组单体分布图及测试电路接入图

表 4-3　模组运行时监测点单体电压及温度数据

监测点	模组电压为 20V		模组电压为 8V	
	电压 U/V	温度 t/℃	电压 U/V	温度 t/℃
1	2.529	23.2	1.076	23.4
2	2.544	23.4	1.132	23.7
3	2.273	21.7	0.858	21.9
4	2.871	25.8	1.383	26.1
5	2.810	25.7	1.331	25.9

注：极耳即使全断裂，因为虚接也有容量及内阻，只不过容量偏小，内阻增大。

通过实验可以得出，出现内部断路的电容器主要异常表现为电容量降低、内阻增大，而模组内若出现断路的单体，将会造成模组内单体间压差异常，且随着运行时间的延长，压差会不断增大，不仅会严重影响单体的使用寿命，还会使模组的电路板一直处于工作状态，有被烧毁的隐患。

4.6.4　短路

1. 短路失效机理

短路失效机理是指双电层电容器因自身缺陷（如隔膜被刺穿或绝缘垫失效）造成内部正负极短路或因外力造成外接电路短路。短路程度的不同，会使电容器性能产生不同程度的下降（如漏电流增大、损耗增大等），严重的会造成短路的电容器无法正常充放电，进而使模组内的所有单体处于非正常工作状态。

2. 验证实验

用 6 个同一型号、同一批次额定电流为 200A 的 2.7V/7500F 双电层电容器单体串联组成一套 16V 模组样品，用一根截面积为 2mm² 的铜芯线连接其中一个单体的正负极，使其短路（图 4-29），用 200A 电流将样品充电至 16V 后，用 200A 电流将样品放电至 5V，充放电循环 5 次，记录实验期间样品中单体的电压变化情况。

监测点1　监测点2　监测点3　监测点4

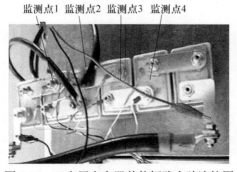

图 4-29　双电层电容器单体短路实验连接图

验证实验数据如表 4-4 所示。

表 4-4　验证实验数据（单位：V）

序号	模组电压	监测点 1 电压	监测点 2 电压	监测点 3 电压	监测点 4 电压
1	16.149	3.02	1.277	2.902	2.916
2	5.071	1.348	-1.122	1.118	1.206

当模组中某个单体电容器出现半短路状态时（若为短路状态，则连接线的载流能力不够），模组还进行充放电，会造成模组充电时其他单体电容器处于过充电状态，模组放电时短路单体电容器处于过放电状态，从而严重影响单体使用寿命。

参 考 文 献

[1]　李海东. 超级电容器模块化技术的研究[D]. 北京：中国科学院博士学位论文，2006.

[2]　盖晓东，杨世彦，雷磊，等. 改进的超级电容建模方法及应用[J]. 北京航空航天大学学报，2010, 36(2): 172-175.

[3]　何春光. 超级电容器储能装置仿真建模及其应用研究[D]. 长沙：湖南大学硕士学位论文，2013.

[4]　张彬. 超级电容器串并联技术的研究[D]. 北京：华北电力大学硕士学位论文，2010.

[5]　王东. 超级电容器储能系统电压均衡的研究[D]. 大连：大连理工大学硕士学位论文，2008.

[6]　李海冬，冯之钺，齐智平. 一种新颖的串联超级电容器组的电压均衡方法[J]. 电源技术，2006, 30(6): 499-503.

[7]　张莉，吴延平，李琛，等. 基于超级电容器储能系统的均压放电控制策略[J]. 电工技术学报，2014, 29(4): 329-333.

[8]　阮殿波，王成扬，聂加发. 动力型超级电容器应用研发[J]. 电力机车与城轨车辆，2012, 35(5): 16-20.

第5章 双电层电容器的市场应用

超级电容器自诞生以来短短几十年时间，以其充放电速度快、功率密度大等优点，获得了快速发展，目前已成为最具市场应用前景的储能装置之一。其常见的应用领域包括消费电子、后备电源、可再生能源发电系统、轨道交通、军事装备、航空航天等[1]。

超级电容器工业产品已日趋成熟，其中以双电层电容器的工艺技术最为成熟。随着生产工艺的不断进步及成本不断下降，其应用范围也不断扩展。在这些应用中，超级电容器均展示了其独特优越的性能，尤其是超长的充放电寿命[2]。

目前，超级电容器的主要研究国家包括中国、日本、韩国、美国、法国、德国等。从制造规模和技术水平来看，美国及亚洲处于暂时领先的地位。目前，国外超级电容器生产商主要包括 Maxwell、Nesscap、LS Mtron、Ioxus、Cap-XX、ELIT、ESMA、Saft、Nichicon、NCC、Panasonic 等。国内生产商主要包括宁波中车新能源、深圳今朝时代、北京集星、上海奥威、北京合众汇能、锦州凯美、湖南耐普恩、天津力神等。

5.1 主要生产商

5.1.1 国外超级电容器主要生产商

1. Maxwell 公司及其产品介绍

Maxwell 公司成立于 1965 年，总部位于美国加利福尼亚州，其主要产品包括超级电容器、微电子产品、高压电容器三大类。

Maxwell 的超级电容器产品主要包括单体和模组产品两大类别，其中单体产品主要包括 TC10 系列、H 系列、D cell 系列、K 系列等，模组产品主要包括 16V、48V、56V、75V、125V 等。其产品主要应用于风能、汽车、后备电源、交通、起重设备等领域。

2. Nesscap 公司及其产品介绍

Nesscap 公司成立于 1999 年，总部位于韩国 Yongin 市，在加拿大、德国、美国分别设有分公司。Nesscap 公司仅生产超级电容器，主要应用于一般消费、工业、交通等领域。Nesscap 公司的超级电容器产品主要包括双电层电容器单体、准电容电容器单体和双电层电容器模组产品三大类别。每个类别中又按照产品形状及容量大小进行细分，双电层电容器单体的规格主要包括圆柱型及方型超级电容器，容量从 5F 至 6200F 不等。模组产品主要包括 16V、48V、64V、86V、125V 等。

3. LS Mtron 公司及其产品介绍

LS Mtron 公司成立于 2008 年 7 月，总部位于韩国 Anyang 市。其产品主要面向机械产业、零部件产业。

LS Mtron 公司超级电容器产品主要包括乙腈系电容器单体、碳酸丙烯酯系电容器单体和混合系电容器单体、模组产品四大类别。乙腈系电容器单体规格从 100F 至 3000F 不等，碳酸丙烯酯系电容器单体规格从 110F 至 2800F 不等，混合系电容器单体规格从 220F 至 5400F 不等，模组产品主要规格包括 41.6F、58.3F、93.7F、166.6F、250F、500F 等。LS Mtron 公司超级电容器产品主要应用于混合动力汽车、燃料电池电动汽车、消费电子、短时 UPS（不间断电源）、风力变桨控制系统、后备电源、机器人内存备份等方面。

4. Ioxus 公司及其产品介绍

Ioxus 公司总部设在美国纽约州奥尼昂塔市，主要产品包括 iCAP 型超级电容器单体（容量从 100F 至 3000F 不等）、iMOD 型模组（主要包括 16V、48V、80V、162V 等产品）、THiNPAC 型软包式单体（容量分别为 455F、1245F）。这些产品主要应用于运输、代用能源、医疗、工业和消费类产品市场。

5. NCC 公司及其产品介绍

Nippon Chemi-Con（NCC）公司，即日本贵弥功株式会社（日本国内称黑金刚），成立于 1931 年，总部位于日本东京，是目前全球最大的铝电解电容器生产厂商。其生产的铝电解电容器的全球市场占有率名列首位。该公司以开发铝电解电容器过程中所积累的技术为基础，逐步扩大事业范围，其产品还包括叠层陶瓷电容器、薄膜电容器、陶瓷扼流圈、电回路结构零件等，甚至还涉足光电子机械领域。近年来，其开发的大容量型电气双电层电容器和采用新结构的导电性高分子也备受关注。

NCC 公司主要产品包括铝电解电容器、多层陶瓷电容器、薄膜电容器、陶瓷压敏电阻器、非晶扼流线圈、双电层电容器等。其中超级电容器产品主要包括 DLE 系列（容量从 350F 至 2300F 不等）、DXE 系列单体（容量从 400F 至 1200F 不等）及模组（主要包括 15V 和 30V 产品）。

5.1.2　国内超级电容器主要生产商

1. 北京集星联合电子科技有限公司

北京集星联合电子科技有限公司（简称北京集星）是一家集超级电容器的研发和商业化应用于一体的企业，其主要产品包括超级电容器单体系列、模组系列及电容器管理系统。

其中超级电容器单体系列产品可分为纽扣式 SCC 系列（容量从 0.22F 至 1.5F 不等），小圆柱 SCV 系列（容量从 2.2F 至 50F 不等），能量型 SCE 系列（容量包括 100F、150F、360F、600F），大圆柱 SCP 系列（容量包括 650F、1200F、1500F、2000F、3000F、5000F），方型 SPP 系列（容量包括 300F、400F、650F、1200F、1500F、2000F、2400F、3000F）。

其产品应用领域主要包括风力发电机组变桨系统、UPS 后备电源系统、电动/混合动力汽车、轨道交通制动能量回收系统、重型机械、内燃机车启动系统、记忆存储设备、智能水表、电子玩具等。

2. 深圳今朝时代新能源技术有限公司

深圳今朝时代新能源技术有限公司（简称深圳今朝时代）成立于 2009 年，主要生产超级电容器单体及模组。单体系列产品包括 120F、350F、650F、1200F、1500F、2000F、3000F、4000F；模组产品主要包括用于混合动力汽车的 48V/165F 模组，用于风力发电的 90V/9.6F、85V/20.6F 模组，以及用于电力 DVR、UPS 的 80V/10.3F、30V/10F、16V/58F 模组。

其产品已批量使用于新能源汽车(电驱动与制动能量回馈系统)、风力发电(变桨系统后备电源)、电力（微电网/配电自动化）、军工（功率电源）等市场领域。

3. 上海奥威科技开发有限公司

上海奥威科技开发有限公司（简称上海奥威）成立于 1998 年，位于上海张江高科技园区，主要从事超级电容器产品的研发和生产。

其主要产品包括水系超级电容器及有机系超级电容器。水系超级电容器系列产品分为 1.5V/50000F 和 1.5V/80000F。其中 1.5V/50000F 产品可组成组件用于太阳能与风能等清洁能源的储能、UPS 后备电源系统等。1.5V/80000F 产品可组成组件用于纯电动城市客车动力牵引、混合动力客车动力辅助等。有机系超级电容器系列产品分为 2.7V/320F 和 2.7V/3500F。其产品还包括 HR5R5V474Z 型、MR5R5V474Z 型、DA5R5V104Z 型等小型双电层电容器。除了单体产品，其超级电容器系统产品主要包括超级电容器城市电动客车供电系统和"T 型"受电弓。

4. 天津力神电池股份有限公司

天津力神电池股份有限公司（简称天津力神）创立于 1997 年，专注于锂离子蓄电池的技术研发、生产和经营。产品包括圆（柱）型、方型、动力和聚合物电池以及光伏系统、超级电容器六大系列，应用范围涵盖个人电子消费产品、电动工具、交通运输和储能等领域。

其中超级电容器产品分为单体及模组系列。单体产品包括310F、350F两种类型，模组系列包括2.3F、5.8F、11.6F、19.4F、20.6F、24F、36F、155F、175F、210F 等。

5. 北京合众汇能科技有限公司

北京合众汇能科技有限公司（简称北京合众汇能）是一家从事先进能源技术和产品的研发、生产与销售的高科技企业，主要开发与生产 HCC 系列有机型双电层电容器。

HCC 系列有机型双电层电容器产品以卷绕圆柱型为主，兼顾方型、异型模组等多种超级电容器产品规格，标准单体产品的容量从 0.06F 到 10000F。模组系列产品包括 15V、30V、45V、60V、125V、250V、600V 等。

HCC 系列有机型双电层电容器产品可应用于电动/混合动力汽车、大功率短时供电电源、太阳能储能、风力发电机变桨系统/储能缓冲系统等领域。

6. 湖南耐普恩电能科技有限公司

湖南耐普恩电能科技有限公司（简称湖南耐普恩）成立于 2010 年，位于湖南省长沙市国家级经济开发区中部智谷产业园。公司主要从事超级电容器极片、超级电容器单体及模组的开发、生产和销售。

其产品主要包括超级电容器单体系列、模组系列及超级电容器系统系列产品。其中单体系列产品主要为 2.7V/650F、2.7V/1200F、2.7V/3000F，模组系列产品包括 16V、27V、48V，超级电容器系统系列产品主要为电梯用超级电容器节能与应急平层供电装置。其产品主要应用于新能源、工业、交通运输及军事领域。

7. 锦州凯美能源有限公司

锦州凯美能源有限公司（简称锦州凯美）位于辽宁省锦州市，是国内超级电容器的专业生产企业，主要从事超级电容器的开发、生产与销售。超级电容器产品主要包括单体及模组系列。其中单体系列产品可分为超级电容器 SE 系列（容量从 0.1F 至 5F 不等）、超级电容器 SP 系列（容量从 0.1F 至 400F 不等）和超级电容器 HP 系列（容量从 0.35F 至 3000F 不等）三类。模组系列产品主要为 MK-10.8V 系列。

其产品主要应用于绿色能源、汽车工业、交通运输、UPS 后备电源系统、消费电子、工业电子、电网储能、无线通信等领域。

8. 宁波中车新能源科技有限公司

宁波中车新能源科技有限公司（简称宁波中车新能源）成立于 2012 年，是由中国中车集团公司投资组建的控股子公司，主要从事超级电容器电极、超级电容器单体以及超级电容器储能系统的研发、制造和销售。

其主要产品包括 2.7V/3000F、2.7V/7500F、2.7V/9500F 及 3.0V/12000F 单体产品与 16～125V 系列标准模组，同时生产 2.8V/30000F 及 3.8V/60000F 混合超级电容器。市场应用覆盖轨道交通、电动汽车、风力发电、智能电网及军事应用等新兴产业。产品创新型应用于以超级电容器为主动力源的储能式现代有轨电车与超快充储能式无轨电车，实现了全程无网运行、能量高效循环利用。同时，其产品通过了中国兵器科学研究院 201 所的针刺、燃烧、挤压、冲击等安全性实验，并获得了 ISO 9001、TS 16949、IRIS 等体系认证资格证书。

5.2　在可再生能源领域的应用

双电层电容器在可再生能源领域的应用主要包括：风力发电变桨控制，提高风力发电稳定性、连续性，光伏发电的储能装置，以及与太阳能电池结合应用于路灯、交通指示灯等[3, 4]。由于可再生能源发电和电力系统中的发电设备输出功率具有不稳定性与不可预测性，利用双电层电容器可以对可再生能源系统起到瞬时功率补偿的作用，同时可以在发电中断时作为备用电源，以提高供电的稳定性和可靠性[5]。

5.2.1　在风力发电方面的应用

风力发电在电压、频率及相位控制上的难度，特别是电流的波动，使大规模风电并入常规电网时，易对现有电网产生巨大冲击，甚至出现严重的技术性障碍。因此，在风电并网过程中，需要对其进行稳压、稳频、稳相处理，达到现有电网的电力质量后才能并网使用。尽管如此，风电电流的大幅度波动对电网的冲击仍然难以平抑，必须利用大规模蓄电储能装置进行有效调节与控制，增加风电的稳定性。

双电层电容器在风力发电变桨距控制的应用原理是通过为变桨系统提供动力，实现桨距的调整。平时，由风机产生的电能输入充电机，充电机为双电层电容器储能电源充电，直至双电层电容器储能电源达到额定电压。当需要为风力发电机组变桨时，控制系统发出指令，双电层电容器储能系统放电，驱动变桨系统工作。这样在高风速下，改变桨距角以减少功角，从而减小在叶片上的气动力[6]，以此保证叶轮输出功率不超过发电机的额定功率，延长发电机的使用寿命。

　　翟宇[7]等利用双电层电容器对风力发电输出功率进行补偿，抑制了电流的波动，减少了其对电网产生巨大冲击。因为风能密度时时刻刻都在发生变化，利用风能产生的电能具有不连续性和不稳定性，从而大大影响了其产生电能的质量。为了改善风力发电电能质量与功率不平衡的问题，需要在风机与电网间并入储能系统以达到调节电能质量、改善功率不平衡的问题。图 5-1 为风机与电网间并入的双电层电容器储能系统连接示意图[8]。通过对风电系统输出功率进行有效调节与控制，增加风电的稳定性。

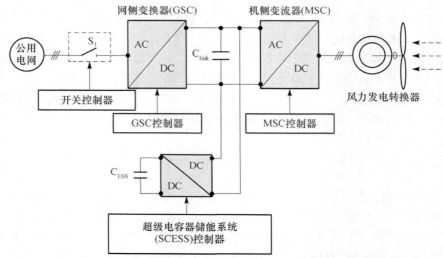

图 5-1　风力发电中双电层电容器储能系统连接示意图

5.2.2　在光伏发电方面的应用

　　在光伏发电系统中应用双电层电容器作为辅助存储装置主要是为了实现以下两方面作用：首先，作为能量存储装置，在白天时存储光伏电池提供的能量，在夜间或阴雨天光伏电池不能发电时向负载供电；其次，与光伏电池及控制器配合，实现最大功率点跟踪（maximum power point tracking，MPPT）控制[9]。

　　光伏发电产生的功率会随着季节、天气的变化而变化，即无法产生持续、稳定的功率，增加双电层电容器后，可实现稳定、连续地向外供电，同时起到平滑功率的作用。Thounthong 等研究了光伏发电与双电层电容器相结合的能源系统，发现通过增加双电层电容器，光伏发电的电能输出更为平稳[10]。经过双电层电容器优化，可以使输出电压保持稳定（图 5-2（a）），不受光伏发电波动的影响（图 5-2（e））。

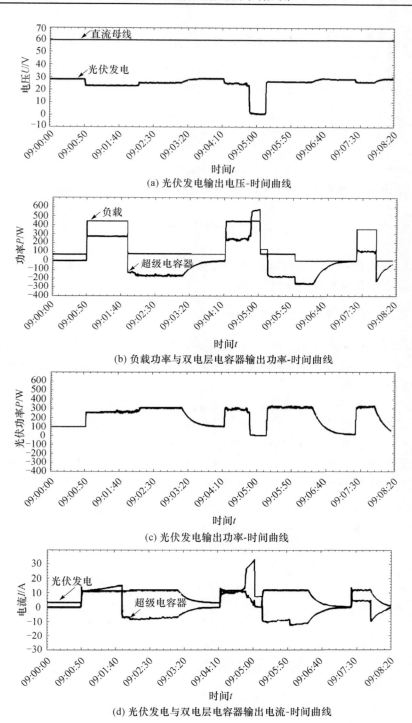

(a) 光伏发电输出电压-时间曲线

(b) 负载功率与双电层电容器输出功率-时间曲线

(c) 光伏发电输出功率-时间曲线

(d) 光伏发电与双电层电容器输出电流-时间曲线

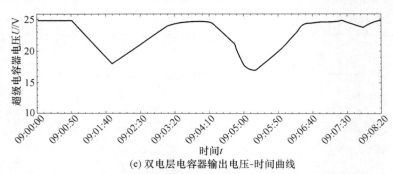

(e) 双电层电容器输出电压-时间曲线

图 5-2　光伏-双电层电容器混合发电系统功率、电压、电流的输出曲线

5.3　在工业领域的应用

双电层电容器在工业领域的应用包括叉车、起重机、电梯、港口起重机械、各种后备电源及电网电力存储等方面[11]。

5.3.1　在起重机等设备方面的应用

双电层电容器在叉车、起重机方面的应用是在其启动时及时提供其升降所需的瞬时大功率。同时存储在双电层电容器中的电能还可以辅助起重、吊装，从而减少油的消耗及废气排放[12]。

Kim 等[13]研究了双电层电容器结合起重机的柴油发动机得到混合动力系统，旨在提高发动机的节油量。结合双电层电容器辅助发动机启动，效果如图 5-3 所示，其中 P_{LOAD} 为启动所需功率，P_{GEN_DC} 为柴油发动机产生的功率，P_{SC} 为双电层电容器提供的功率。可以看出，双电层电容器能够提供所需的脉冲功率，可明显提高发动机的节油量。

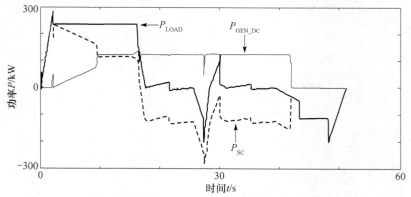

图 5-3　起重机所需能量、双电层电容器供给能量、发动机供给能量对比

　　针对电梯、港口机械设备运载货物上升时需要消耗很大能量，下降时会自动产生较大势能的情况，这部分势能在传统机械设备中没有得到合理利用。而双电层电容器具有的大电流充放电等优良特性（图 5-4），能够实现电梯、港口机械设备等在上升过程中的瞬间提升启动能量的提供，以及下降过程中的势能回收[14]。曹智超等[15]运用零电流谐振式 DC-DC 转换器以及动态均衡电路提高了电梯运行时电能回收效率，并延长了双电层电容器的使用寿命。Rufer 等[16]采用双电层电容器存储电梯制动能量，明显节约了电量（图 5-4（b））。

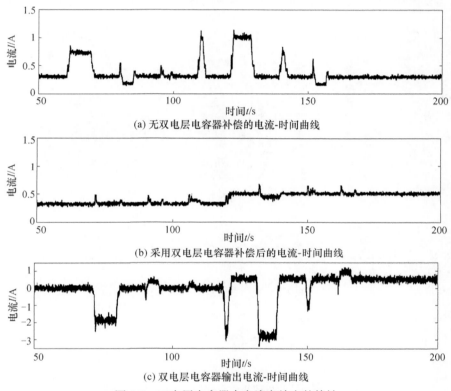

(a) 无双电层电容器补偿的电流-时间曲线

(b) 采用双电层电容器补偿后的电流-时间曲线

(c) 双电层电容器输出电流-时间曲线

图 5-4　双电层电容器大电流充放电的特性

5.3.2　在石油机械方面的应用

　　石油开发由柴油机或电网供电给电机形成钻机动力采油，具体电动钻机的传动原理与起重机的传功原理相似[17]。传统的钻机下钻作业与驱动转盘旋转时都存在能耗制动方面的问题，即电机下钻时游动系统下放的势能转化为滚动的动能，该动能通过主电机转化为电能，电能通过变频器的制动单元与制动电阻转化为热能散发，使钻具以设定的速度平稳安全地下降。此外，转盘在正常钻进过程中通常要求保持恒定速率，但井底地层结构差异使得转盘扭矩始终处于波动状态，从而使电极功率组的输入功率始终处于变化状态，最终使多出的部分被能耗电阻直接转化成热能消耗掉。通过超级电容储能系统的引入，可以将这部分能量收集起来，用于补充绞车提升和其他用电设备的需求，从而极大地降低燃油消耗，减小钻井场电机配备，达到节能、减排、增效的复合效果。经初步试用估算，运用超级电容储能系统的钻井机每台日均可节油约 500L，提供最大可达 600kW 的超高功率，为能耗电阻消耗回馈能量带来的环境污染、噪声污染、热污染等问题提供了全新的解决方案。图 5-5 展示了石油钻井机超级电容储能系统的实体与流程。

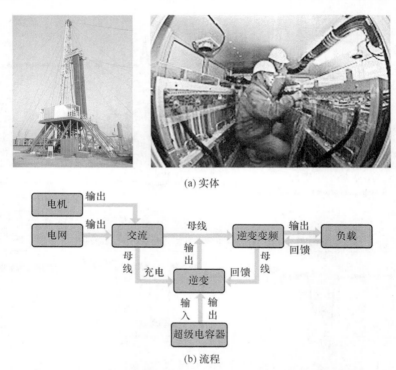

(a) 实体

(b) 流程

图 5-5　石油钻井机超级电容储能系统的实体与流程[18]

5.3.3　在动力 UPS 方面的应用

　　数据中心、通信中心、网络系统、医疗系统等领域对电源可靠性要求较高，均需采用 UPS 装置克服供电电网出现的断电、浪涌、频率振荡、电压突变、电压波动等故障。用于 UPS 装置中的储能部件通常可采用铅酸蓄电池、飞轮储能和燃料电池等[19]。但在电源出现故障的瞬间，上述储能装置中只有电池可以实现瞬时放电，其他储能装置需要长达 1min 的启动才可达到正常的输出功率。

但电池的寿命远小于双电层电容器，且电池在使用过程中需要消耗大量人力、物力对其进行维修维护。所以，双电层电容器用于动力 UPS 储能部件的优势显而易见。

双电层电容器的充电过程可以在数分钟之内完成，完全不会受频繁停电的影响。此外，在某些特殊情况下，双电层电容器的高功率密度输出特性使它成为良好的应急电源。Chlodnicki 等[20]将双电层电容器用于在线式 UPS 储能部件，当供电电源发生故障时可以保证实验系统继续运行，如图 5-6 所示。

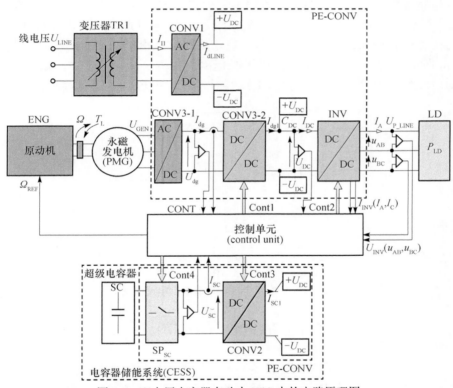

图 5-6　双电层电容器在动力 UPS 中的电路原理图

5.3.4　在微电网储能方面的应用

微电网是一种由分布式电源组成的独立系统，一般通过联络线与大系统相连，由于供电与需求的不平衡关系，微电网可选择与主网之间互供或者独立运行。正常情况下，微电网与常规配电网并网运行，称为并网运行模式；当检测到电网故障或电能质量不满足要求时，微电网将及时与电网断开从而独立运行，称为孤网运行模式。微电网在从并网运行模式向孤网运行模式转换时，会有功率缺额，安装储能设备有助于两种模式的平稳过渡。双电层电容器储能系统可以有效地解决这个问题，它可以在负荷低落时存储电源的多余电能，而在负荷高峰时将这些电能回馈给微电网以调整功率需求。蓄电池曾经广泛用作储能单元，但是在微电网中需要频繁地进行充、放电控制，这样势必会大大缩短蓄电池的使用寿命。

　　双电层电容器储能系统作为微电网必要的能量缓冲环节，可以提供有效的备用容量，改善电力品质及系统的可靠度、稳定度[21]。双电层电容器储能系统的基本原理是三相交流电经整流器变为直流电，通过逆变器将直流逆变成可控的三相交流电。正常工作时，双电层电容器将整流器直接提供的直流能量存储起来，当系统出现故障或者负荷功率波动较大时，通过逆变器将电能释放出来，准确快速地补偿系统所需的有功和无功，从而实现电能的平衡与稳定控制[22]。Cheng[23]研究了将双电层电容器用于微电网与主网之间调节电力品质，平滑前后的电流曲线如图 5-7 所示，输出电流经过双电层电容器中间装置明显变平滑。

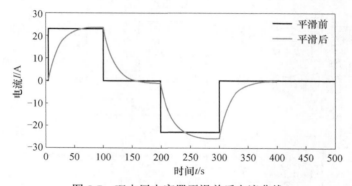

图 5-7　双电层电容器平滑前后电流曲线

5.4　在交通领域的应用

　　双电层电容器在交通领域的应用包括车辆的再生制动系统、启停技术、城轨车辆动力电源，以及卡车、重型运输车等车辆在寒冷地区的低温启动等[24]。

5.4.1　在再生制动系统方面的应用

　　在轨道交通领域，双电层电容器具有快速吸收和释放能量的能力，比其他储能器件更适合实现再生制动。列车启动、制动频繁，利用双电层电容器可将再生制动产生的能量存储起来，该能量一般为输入牵引能量的 30%，甚至更多。

　　国际上双电层电容器已经实际应用于轨道交通再生制动能量回收存储系统中。

主要有西门子公司的 SITRAS SES 系列和庞巴迪公司的 MITRIC 系列。SITRAS
SES 超级电容器能量回收系统已先后在许多国家的轨道交通路线上得到了应用，
MITRIC 超级电容器能量回收系统也在加拿大投入使用[25]。如图 5-8（a）所示，
未装备节能器的线路功率如区域①所示，制动电阻功率如区域②所示。图 5-8（b）
为装备节能器后的功率-时间曲线，其中区域①为线路功率区域，区域②为节能
器功率区域。通过对比图 5-8（a）和（b）中的线路功率、制动电阻功率及节能器
功率曲线，可得出线路峰值功率需求降低了 **40%**左右、能量节约率为 **30%**左
右。正是由于双电层电容器可以存储非常高的能量且可以实现快速释放，从而可
以在轨道车辆制动时存储电能，当列车再次启动时，将这部分能量再次利用，可
以降低列车运行能耗[26]。

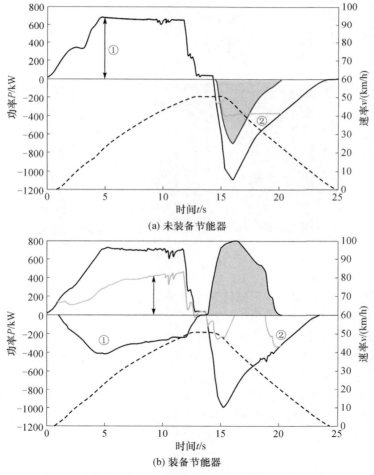

(a) 未装备节能器

(b) 装备节能器

图 5-8　未装备节能器和装备节能器的功率/速度-时间曲线

上述介绍了车载双电层电容器系统在列车制动能量回收方面的应用实例。为了减轻车重、减少该系统占用的车辆空间，还有一种制动能量回收模式，该储能系统放置于牵引站内，即线路储能系统。目前，韩国 Woojin 工业系统公司针对传统受电式地铁配电站开发了这种双电层电容器线路储能系统（energy storage system，ESS），如图 5-9 所示[27]。

图 5-9　线路储能系统

在车辆制动的过程中，回馈能量通过供电线路输送至配电站并存储在超级电容器储能系统中，牵引时，电能从超级电容器释放出来。这样不仅减少了配电站的电能消耗，而且降低了车辆频繁启动时对网压造成的波动。同时实现牵引制动能量循环高效利用，避免制动电阻消耗和机械制动生热产生的环境污染。从图 5-10可以看出，ESS 投入使用后，可以将接触网压降低 12%。图 5-11 为大洞 2010 年7 月至 2011 年 4 月车辆加装 ESS 和车辆运行能耗统计数据，根据该公司对这段时间内车辆运行能耗的统计分析，得出车辆总耗电量为 4313.85kW·h，ESS 节约的总电量达到 1319.72kW·h，节能率为 23.4%（表 5-1）。

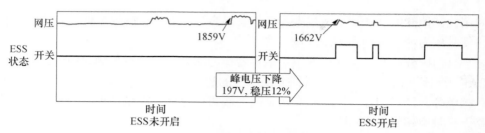

图 5-10　ESS 运行前后对接触网压的稳定效果对比

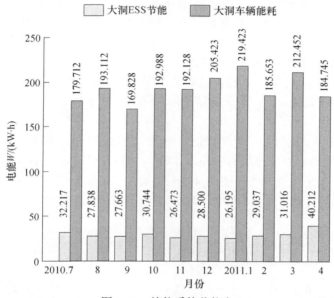

图 5-11　储能系统节能率

表 5-1　2010 年 6 月电力研究院关于电力节约量的认证

车辆耗电量	4313.85kW·h
ESS 节约电量	1319.72kW·h
节能率	23.4%

5.4.2　在城轨车辆动力电源方面的应用

双电层电容器具有高功率密度，适合在大电流场合应用，特别是高功率脉冲环境，可更好地满足使用要求。作为城轨车辆的主动力源，双电层电容器可以经受车辆启动的高功率冲击、制动尖峰能量全回馈的高功率冲击以及大电流快速充电的高功率冲击，适应城轨车辆的在站快速充电、强启动和制动能量的回收。同时相比其他储能器件，双电层电容器的长寿命、免维护、高安全性以及环保的特性使其成为城轨车辆动力源的最佳选择[28]。

目前国外已有一些使用双电层电容器作为动力源的轻轨车辆的例子。西班牙CAF 公司研制出了用于部分线路无接触网的超级电容轻轨车辆，运营于西班牙的萨拉戈萨。2013 年 1 月 CAF 公司获得高雄市捷运轻轨批量订单，为其提供全线路无接触网超级电容车[29]。

我国双电层电容器发展虽然起步较国外晚，但是目前已成功研制出使用双电层电容器作为动力源的有轨电车及无轨电车。2013 年中车株洲电力机车有限公司开发出储能式轻轨车辆这一创新型产品（图 5-12）[30]。整车采用双电层电容器作为储能元件，车辆能够脱离接触网运行。车站设有充电系统，充电最高电压 DC 900V，充电最长时间约 30s，车辆减速时，制动能量回馈至超级电容器。线路无供电接触网，既美化了景观，又降低了供电网的建设和维护成本，同时还能大大提高车辆制动时再生能量反馈的吸收效率，其能耗较传统车辆可降低 30% 以上。

该成果转化的储能式现代有轨电车于 2014 年在广州海珠线上投入运行（图 5-13）。广州市海珠环岛有轨电车车辆为世界首列双电层电容器 100%低地板有轨电车，该车采用"三动一拖四模块"编组，车辆长度约 36.5m，最大载客量为368 人，最高运行速度为 70km/h，平均站台充电时间约为 10s。

图 5-12　储能式轻轨车辆　　　　　　图 5-13　广州海珠线储能式有轨电车

同时全国首条超级电容器储能式无轨电车（图 5-14）已在 2014 年底投入运营，该线路使用的无轨电车由浙江中车电车有限公司开发。整车采用双电层电容器作为储能元件，全程电力牵引，站台区受电，无架空网，可提供良好的城市景观。充电站设有由双电层电容器组装而成的储能式充电站。确保无轨电车到站利用乘客上下车的时间快速完成充电。充电最长时间约 30s，充电后可一次性行驶 5～7km。车辆减速时，制动能量回馈至双电层电容器，可回收制动能量的 85%以上。

图 5-14　储能式无轨电车

5.4.3　在车辆低温启动等方面的应用

内燃机车、卡车等重型运输车辆在寒冷地区启动时,蓄电池性能会大大下降,很难保证正常启动。双电层电容器工作温度范围是-40～65℃,在低温环境下有较好的放电能力,当车辆处于低温环境时,通过双电层电容器与蓄电池并联来辅助车辆启动,可以确保启动时提供足够的启动电流和启动次数。同时,此过程避免了蓄电池的过度放电现象,对蓄电池起到极大的保护作用,延长铅酸蓄电池的寿命[31]。

电动汽车的动力源包括铅酸电池、镍氢电池、锂离子电池以及燃料电池等。普通电池虽然能量密度高、行驶里程长,但是其存在充放电时间长、无法大电流充电、工作寿命短等不足。与之相比,双电层电容器功率大、充电速度快,制动能量回收效率高。如二者组成混合动力系统,则当电动汽车或混合动力汽车在加速过程中,双电层电容器可以通过提供瞬时脉冲功率,极大地减少汽油等燃料的消耗及提高电池使用寿命[32](图 5-15)。

5.4.4　在其他特殊车辆方面的应用

国家"工业 4.0"的持续推进,对车辆在自动化程度、节能、环保等方面的要求越来越高。此时,对自动化生产过程的无线供电模式无人车、机场摆渡车、河口渡船等固定工作线路模式的特殊车辆的研究受到了广泛的关注。因为该类型的车辆通常具有工作线路固定、运行里程较短、运行频次较高、使用环境差异大等特点,双电层电容器成为这种新型智能特种车辆的优质动力电源。日本贵弥功株式会社在"Ceatec Japan 2016"展示了利用双电层电容器(超级电容器)无线供电的无人搬运车(AGV),该产品在大阪变压器公司开发的 AGV 用无线供电系统"D-Broad CORE"中组合了电容器单元。这款 AGV 小车选用日本贵弥功株式会

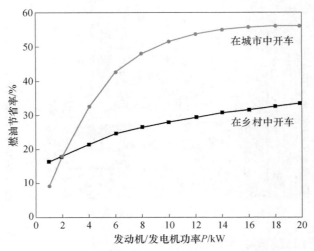

图 5-15 发动机/发电机功率-燃油节省率曲线

社生产的高功率圆柱型 1200F 双电层电容器,将其串联成 15F/66.7F 的电源模块,配上受电单元、DC/DC 转换器后从侧面进行无线供电。测试结果表明:充电约 10s,AGV 可向前移动 3m 左右,然后回来充电,如此反复。该无线供电系统是将三相200V 的交流电源转变成 85kHz 交流电进行无线供电,充电效率达 86%。图 5-16 是无线供电的无人搬运车供电系统设备示意图。

图 5-16 无线供电的无人搬运车供电系统[33]

由于采用双电层电容器的无线供电可瞬间充电,所以可以一边在生产线上快速充电一边行驶,可实现 24h 连续行驶。另外,由于电容器的寿命长(达 100 万次以上),所以还可以降低生产运行成本。

5.5　行业发展展望

动力型双电层电容器可通过提高能量密度、功率密度，降低漏电流、成本来扩大市场应用范围。双电层电容器在世界范围内都属于快速发展的产业，掌握相关技术并实现大规模产业化的国家为数不多。受核心关键材料、工程化制备技术的限制，相比于其他储能装置，双电层电容器的市场化应用仍然有限。但随着超级电容器技术不断发展，高比容量、高功率密度的双电层电容器必将再次激发相关新兴市场产业发展。

5.5.1　双电层电容器发展趋势

世界上关于能源危机和绿色环保的呼声越来越高，为了解决这个难题，人类正在积极寻求解决方案，社会需求带动双电层电容器产业飞速发展。目前，美、欧等工业化程度较高的国家和地区是双电层电容器的主要市场，国内从事双电层电容器尤其是大功率超级电容器行业的企业较少，市场仍处于起步阶段，主要企业的规模和市场份额均不高，尚无法与国外企业全面抗衡。随着中国经济和电力行业的发展，特别是新能源轨道交通与汽车、重型机械、石油钻井等领域对高效储能器件的迫切需求，未来中国将成为双电层电容器最大的市场。

5.5.2　双电层电容器市场分布趋势

国内厂商对双电层电容器的研发生产起步较晚，小容量的纽扣式超级电容器占据中国超级电容市场绝大部分份额，原先产品主要以纽扣式（5F 以下）和卷绕式（5～200F）超级电容器为主，多用在小功率电子产品、电动玩具产品、有记忆存储功能电子产品的后备电源等。按照国际市场水平，国内大型超级电容器市场未来将有巨大的发展潜力。

5.5.3　双电层电容器在新能源汽车领域的应用趋势

从应用市场角度分析，新能源市场发展潜力大，门槛适中，适合大力发展；智能电网市场的发展受制于智能电网投资，但具备一定的增长潜力；消费电子市场量大面广，应用领域众多，但增长潜力有限，竞争激烈；目前来看，新能源汽车市场竞争激烈，超级电容器在新能源汽车领域应用最为迅猛，随着政策扶持力度的加大，未来发展潜力巨大。

5.5.4　市场规模发展预测

尽管超级电容器的制造成本每年都在以超过 10% 的比例下降，且在轨道交通、重型机械等领域取得了突破性的应用，但相比于电池领域，超级电容器的技术发展范围、产业链发展状况仍然存在不小的差距。为此，需要从以下三个方面进行产业规模扩展：通过引入市场竞争的机制刺激相关产业链技术的研发；扩大动力型超级电容器的自动化生产规模，实现年产量百万只的生产规模；增加超级电容器产业链生产厂商的数量，最终将当前超级电容器的制造成本降低 50%。

据中国产业信息网《2017 年中国超级电容器行业发展现状分析及未来发展趋势预测》（图 5-17）可知，2022 年我国超级电容器的市场规模将达到 181 亿美元，同比复合增长率超过 30%。目前，超级电容器占世界能量存储装置的市场份额不足 1%，而超级电容器在我国所占市场份额约为 0.5%，因此具有巨大的市场潜力。

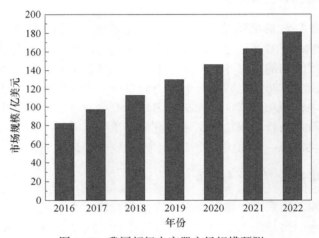

图 5-17　我国超级电容器市场规模预测

同时，中国产业信息网还预测（图 5-18），在现有超级电容器行业毛利率在30% 左右的条件下，未来几年随着行业产业规模效应的不断扩大、提升，相关产品的毛利率水平还将进一步提高，其预测超级电容器行业毛利率到 2022 年将达到 33.4%，形成良好的市场规模化效应。

超级电容器作为一种新型特殊元器件，凭借其优越的性能正快速应用于各个领域的电子/电器产品中（表 5-2）。其中，微型超级电容器在小型机械设备上已得到广泛应用，如数码相机、掌上电脑、智能表(智能电表、智能水表、智能煤气表、智能热量表等)、远程抄表系统、仪器仪表、电子门锁、程控交换机、无绳电话和电动玩具等；而大尺寸的柱状超级电容器则多被用于汽车领域和自然能源采集上，在太阳能产品、电动汽车、电力系统、风力发电、海上风机税控机和真空开关等领域具有广泛的应用空间。

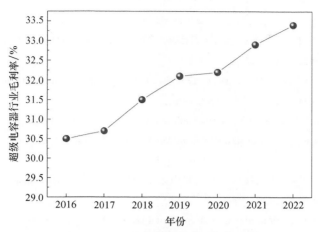

图 5-18　我国超级电容器市场盈利预测

表 5-2　超级电容器在各领域的应用

交通运输	工业	清洁能源	军事领域
混合动力汽车	变配电站（智能电网）	太阳能	战车混合电传动系统
电动汽车	石油钻井	风能	舰用电磁炮
车辆低温启动	直流屏储能系统		坦克低温启动
轨道车辆能量回收	应急照明灯储能系统		
航空航天	UPS		
电动叉车	通信设备		
起重机	远程抄表系统		
港口设备	电梯		
	智能三表		
	税控收款机		
	电动玩具		
	电动工具		
	便携式除颤器		

参　考　文　献

[1]　Devillers N, Jemei S. Review of characterization methods for supercapacitor modelling[J]. Journal of Power Sources, 2013, 246(3): 596-608.

[2]　Yan J, Liu J P, Fan Z J, et al. High-performance supercapacitor electrodes based on highly corrugated graphene sheets[J]. Carbon, 2012, 50(6): 2179-2188.

[3]　Mesemanolis A, Mademlis C, Kioskeridis I. High-efficiency control for a wind energy

conversion system with induction generator[J]. Energy Conversion, 2012, 27(4): 958-967.

[4]　唐西胜, 齐智平. 独立光伏系统中超级电容器蓄电池有源混合储能方案的研究[J]. 电工电能新技术, 2006, 25(3): 37-41.

[5]　Rabiee A, Khorramdel H, Aghaei J. A review of energy storage systems in microgrids with wind turbines[J]. Renewable and Sustainable Energy Reviews, 2013, 18(1): 316-326.

[6]　Díaz-González F, Sumper A, Gomis-Bellmunt O, et al. A review of energy storage technologies for wind power applications[J]. Renewable and Sustainable Energy Reviews, 2012, 16(4): 2154-2171.

[7]　翟宇. 超级电容器成组技术在风力发电系统中的应用[D]. 北京: 北京交通大学硕士学位论文, 2011.

[8]　Gkavanoudis S I, Demoulias C S. A combined fault ride-through and power smoothing control method for full-converter wind turbines employing supercapacitor energy storage system[J]. Electric Power Systems Research, 2014, 106(1): 62-72.

[9]　Thounthong P, Chunkag V, Sethakul P, et al. Energy management of fuel cell/solar cell/supercapacitor hybrid power source[J]. Journal of Power Sources, 2011, 196(1): 313-324.

[10]　Thounthong P. Model based-energy control of a solar power plant with a supercapacitor for grid-independent applications[J]. Energy Conversion, 2011, 26(4): 1210-1218.

[11]　Hadjipaschalis I, Poullikkas A, Efthimiou V. Overview of current and future energy storage technologies for electric power applications[J]. Renewable and Sustainable Energy Reviews, 2009, 13(6-7): 1513-1522.

[12]　Hall P J, Mirzaeian M, Fletcher S I, et al. Energy storage in electrochemical capacitors: Designing functional materials to improve performance[J]. Energy and Environmental Science, 2010, 3(9): 1238-1251.

[13]　Kim S M, Sul S K. Control of rubber tyred gantry crane with energy storage based on supercapacitor bank[C]. IEEE Transactions on Power Electronics, 2006, 21(5): 1420-1427.

[14]　牧伟芳, 蔡克迪, 金振兴, 等. 超级电容器的应用与展望[J]. 炭素, 2010, (1): 42-46.

[15]　曹智超, 罗正卫, 李钦轩. 电梯用超级电容器节能的研究与应用[J]. 建筑电气, 2013, 32(7): 30-33.

[16]　Rufer A, Barraden P. A supercapacitor-based energy-storage system for elevators with soft commutated interface[J]. Industry Applications, 2002, 2(5): 1151-1159.

[17]　王军. 超级电容在石油钻机上的应用初步设想[J]. 石油矿场机械, 2009, 38(12): 97-99.

[18]　张珍. 国内首台石油钻井机超级电容储能系统投入应用[EB/OL]. http://hn.rednet.cn/c/2016/01/21/3894044. htm [2016-1-21].

[19]　康洪波, 于江利, 秦景, 等. UPS 的工作原理和发展趋势分析[J]. 电源技术, 2009, 33(7): 637-638.

[20]　Chlodnicki Z, Koczara W, Al-Khayat N. Hybrid UPS based on supercapacitor energy storage and adjustable speed generator[J]. Compatibility in Power Electronics, 2007, (1): 1-10.

[21]　Suryanarayanan S, Mancilla-David F, Mitra J, et al. Achieving the smart grid through customer-driven microgrids supported by energy storage[C]. IEEE International Conference on Industrial Technology, 2010: 884-890.

[22]　王鑫. 超级电容器对微电网电能质量影响的研究[D]. 北京: 华北电力大学硕士学位论文, 2009.

[23]　Cheng Y. Super capacitor applications for renewable energy generation and control in smart grids[C]. IEEE International Symposium on Industrial Electronics, 2011: 1131-1136.

[24]　Tie S F, Tan C W. A review of energy sources and energy management system in electric vehicles[J]. Renewable and Sustainable Energy Reviews, 2013, 20: 82-102.

[25]　傅冠生, 曾福娣, 阮殿波. 超级电容器技术在轨道交通行业中的应用[J]. 电力机车与城轨车辆, 2014, 37(2): 1-6.

[26]　Shah V A, Joshi J A, Maheshwari R, et al. Review of ultracapacitor technology and its applications[C]. Proceedings of the 15th National Power System Conference, 2008: 142-147.

[27]　李恩圭. 超级电容器线路储能装置在首尔地铁的运行[C]. 第 6 届韩国 EDLC 技术研讨会, 2013: 16-18.

[28]　阮殿波, 王成扬, 聂加发. 动力型超级电容器应用研发[J]. 电力机车与城轨车辆, 2012, 35(5): 16-20.

[29]　陈宽, 阮殿波, 傅冠生. 轨道交通用新型超级电容器研发[J]. 电池, 2014, 44(5): 296-298.

[30]　杨颖, 陈中杰. 储能式电力牵引轻轨交通的研发[J]. 电力机车与城轨车辆, 2012, 35(5): 5-10.

[31]　Liu H, Wang Z, Qiao S, et al. Improvement of engine cold start capability using supercapacitor and lead-acid battery hybrid[C]. Applied Power Electronics Conference and Exposition, 2008: 668-675.

[32]　Clarke P, Muneer T, Cullinane K. Cutting vehicle emissions with regenerative braking[J]. Transportation Research Part D: Transport and Environment, 2010, 15(3): 160-167.

[33]　超级电容器标准工作组. 利用超级电容瞬间充电　贵弥功演示无人搬运车[EB/OL]. http://www.china-sc.org.cn/index.php?id=438 [2016-10-9].

第6章 超级电容器发展中的新体系

6.1 提高超级电容器能量密度的思路

随着人们对环境保护和能源可持续发展的不断关注，能量存储装置作为其中至关重要的一部分成为多方面的关注焦点。目前的能量存储装置有锂离子电池、镍氢电池、铅酸电池以及超级电容器等，然而由于超级电容器普遍能量密度偏低（<10W·h/kg），限制了其在很多领域的应用，特别是新能源汽车领域，更是迫切希望新的储能器件能够具有锂离子电池和超级电容器的混合特性。为了满足上述性能要求，通常建议在适当降低功率密度特性的条件下，将超级电容器的能量密度提高到20～30W·h/kg，也就是现有商业化超级电容器能量密度（5～10W·h/kg）的3倍。

对于双电层电容器产品，提高能量密度是最为关键的问题。而由于双电层电容器通常以活性炭作为电极，且能量密度与电压的平方成正比，所以提高电压成为增大能量密度最有效的方法。然而，双电层电容器产品最高工作电压限制在2.5～2.7V，因为超过这个电压会导致寿命缩减或器件损坏。为了达到 20～30W·h/kg 这一目标，大量的科研工作者分别从以下三方面进行了改善：①改变电极材料，选用具有更高容量的石墨烯材料或其他具有氧化还原性质的材料等；②改变电解液，选用耐高压性能的新型电解液或离子液体；③开发混合电容器体系，多种混合电容器体系可通过一极选用氧化还原活性材料（如电池电极材料、金属氧化物等），另一极选用多孔炭材料（如活性炭等）来实现。这种方法既可以克服传统双电层电容器能量密度偏低的缺点，又因为采用了类电池和准电容器的电极，而具有更高的工作电压和电容量，如图6-1所示。

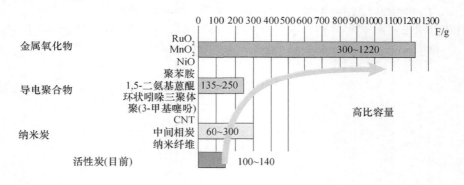

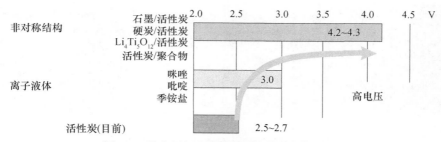

图 6-1　提高超级电容器能量密度的主要途径[1]

6.2　双电层电容器发展中的新体系：石墨烯超级电容器

超级电容器能量密度的大幅提升是世界级技术难题，基于传统的工艺、活性炭电极材料的超级电容器能量密度已近极限，迫切需要开发新型电极材料，以及与之匹配的电极加工工艺来实现其能量密度的提升。石墨烯因其高的比表面积（2630m²/g）、良好的导电性（10⁶S/m）、高的电子迁移率（200000cm²/(V·s)）和二维柔性结构，过去十余年在能源领域引起了极大的关注，特别是在超级电容器储能领域。应用于超级电容器，它将发挥优异的导电特性和储能特性。相较于目前的活性炭材料，石墨烯基超级电容器的电化学性能将得到大幅提升。同时，近几年石墨烯材料作为超级电容器电极的研究文献数量呈"爆炸式"增长，说明石墨烯作为储能材料的研究是研发热点之一[2-10]。近年来，在石墨烯基超级电容器储能技术"政产学研用资"的联动推进过程中，石墨烯逐步走向产业链的下游，处于产业化应用的前夜，对未来超级电容储能技术的推进非常值得期待。

6.2.1　石墨烯导电与储能添加剂超级电容器

石墨烯作为导电性极好的"至柔至薄"二维材料，是一种高性能导电添加剂。它可以与超级电容器电极中活性炭颗粒形成二维导电接触，在电极中构建"至柔-至薄-至密"的三维导电网络，降低电极内阻，改善电容的倍率性能和循环稳定性。天津大学杨全红研究组基于氧化石墨低温化学解理的石墨烯制备技术，实现了氧化石墨在较低温度下的完全解理，温度从 1100℃降低到 200~300℃，获得缺陷较少、纯度较高的石墨烯粉体材料；开发出实用化的缺陷修复技术，实现了石墨烯品质的进一步提升。产品形貌如图 6-2 所示。研究发现，体系中石墨烯导电剂用量在 1%（质量分数）以下时，便可以实现器件能量密度 10%以上提升。

在石墨烯导电剂超级电容产业推进中，阮殿波[11]结合相对高密度的活性炭和高比表面积、高导电石墨烯，开发了石墨烯/活性炭复合材料，研究了材料的粒径、

 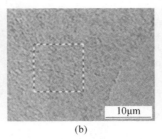 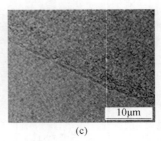

　　(a)　　　　　　　　　(b)　　　　　　　　　(c)

图 6-2　石墨烯产品的 SEM 图（a）以及 TEM 图（b、c）

孔径，并进行了电化学测试分析，分别就电极材料是否混合石墨烯、石墨烯加入的不同比例、石墨烯片层的大小和石墨烯片层的结构特点等因素对动力型双电层电容器性能产生的影响进行了实验与理论分析。

　　分别选择韩国产石油焦类活性炭（CEP21）、植物纤维的净水型活性炭（AC）为原料，5K 表示原料石墨的目数为 5000 目，0.5G 表示石墨烯的添加量为 0.5%（质量分数），2G 表示石墨烯的添加量为 2%（质量分数）。图 6-3 为不同石墨烯添加量的复合电极材料的 SEM 照片。

　　(a) AC-5K-0.5G　　　　　　　　(b) AC-5K-2G

图 6-3　不同石墨烯添加量的复合材料 SEM 照片

　　通过系统验证发现，石墨烯的加入能够有效提高产品的电化学性能，电容器单体容量提升达20%，是一种有效提升产品容量的方法。同时，石墨烯/活性炭复合电极中，石墨烯的添加量并不是越多越好，过量的石墨烯会导致孔隙的堵塞而使容量下降。实际操作过程中应选择合适的添加量，避免复合材料比表面积和容量损失过大，添加量为2%（质量分数）较为合适。此外，石墨烯片层大小同样影响复合电极的性能，石墨烯片层过小，易于吸附在大中孔材料孔隙内部，最终引起材料孔隙结构和比表面积的变化，一般尺寸在5K左右，与活性炭粒径接近。

　　尽管石墨烯导电剂技术取得了重大进展，并且逐步在超级电容器产业中得到应用，但要实现石墨烯导电剂在超级电容储能领域的大规模商业化应用仍有很长的路要走。主要是产业链上游现有技术制备的样品无法满足产业链下游用户应用的需求。超级电容器用石墨烯导电剂必须同时兼顾以下特征：优异的导电性、少层数、较小尺寸、表面含氧官能团和杂质含量极低。传统的氧化石墨烯技术路线制备的石墨烯虽然单层率较高，但导电性较差和氧含量高等问题使其无法直接作为导电剂使用；插层剥离法制备的石墨烯样品导电性能优异，但一般片层较厚，与导电炭黑和碳纳米管相比，优势并不明显。近年来，高端石墨烯导电剂已取得小规模试制成功，但因其成本高，难以在超级电容器中大范围推广。目前，石墨烯导电剂品质和成本等方面影响了石墨烯导电剂在超级电容器商业应用中的推广。

6.2.2 石墨烯超级电容器

石墨烯理论比表面积为 $2630m^2/g$，高于碳纳米管和活性炭。结构完美，其外露的表面可以被电解液充分浸润和利用，具有高的比容量，并适合于大电流快速充放电；物理化学性质稳定，能在高工作电压下保持结构稳定；具有优异的导电性能，可以促进离子/电子快速传递，降低内阻，提高超级电容器的循环稳定性。因此，石墨烯被认为是高电压、高容量、高功率超级电容器电极材料的优选之一。目前，国内外基于石墨烯或改性石墨烯超级电容器的研究工作非常广泛，美国Ruoff、Ajayan、Gogotsi研究组，澳大利亚李丹研究组，以及国内成会明、陈永胜、石高全、高超、刘兆平、杨全红、朱彦武等研究组在此领域做了大量的研究工作，研究结果表明石墨烯在超级电容器领域具有很强的商业化应用前景。

但目前石墨烯基双电层电容器比容量远小于其理论值，主要是石墨烯在制备和后续的电极制备过程中非常易于团聚，其宏观粉体的比表面积仅为 $500\sim700m^2/g$。为充分发挥石墨烯的储能性能，解决石墨烯的团聚及其比表面积较低等问题尤为关键。Liu等[12]制备了一种褶皱的石墨烯电极材料，这种褶皱的石墨烯可以阻止石墨烯的团聚，保持了 $2\sim25nm$ 的中孔。在离子液体中，石墨烯的比容量在 $100\sim250F/g$（电流密度1A/g，电化学窗口0～4V），室温下其能量密度可达 $85.6W·h/kg$（80℃时 $136W·h/kg$）。

2011年，中国科学技术大学朱彦武教授与美国得克萨斯大学奥斯汀分校的Ruoff教授合作提出活化石墨烯的概念，相关结果发表在当年的 *Science* 期刊[10]。其制备流程及结构如图6-4所示：通过微波处理氧化剥离法（Hummer法）制备氧化石墨，得到活化石墨烯前驱体微波剥离氧化石墨。利用KOH化学活化对石墨烯结构进行修饰重构，形成具有连续三维孔隙结构的石墨烯。用高分辨透射电镜对其结构进行表征，发现高度卷曲的、单原子层厚的壁上形成 $1\sim10nm$ 的孔，用 N_2 和 CO_2 气体吸附实验证实活化石墨烯含有1nm左右的微孔和4nm的中孔，其比表面积为 $3100m^2/g$，远高于石墨烯理论比表面积。活化石墨烯在有机电解液中的比容量为200F/g（工作电压3.5V，电流密度0.7A/g），基于整体器件的能量超过 $20W·h/kg$，是活性炭基超级电容器能量密度的4倍。

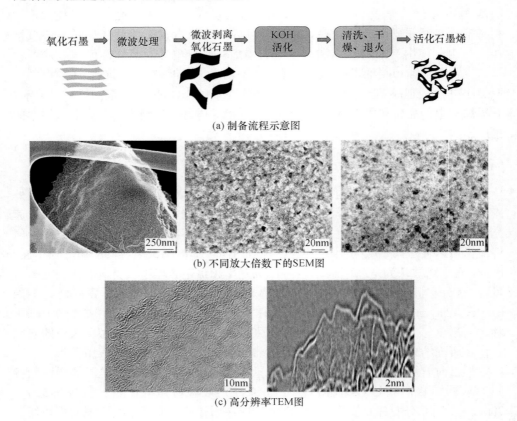

(a) 制备流程示意图

(b) 不同放大倍数下的SEM图

(c) 高分辨率TEM图

图 6-4　活化石墨烯制备流程示意图和电镜图[10]

　　活化石墨烯能极大地提升石墨烯基超级电容器的能量密度，是替代商用活性炭材料的理想选择之一。但目前实验室测试结果和产业验证结果表明，活化石墨烯的比容量仍远低于石墨烯的理论值，说明活化石墨烯仍有很大的提升空间。理论计算和实验研究结果表明，石墨烯的边缘对于比容量的贡献远高于石墨烯的平面[13-15]。这主要是因为石墨烯的边缘具有大量的悬键，这些悬键很不稳定，非常易于吸附电解液中的离子在其表面形成双电层超级电容器。清华大学石高全研究组分别成功地测量了单层石墨烯的边缘和平面的比容量，循环伏安曲线如图6-5所示[16]。结果表明，石墨烯边缘的比容量比石墨烯平面的比容量高4个数量级，说明石墨烯的边缘对于石墨烯的储能非常重要。制备多边缘的石墨烯是进一步提升石墨烯储能能力的有效途径。

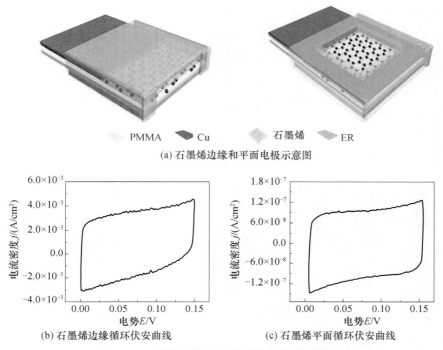

PMMA　　Cu　　石墨烯　　ER

(a) 石墨烯边缘和平面电极示意图

(b) 石墨烯边缘循环伏安曲线　　　　　　　(c) 石墨烯平面循环伏安曲线

图6-5　石墨烯的边缘与平面电容量比较图[16]

准一维的石墨烯纳米带（graphene nanoribbon，GNR）[17-19]由于具有丰富的边缘，展现出更加优异的电化学性能，目前受到非常广泛的关注。此外，这种独特的纳米带状结构能够降低离子扩散距离，有利于离子快速迁移。中国科学院宁波材料技术与工程研究所刘兆平研究组以阵列多壁碳纳米管为原料，通过化学氧化剥离法制备石墨烯纳米带，再结合后续KOH活化制备多孔石墨烯纳米带（图6-6）[20]。活化过程中形成的连续三维孔隙结构，不仅能提供离子快速迁移的通道，而且能提高石墨烯边缘的长度，进一步提高容量。其面积比容量可达10.38μF/cm²，是目前报道的活性石墨烯比容量的2倍，证明了边界在多孔石墨烯储能方面发挥重要作用，对于多孔石墨烯结构调控具有指导意义。

从上述具有代表性的研究结果来看，石墨烯是一种非常理想的电极材料，特别是具有超高比表面积、多边缘的活化石墨烯具有优异的应用和发展前景。在活化石墨烯超级电容器产业化推进方面，常州第六元素材料科技股份有限公司、中国科学院宁波材料技术与工程研究所、宁波中车新能源科技有限公司等做了大量的研发工作，取得了积极的进展。但目前，以石墨为原料，通过传统液相氧化剥离法加还原法技术路线制备石墨烯存在污染大、能耗高、难以规模化制备等技术难题。寻找更加绿色、经济、高效的石墨烯制备路线是另一项亟待解决的技术难题。

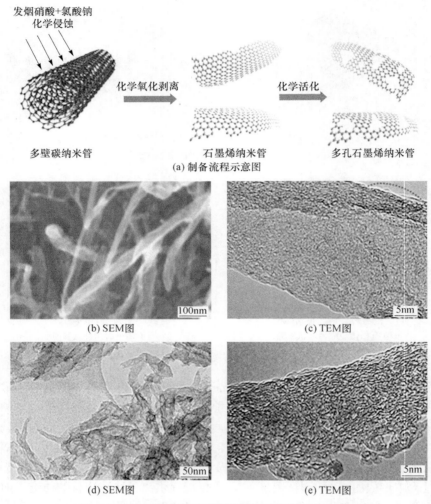

(a) 制备流程示意图

(b) SEM图　　　　　　　　　　　(c) TEM图

(d) SEM图　　　　　　　　　　　(e) TEM图

图 6-6　活化石墨烯纳米带制备流程示意图和电镜图[20]

　　化学气相沉积（chemical vapor deposition，CVD）法是另一种制备高品质三维多孔石墨烯的有效手段。中国科学院金属研究所（沈阳）成会明等基于泡沫镍CVD生长制备了三维多孔石墨烯[21]。在此基础上，中国科学院苏州纳米技术与纳米仿生研究所刘立伟等以 $NiCl_2 \cdot 6H_2O$ 为催化剂前驱体，通过CVD生长实现了较高密度三维多孔石墨烯的制备[22]。但目前，这类三维多孔石墨烯普遍存在密度低、孔隙率大、比表面积低、产率低等问题。清华大学化学工程系魏飞等以多孔MgO纳米片为模板，通过CVD法制备了多孔石墨烯纳米片，其比表面积达$1654m^2/g$，孔体积为$2.35cm^3/g$[23]。在水性电解液中比容量达255F/g，具有优异的循环稳定性。这种方法制备的多孔石墨烯具有大规模生产的机会。在此基础上，清华大学化学工程系魏飞等开发了双功能催化剂形成石墨烯-碳纳米管杂化物的生产技术[24]。首先，将金属颗粒分散在氧化物上，获得含有金属和氧化物两相双催化功能的材料作为催化剂；然后，采用甲烷、乙烯、丙烯或者其混合物作为碳源，在流化床中通过CVD法合成石墨烯-碳纳米管杂化物，其形貌如图6-7所示。该方法可实现宏量制备，有利于实现产业化。该材料是一种石墨烯/碳纳米管的杂化材料，具有石墨烯和单壁碳纳米管的双重结构和性质，比表面积大（$1200\sim1800\text{m}^2/\text{g}$）、纯度高、质量稳定，比单纯石墨烯、单壁管更容易分散。目前，这种石墨烯-碳纳米管杂化物与商用活性炭构建复合材料，在双电层超级电容器中正在逐步得到探索应用。

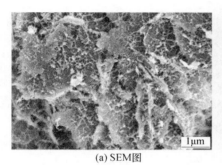
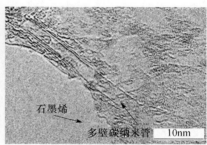

(a) SEM图　　　　　　　　　(b) TEM图

图 6-7　石墨烯-碳纳米管杂化物电镜图[24]

近年来，固相碳源越来越多地被应用于CVD法制备三维多孔石墨烯。固相碳源来源广泛、价格低廉、制备过程工艺简单并且实际操作过程中不存在潜在的不安全因素，有着广阔的工业前景和巨大的经济效益。黑龙江大学付宏刚教授研究组采用更加廉价的生物质材料（秸秆、葡萄糖、椰壳等）为碳源，通过碳源的极性基团与金属离子的配位作用，金属催化制备了三维多孔类石墨烯（称为晶态炭）[25, 26]。目前，一般认为生物质固相碳源金属催化活化制备三维多孔类石墨烯的机制类似于CVD法。过渡金属（Fe、Co、Ni）离子吸附到生物质固相原料的表面及其骨架内，并在之后的炭化过程被原位还原成具有催化活性的金属颗粒，炭化后的活性炭原子通过表面生长机制或渗碳析碳机制在催化剂的表面生成类石墨烯结构。

中山大学沈培康教授等以离子交换树脂为原料，通过离子交换作用，Ni^{2+}均匀地吸附到树脂的骨架上，通过高温催化和KOH化学活化制备了三维多孔类石墨烯材料[27]，如图6-8所示。该材料具有丰富的微孔和中孔结构，比表面积为$1810\text{m}^2/\text{g}$，高碳氧质量比（24.58）。在有机电解液中，该电极材料表现出优异的倍率性能，在800mV/s的扫描速度下，循环伏安曲线仍保持矩形结构，10000次循环充放电测试容量基本不衰减，能量密度达38W·h/kg，接近于铅酸电池水平。该三维多孔类石墨烯原料来源广泛、价格低廉，易于规模化放大制备，具有很强的工业化应用前景。

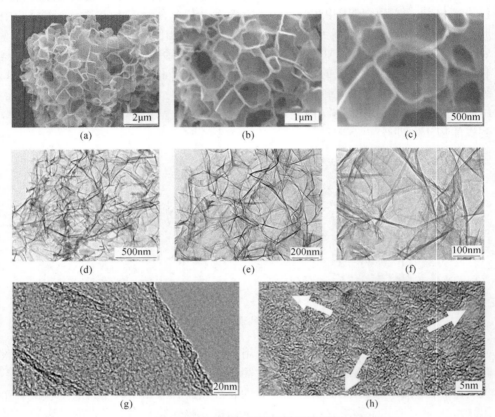

图 6-8　三维多孔类石墨烯形貌图[27]
(a)～(c)为不同放大倍数下的 SEM 图；(d)～(h)为不同放大倍数下的 TEM 图

　　通常，这类多孔石墨烯材料的密度较低，不仅导致其体积比容量有限，也很难将其材料水平的性能体现到最终的器件上。多孔石墨烯材料孔隙率高而密度很低，导致材料内部有大量的空间被电解液填充，仅增加了器件的重量而并没贡献容量，拉低了整个器件的性能。发展高体积密度的石墨烯材料，在器件水平上实现致密储能，对于推动石墨烯储能材料和电容器器件的实用化至关重要。澳大利亚莫纳什大学李丹研究组首先制备了一种水溶性的石墨烯凝胶薄膜[28]，如图 6-9（a）所示。石墨烯凝胶薄膜经过溶剂挥发，在表面张力的作用下形成致密的石墨烯薄膜。石墨烯薄膜的截面形貌如图 6-9（b）和（c）所示，可以发现石墨烯通过层层堆叠形成有序而致密的薄膜，膜电极密度达 1.33g/cm³，是商用活性炭的 2 倍。这种致密石墨烯薄膜应用于超级电容器，体积能量密度达 60W·h/L。这种方法在没有损害石墨烯多孔性的同时也让能量密度达到了最大值，该方法与传统造纸过程中使用的方法类似，易于进行工业升级，具有成本优势。

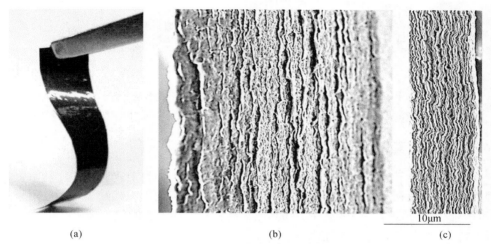

(a)　　　　　　　　　　　(b)　　　　　　　　　(c)

图 6-9　石墨烯溶胶薄膜电子照片（a）以及致密石墨烯薄膜截面 SEM 图（b、c）

天津大学杨全红等采用毛细蒸发法调控石墨烯三维多孔结构，通过溶剂驱动柔性片层致密化的机制，在保留原有开放表面和多孔性的基础上大幅提高了材料的密度（约 1.58g/cm³），有效平衡了高密度和多孔性两大矛盾，获得了高密度多孔炭，作为超级电容器电极材料，其体积比容量达到 376F/cm³[29]。在溶剂收缩过程中，为了充分保持石墨烯的多孔隙结构，他们利用造孔剂ZnCl₂调制石墨烯高密度宏观体的密度和孔隙结构，制备了可在离子液体体系下工作的一体式超厚致密电极[30]，如图 6-10 所示。当电极厚度达到 400μm时，器件的体积能量密度高达65W·h/L。该工作从器件角度设计材料，实现了对材料密度、孔隙率和电极厚度的精确调控，获得了质量比容量、电极密度、电极厚度和宽电化学窗口四个参数之间的平衡，是高体积能量密度储能工作的重要进展。

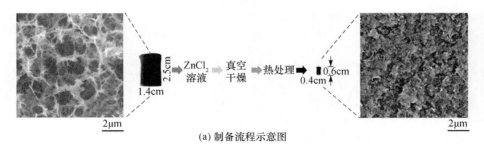

(a) 制备流程示意图

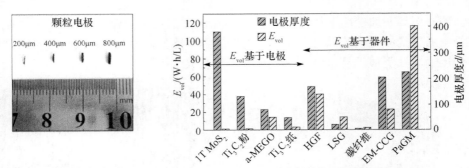

(b) 不同厚度的PaGM片状电极　　　(c) 与其他材料的器件性能对比

图 6-10　多孔石墨烯块（PaGM）制备流程示意图、电极和电化学性能[30]

6.2.3　石墨烯基复合超级电容器技术

近年来，石墨烯致密化技术取得了极大的进展，但目前仍停留在实验室开发阶段，普遍存在难以规模化放大制备、成本较高等问题。在超级电容器应用推进过程中，充分结合高密度活性炭和高比表面积石墨烯二者的优势制备多孔石墨烯/活性炭复合是一条有效的途径。

南开大学陈永胜等报道了一种具有超高比表面积的三维多孔石墨烯/活性炭复合电极材料[31]。制备过程如图 6-11（a）所示，主要包括两个步骤。首先，廉价生物质原料或高分子材料分散于氧化石墨烯的胶体溶液中，通过水热炭化制备石墨烯基复合前驱体材料；然后，结合化学活化法制备超高比表面积的三维多孔石墨烯/活性炭复合材料。该石墨烯基复合材料比表面积高达3523m^2/g，电导率为303S/m。

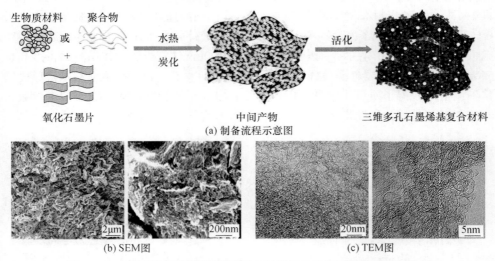

(a) 制备流程示意图

(b) SEM图　　　　　　　　　　　(c) TEM图

图 6-11　三维多孔石墨烯/活性炭复合材料制备流程示意图和电镜图[31]

该电极材料在有机电解液中（1mol/L TEA-BF$_4$/AN）和离子液体（EMIMBF$_4$）中的质量比容量分别是202F/g和231F/g，对应的体积比容量分别是80F/cm^{3}和92F/cm^3，远高于商用活性炭。该电极材料表现出优异的循环稳定性，在有机电解液中，5000次循环后容量保持率大于99%。这类石墨烯基复合材料制备工艺与传统的活性炭制备过程类似，易于规模化制备，并且原料来源广泛、价格低廉，非常具有工业化应用价值。

石墨烯基复合材料中，高比表面积石墨烯的引入会造成复合材料的吸液量增大、电极浆料固含量低、电极密度低、极片开裂脱落等问题。传统的湿法电极制备工艺难以满足复合电极的器件加工需求。开发高效新型的电极加工工艺是石墨烯基复合材料在超级电容器产业中成功应用的关键。

针对上述问题，目前工业上开发了核心电极的干法分散-成膜-固化制备技术。首先，该技术能确保电极在生产过程中不掉粉、不脱落、不反弹，保证超级电容器的超长使用寿命；其次，电极干法制备技术可将电极密度提高至0.65~0.70g/cm^3，有效提高单位体积电极中活性物质的质量，极大提升单体的比容量；再次，该技术确保电极制备中无液相过程，避免了制约电极性能提升的水分的引入，有利于提高单体的电化学窗口。该技术有效解决了活性石墨烯等材料难以加工的技术难题。

阮殿波等采用干法电极制备工艺制备活性石墨烯/活性炭复合电极片，通过两步碾压方式提高电极密度，保证电极片的连续性和厚度均一性，提高超级电容器的能量密度[32]。并分别通过纽扣式电容器和软包式电容器对不同比例的活性石墨烯/活性炭复合电极进行电化学评估，结果如图6-12所示。综合考虑复合电极中活

(a)

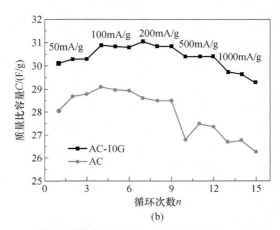

(b)

图6-12　质量分数为10%的多孔石墨烯/活性炭软包式超级电容器照片（a）以及超级电容器倍率性能曲线（b）

性石墨烯的含量为 10%（质量分数）较为合适，相较于纯活性炭电极，其质量比容量提高了 10.8%。从而验证了活性石墨烯材料在商用超级电容器中的适用性，并且证明了高性能的多孔石墨烯是一种非常具有实际应用价值的电极材料。

宁波中车新能源科技有限公司自 2012 年开始石墨烯基超级电容器开发研制工作，通过一步炭化-活化法，获得高比表面积（>2000m²/g）的多孔石墨烯及活性炭/多孔石墨烯复合产品。利用氢气高温退火还原技术有效降低了活性炭/多孔石墨烯复合材料表面含氧官能团数量（<0.1meq/g），提高了电化学窗口；开发了与之配套的干法电极加工工艺；成功地将活性炭/多孔石墨烯复合材料应用于超级电容器产业。多孔石墨烯兼顾储能和导电双重作用，提高了材料的比容量和导电性，可将超级电容器单体内阻降低至 0.1mΩ 以下，单体功率密度达到 19.01kW/kg，能量密度达 11.65W·h/kg。

从产业化角度证明多孔石墨烯是一种理想的新型储能材料。目前，多孔石墨烯并没有真正产业化，小规模制备的成本远高于商用活性炭。在未来，如何解决多孔石墨烯工程制备技术难题和进一步降低成本仍是材料产业界亟待解决的难题。

6.3　双电层电容器与锂离子电池复合的新体系

基于双电层电容器的功率密度优势以及锂离子电池能量密度优势，两者的复合储能体系——锂离子电池电容（lithium capacitor battery，LCB）逐渐成为近十年来储能器件的研发热点，并且随着正负极材料以及电解液的不断发展，LCB 已经成为未来混合电动车（hybrid electric vehicle，HEV）最有前景的动力解决方案。2001 年，Pasquier 等[33]第一次将锂离子负极材料钛酸锂（LTO）和电化学电容器的活性炭材料串联组成了电容电池，从此以后国内外学者在混合电池电容领域开展了深入的研究并取得了巨大的进展。

从广义上来讲，该复合储能体系可分为内串型和内并型两种。内串型主要是指使用活性炭替换锂电池的正极或负极材料，内串型由一个电化学电容的电极和一个锂离子电池的电极串联组成。基于内串型一极单一的活性炭材料对于能量密度的局限性，内并型 LCB 改进为在正极或者负极中混入活性炭，使得在同一电极上既有氧化还原储能方式又有电化学双电层的电荷储能方式，以弥补各自的短板。例如，在锂离子电池正极材料中加入一定量的活性炭，负极使用钛酸锂或者石墨材料。两者的充放电机理对比如图 6-13 所示。

内串型 LCB 的充放电机理（图 6-13（a））：活性炭正极和钛酸锂或石墨负极组成的 LCB，在充电过程中，电子从正极流出，向负极流进，锂离子从电解液中嵌入负极，而六氟磷酸根离子从电解液中向正极移动被正电荷吸附；反之亦然。

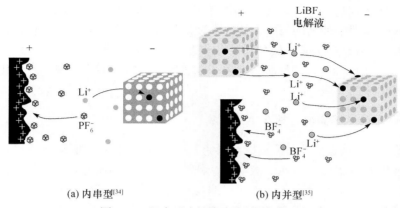

(a) 内串型[34]　　　　　　　　　(b) 内并型[35]

图 6-13　锂离子电池电容充放电原理图

内串型 LCB 包括 AC（activated carbon）-LTO（钛酸锂）电容、AC-石墨电容（也称为锂离子电容，LIC）、LMO-AC（锰酸锂-活性炭）电容等。Pasquier 等[36]制备了 500F 的串联式 LCB 模型，其功率密度高达 800W/kg，能量密度为 11W·h/kg，循环寿命可达 10000 次以上。Wang 等[37]以锰酸锂为正极、活性炭为负极装配成内串型 LCB，电解液采用水系 Li_2SO_4 溶液。该装置最高充电电压可达 1.8V，功率密度为 100W/kg 时能量密度为 38W·h/kg；功率密度增加到 760W/kg 时能量密度为 23W·h/kg。然而，从最新研发进展来看，锂离子电容器是最为成熟的产品，已经有日本公司（JM Energy）投产并获得了性能出色的产品。

　　内并型 LCB 的充放电机理（图 6-13（b））的基本原理与内串型类似，不同的是在充电过程中其正极既吸附六氟硼酸根离子又有锂离子的脱出。内并型 LCB 主要是针对正极进行复合，在锂离子正极材料（钴酸锂、锰酸锂、磷酸铁锂、三元锂）中掺杂活性炭。从应用领域来看，由于钴酸锂电池主要应用于传统 3C 行业，对于功率密度要求不高，因此较少涉及 LCB 的开发，而其他锂离子电池在动力电池方面的优势促成了功率型 LCB 的开发和应用。锰酸锂、磷酸铁锂电池和活性炭的复合研发已经做了大量工作，而三元材料以及其他下一代锂电正极材料和活性炭的复合则是未来潜在的发展方向，具有很大的潜力。

　　LCB 新体系的研发进展综合分为五个大方向，两个是内串型 LCB 体系的研究（包括锂离子电容器和 AC-LTO 电容器），三个是内并型 LCB 体系（包括锰酸锂、磷酸盐系和三元材料）。

6.3.1　锂离子电容器体系

　　根据电极材料复合方式的不同，目前研究的含锂混合电容器主要有含锂化合物-AC/AC[38-42]、AC/预嵌锂炭材料[43-46]、AC/钛氧化物[36, 47-50]、含锂化合物-AC/钛氧化物[37,51,52]等几种体系。其中，AC/预嵌锂炭材料混合电容器的正极为活性炭，负极为预先嵌锂处理过的石墨、软炭、硬炭等锂离子电池负极炭材料，日本富士重工业株式会社（简称富士重工）将该类混合电容器体系命名为锂离子电容器（lithium-ion capacitor）。目前，锂离子电容器已在日本初步实现了产业化，并得到了越来越多的关注。

1. 锂离子电容器的特点及工作原理

锂离子电池通过Li+在正负极材料中发生可逆的嵌入/脱嵌氧化还原反应来存储和释放能量。相比于其他二次电池，锂离子电池可存储更多的能量，并具备更高的工作电压，这也决定了锂离子电池具有较高的能量密度。但锂离子电池的倍率充放电性能受电解液的离子扩散速率、Li+在电极/电解液相界面的迁移速率以及Li+在电极体相中的扩散速率等的限制，在实际应用中功率特性较差。

双电层电容器则是依靠在电极与电解质的界面上形成双电层结构来存储能量，电极上不发生化学反应。从电化学的观点来看，该类电极属于完全极化电极，因此不受电化学动力学的限制，这种表面储能机理允许非常快速的能量储存和释放，使得双电层电容器具有很好的功率特性。然而，由于其静电表面储能机理，双电层电容器的能量密度有限，所以目前的研究工作主要集中于提高其能量密度。

对于理想的电化学储能器件，其内部一方面需要发生类似于电池的氧化还原反应来存储更高的容量，另一方面需要具有类似于双电层的静电表面储能机制来实现能量的快速释放和存储，才能兼备良好的能量特性和功率特性[53]。而锂离子电容器正是这类器件的典型代表，其能量密度可达20W·h/kg以上，接近目前铅酸蓄电池的能量密度，而功率密度和循环寿命远高于锂离子电池。锂离子电容器这一新体系为纯电动及混合电动汽车的发展提供了新的思路。

锂离子电容器的工作原理如图6-14所示（以石墨负极为例）。充电时，电解液中的Li+嵌入石墨层间形成嵌锂石墨，同时，电解液中的阴离子吸附在活性炭正极表面形成双电层；放电时，Li+从负极材料中脱出回到电解液中，正极活性炭与电解液界面间产生双电层解离，阴离子从正极表面释放，同时电子从负极通过外电路到达正极。

与双电层电容器相比，锂离子电容器通过锂的预嵌入可将炭负极的电位降至接近于0V（vs.Li+/Li），且由于炭负极材料的容量明显高于正极材料，所以在放电过程负极仍旧能够保持在较低的电位，从而可将单体最高工作电压由2.5V提高至3.8V，最高甚至可达4.2V，如图6-15所示。

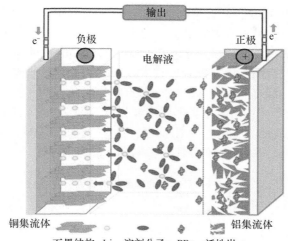

图 6-14 锂离子电容器工作原理示意图[54]

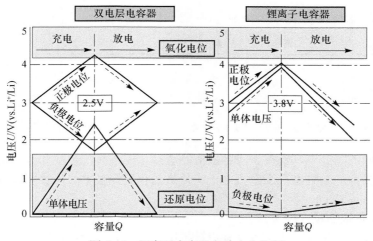

图 6-15 锂离子电容器充放电电位[55]

2. 锂离子电容器的发展历程及产业现状

Morimoto等[56,57]报道了一种使用活性炭正极、嵌锂石墨负极和锂盐电解液的混合电容器，其工作电压可达3.0～4.2V。随后，他们组装出的样品能量密度为16W·h/L，功率密度为500W/L，40000次循环后容量衰减为40%。

2005年，富士重工陆续公开了锂离子电容器制造技术[58-62]，其负极采用嵌入了大量锂离子的多并苯类材料，正极采用活性炭。2006年，在国际先进电容会议（Advanced Capacitors World Summit）上，富士重工的Hatozaki[63]报道了嵌锂炭材料/活性炭锂离子电容器，其工作电压为2.2～3.8V，能量密度可达12～30W·h/kg，30万次循环后容量保持率在96%以上。富士重工表示，该锂离子电容器之所以具有如此优异的充放电性能，得益于炭质负极材料的预嵌锂处理。

富士重工公开锂离子电容器制造技术以后，日本和其他国家的科研机构及企业也开始关注这一混合储能技术，纷纷开始研制锂离子电容器，并陆续推出自己的试制品。日本企业在锂离子电容器的产业化方面领先业界，目前已有JM Energy、旭化成FDK能源设备（AFEC）、太阳诱电、新神户电机等几家企业开始批量试产，表6-1列举了这些公司生产的部分锂离子电容器的产品参数。

表 6-1　日本企业锂离子电容器产品参数

公司名称	电压 U/V	容量 C/F	直流内阻 R/mΩ	工作温度 t/℃	质量能量密度 E/(W·h/kg)	体积能量密度 E/(W·h/L)	循环寿命 n/万次
JM Energy	2.2～3.8	3300	1.0	−30～70	12	20	10
AFEC	2.0～4.0	～2000	～1.5	−25～80	—	18	10
太阳诱电	2.2～3.8	200	～50AC	−25～70	10	20	10
新神户电机	2.2～3.8	1000	3.5	−15～80	—	10	—

锂离子电容器从开始研制至今不过短短几年的时间，发展十分迅速，但由于技术复杂、成本高等，各公司的产品尚处于验证中，并未形成市场化应用。

3. 锂离子电容器的国内外研究进展

在实际的生产中，锂离子电容器的制造技术比锂离子电池和双电层电容器复杂得多，当前的研究重点主要集中于炭负极的预嵌锂技术、电极材料及体系匹配性研究两方面。

1）炭负极的预嵌锂技术

预嵌锂技术是锂离子电容器制造技术中至关重要的一环，制造成本高且工艺复杂，是公认的技术难点。现有资料已经揭示了锂离子电容器的多种制作技术，锂源的选择、嵌锂过程实现方式、锂掺杂量等因素决定着器件性能、制造成本、可靠性。

（1）单体内部结构与锂源研究。富士重工使用多孔金属箔作为集流体，在最外层与负极相对的位置放置一片锂箔，这样即使是含有多层电极的单体，Li^+ 也可自由通过附着于集流体上的涂层而在电极层叠单元内移动，从而将 Li^+ 掺杂到负极中，如图 6-16 所示。当前日本企业的锂离子电容器产品多采用该结构。

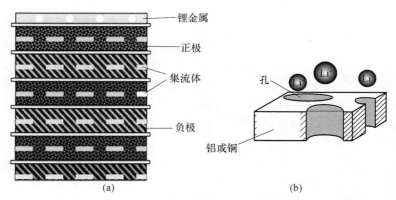

图 6-16　富士重工发明专利中锂离子电容器的结构示意图（a）以及多孔集流体示意图（b）

　　上述技术是以锂箔作为 Li^+ 供给源，但锂箔质软且对环境要求苛刻，使得单体的组装极为不便，同时也伴随着较大的安全隐患。三星电机有限公司（简称三星电机）在隔膜的一个表面上通过真空气相沉积形成锂薄膜，使锂薄膜与负极相对，用锂薄膜中的 Li^+ 预嵌入负极[64-67]，如图 6-17 所示。

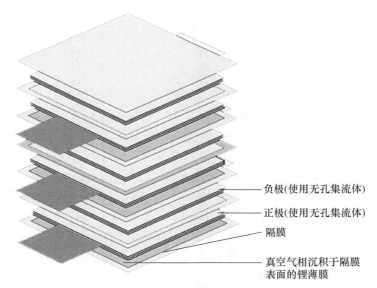

图 6-17　三星电机发明专利中锂离子电容器的结构示意图

　　相比于富士重工，三星电机的方法有如下优点：由于锂薄膜与负极直接接触以在随后的过程中进行预嵌锂，所以无须使用通孔集流体，可降低产品内阻；可以较方便地控制锂的用量，安全性有所提高；每层负极均与锂薄膜直接接触嵌锂，可大大缩短预嵌锂时间。但该方法的实际可行性尚待考证。

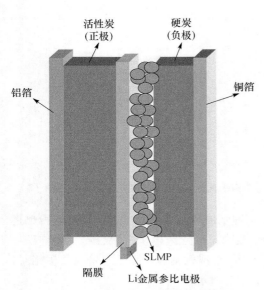

图 6-18　使用 SLMP 为锂源的锂离子
电容器单体结构示意图[36]

郑剑平课题组[68, 69]使用粒径为10～200nm、表面具有钝化膜的稳定金属锂粉（SLMP）为锂源，与硬炭混合后用干法工艺制成负极，活性炭为正极组装成锂离子电容器单体，其结构如图6-18所示。测试结果表明，其单体能量密度约为25W·h/kg，44C的放电能量密度约为2.4C时的60%，600次循环后单体的电容减少量低于3%。相比富士重工使用锂金属箔的结构，该结构的锂离子电容器可在干燥房中进行制造，而无须手套箱的苛刻环境，大大增加了可操作性。

（2）锂掺杂量研究。锂的掺杂量是预嵌锂环节中的关键参数。掺杂量过多，预嵌锂后产品内部会有残留的锂源，影响产品容量且易造成安全隐患；掺杂量太少，预嵌锂程度不够，对电压、能量密度的改善达不到预期目标。因此，需要设计合理的锂掺杂量，制造安全可靠的产品。

Kumagai等[70]测试了以不同预嵌锂程度的石墨为负极的锂离子电容器的性能。结果表明，负极的预嵌锂程度决定了单体初期的比容量和循环性能，预嵌锂程度约为70%时适于得到具有较高比容量并可稳定循环的锂离子电容器。

平丽娜[54]以石墨化中间相炭微球（MCMB）为负极、活性炭为正极，对预嵌锂量分别设定为50mA·h/g、100mA·h/g、150mA·h/g、200mA·h/g、250mA·h/g、300mA·h/g的嵌锂MCMB（记为LMCMB）极片进行了XRD测试。测试结果显示，当嵌锂量少于200mA·h/g时，LMCMB能够保持良好的石墨晶体结构，而嵌锂量高于250mA·h/g时，晶体的结构被破坏。Zhang等[71]的工作也验证了这一结论。

（3）预嵌锂方式研究。预嵌锂材料在循环中的不稳定性是引起产品容量衰减的根源，而预嵌锂的方式至关重要，合理的预嵌锂方式可以保证嵌锂负极材料的稳定性，从而保证单体的循环稳定性。

澳大利亚联邦科学与工业研究组织（CSIRO）对这一问题进行了深入的研究。他们制作了Li/石墨/AC三电极锂离子电容器，分别通过以下三种方法研究石墨的预嵌锂效果：①将Li/石墨电极进行外部短路，直接放电嵌锂；②对锂电极和石墨电极进行0.05C恒流充电嵌锂；③将锂电极和石墨电极间外接电阻进行充放电循环嵌锂。通过监测锂/预掺杂石墨电位和开路电压考察电容的放电状态。结果表明：

以方法①进行预嵌锂约需10h，此时Li+掺入量约为石墨理论容量的71%，随着循环测试的进行，石墨电极中掺杂的锂有所流失，且单体的自放电现象较严重，因此推断这种方法未能产生均一的固体电解质界面膜（SEI膜）；方法②的预嵌锂结果显示，自放电现象相较方法①只是稍微得到了改善；而方法③完成预嵌锂花费了约11天，这种情况下得到的石墨电极表现出了非常低的自放电率，故推断这种方法能形成均一优质的SEI膜[72]。

　　袁美蓉等[73]进行了短路嵌锂、恒流嵌锂、循环恒流嵌锂三种方式的研究。研究结果表明，嵌锂终压过高或过低均会影响器件的性能；恒流嵌锂时，嵌锂速率越小，负极的嵌锂量越大。但嵌锂速率过小可能导致负极副反应的发生，影响单体的倍率性能；相比于单次恒流嵌锂，负极经多次循环恒流嵌锂后的单体性能有了明显的提升。

　　Decaux等[74]开发了一种新的预嵌锂方式，将石墨电极与锂电极组装成的两电极电池在2mol/L的双三氟甲基磺酰亚胺锂（LiTFSI）有机电解液中进行预处理，约10次充电/自放电脉冲后负极形成石墨插入混合物。然后，将脉冲嵌锂处理过的石墨电极与活性炭电极组成锂离子电容器，测试显示，其工作电压范围为1.5~4.2V，电容量比使用同种活性炭的双电层电容器高出60%，能量密度达到80W·h/kg。

　　2）电极材料及体系匹配性研究

　　电解液、电极材料的性质及其之间的匹配性对于储能器件的电化学性能有着至关重要的影响。锂离子电容器能量存储过程既包含锂离子在石墨等电极材料体相发生的可逆嵌入/脱嵌氧化还原反应，又包含高比表面活性炭电极材料对电荷的物理吸附。依据短板效应，锂离子电容器的能量特性取决于活性炭电极，功率特性取决于石墨等电池材料电极，锂离子电容器可通过正、负电极材料与电解液的匹配来实现高的能量密度和功率密度。

　　Wang等[75-77]使用五种不同类型的石墨为负极，活性炭为正极，研究了1、2、4、6、8、12等多种石墨/活性炭配比和TEMABF₄-PC、TEMAPF₆-PC两种电解液对电容器性能的影响。研究发现，电容器单体电容量更多地取决于正负极质量比，而非石墨类型；随着石墨与活性炭质量比的增大，电容器单体电容量显著增加，但循环性能变差；对于具有相同石墨与活性炭质量比的锂离子电容器，使用TEMABF₄-PC电解液的电容器单体容量明显高于使用TEMAPF₆-PC电解液的电容器单体。

　　CSIRO对以石墨为负极的锂离子电容器性能进行了持续的研究。通过对七种商用石墨为负极的锂离子电容器的评估发现，减小石墨电极涂层厚度可改善锂离子电容器单体的倍率性能，而较小粒径的石墨会在提高倍率性能的同时增大不可逆容量损失[78]；将石墨进行球磨处理后发现，低倍率（0.1C）充放电时，球磨石墨的放电容量低于原始石墨，而高倍率（1C～60C）充放电时，球磨石墨的放电性能与循环性能均优于原始石墨[79]；将嵌锂石墨电极与活性炭电极组装成锂离子电容器进行1C充放电循环，当电压范围为3.1～4.1V时，单体放电能量密度为55W·h/kg，100次循环后容量保持率为97%；当电压范围为2.0～4.1V时，单体放电能量密度为100W·h/kg，100次循环后容量保持率为77%[80]。

德国明斯特大学Schroeder等[81]针对石墨的大电流放电性能较差的问题，制作了以软炭石油焦（PeC）为负极材料的锂离子电容器。测试结果表明，30C充放电时单体能量密度和功率密度分别为48W·h/kg和9kW/kg，循环寿命达5万次。

Cao等[68]以硬炭为负极制得的锂离子电容器在2.4C放电时的单体能量密度约为25W·h/kg（基于电极质量约为82W·h/kg），600次循环后容量衰减小于3%；当以44C放电时，基于电极的能量密度为48W·h/kg。

Karthikeyan等[82]以Li_2FeSiO_4（LFSO）为负极、活性炭为正极、1mol/L的$LiPF_6$-EC/DMC为电解液进行测试。CV测试结果表明，此LFSO/AC体系在0～3V的电压范围内表现出电容特性，在$1mA/cm^2$的电流密度下，该锂离子电容器的放电容量达49F/g，能量密度为43W·h/kg，功率密度为200W/kg。

锂离子电容器正极材料可存储的能量决定着整个单体的能量密度，因此除了筛选合适的嵌锂负极材料外，开发高比容量的正极材料也尤为重要。Lee等[83]在正极活性炭中添加了石墨烯材料，通过对石墨烯表面的功能化有效提高了表面的活性吸附或反应位点，在4.2kW/kg的功率密度下，活性炭-石墨烯/预嵌锂石墨混合电容器的能量密度高达82W·h/kg，1000次循环后容量基本保持稳定。Stoller等[84]以活化石墨烯材料代替活性炭为正极，制得的锂离子电容器在2.0～4.0V电化学窗口内的单体能量密度达到53.2W·h/kg。与一般锂离子电容器不同的是，Li^+与石墨烯表面官能团的反应速率远远大于与氧化物发生的氧化还原反应速率，因此由容量提升带来的功率密度损失较小。

在目前对锂离子电容器的研究中，一般都直接采用锂离子电池或双电层电容器用有机电解液，如Cao等[68, 69]的研究中采用$LiPF_6$/EC+DEC+PC电解液，Sivakkumar等[78-80]采用$LiPF_6$/EC+DMC+EMC电解液，Schroeder等[81]采用$LiPF_6$/EC+DMC电解液，Wang等[75-77]采用$TEMABF_4$/PC或$TEMAPF_6$/PC电解液。Morita等[85]认为，锂离子电容器电解液中需要大量的电荷载体（离子）以补偿正负极充电的需求，因此开发了一种由离子液体、锂盐和氟化磷酸烷基酯组成的用于锂离子电容器的三组分电解液EMITFSI-LiTFSI-TFEP。

4. 未来锂离子电容器产业化研究中待解决的问题

锂离子电容器研究的历史虽然不长，但当前日本几家公司研制出的产品已初具良好的电性能，并已在风力发电、短时停电补偿装置、混合动力工业机械、微型电动车等领域开始示范应用。从产业化的角度来看，为了进一步提高能量密度，除了继续对负极的预嵌锂技术、电极材料与体系匹配性进行深入研究外，尚有大量的工作亟待开展，尤其是在高性能电极材料的开发、与电极体系相匹配的电解液、单体量产工艺的优化、单体检测方法开发等方面还需要大力研究。

　　1）开发高性能电极材料

　　目前的研究者一般采用单一的锂离子电池负极炭材料作为锂离子电容器的负极。当以这些负极材料作为锂离子电容器的负极时，受材料特性所限，难以克服材料本身的缺陷。例如，石墨材料具有与溶剂相容性差及倍率性能不理想等缺点，硬炭材料具有首次效率低、不可逆容量太大、难以加工等缺点。这些材料本身的固有缺陷将会大大影响锂离子电容器单体的性能。因此，要想进一步完善和提高锂离子电容器的性能，研究开发其所适用的负极材料势在必行。

　　2）研制锂离子电容器专用电解液

　　目前对锂离子电容器的研究主要集中在制作技术及电极材料上，而锂离子电容器由于采用的是两种并行的储能方式，要使锂离子电容器性能进一步完善和提高，不能单一地使用双电层电容器或锂离子电池的电解液，要研制具有"双功能"特性的锂离子电容器专用电解液，以解决正负极材料与电解液的匹配问题。

　　3）优化单体量产工艺

　　目前锂离子电容器的工业化生产中所使用的锂源为锂箔，这对生产装备及环境的要求较为严苛，且复杂的工艺使得单体制造成本极高。从实际生产的角度出发，通过优化单体制造工艺，能大幅降低产品的生产成本，这也是锂离子电容器在未来大规模推广应用的前提。

　　4）开发用于锂离子电容器单体的检测方法

　　锂离子电容器是集锂离子电池与双电层电容器优于一体，却有别于这两者的储能器件，目前对于锂离子电容器的研究还处于初级阶段，因此还没有专门针对这一新型储能器件的检测方法，暂时只能根据它的"双功能"特性，参照锂离子电池及双电层电容器的评测方法来分别评价各组成部分（正极、负极、电解液）的Li^+脱嵌储能性能及双电层储能性能。开发专门针对锂离子电容器的检测方法，对于正确评价锂离子电容器单体性能有着重要意义。

　　尽管锂离子电容器目前的研究处于初级阶段，但其发展前景是非常乐观的。超级电容器与电池技术的融合，是未来技术发展的必然趋势，超级电容器与电池将跨越彼此的界线，很可能实现"合二为一"。

6.3.2　$Li_4Ti_5O_{12}/AC$ 体系混合电容器

　　通过构建一极为活性炭（即电容极）、另一极为金属氧化物（即电池极）的混合体系，不仅能够显著提升电容器产品的能量密度，而且能够获得较高的功率密度。在众多新型混合体系中，以 $Li_4Ti_5O_{12}$ 为负极材料、活性炭为正极材料的非对称体系研究最为广泛。杨全红等报道了有机电解液体系的 $Li_4Ti_5O_{12}/AC$ 混合电容器，该电容器具有了接近铅酸电池水平的能量密度，10C 条件下循环 4000 次仍具有 90%以上的容量保持率，非常具有商品化的前景[86]。如图 6-19 所示，充电过程中，电解质中的阴离子向正极（活性炭）迁移并吸附产生电容，同时 Li$^+$向负极（Li$_4$Ti$_5$O$_{12}$）移动并发生可逆的氧化还原反应。

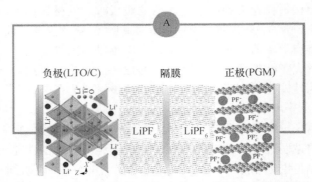

图 6-19　　Li$_4$Ti$_5$O$_{12}$/AC 混合电容器工作原理示意图[86]

　　该体系与一般的双电层电容器充放电曲线对比如图 6-20 所示。Li$_4$Ti$_5$O$_{12}$/AC 体系具有 1.5～2.8V 或者更高的工作电压，而一般的双电层电容器工作电压集中在 0～2.7V。此外，根据正负电极能量存储相等的原则，由于活性炭的比容量基本维持在 40～60mA·h/g，而 Li$_4$Ti$_5$O$_{12}$ 材料具有 175mA·h/g 的比容量，这就使得在相同单体尺寸的条件下，LTO 负极所需活性材料更少，最终体系中能够具有更多的活性物质，从而表现出几倍于双电层电容器的能量密度。

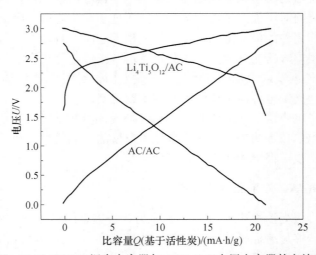

图 6-20　　Li$_4$Ti$_5$O$_{12}$/AC 混合电容器与 AC/AC 双电层电容器的充放电曲线

　　如图 6-21 所示，$Li_4Ti_5O_{12}$ 作为一种锂离子电池负极材料，因为其安全性、可靠性和循环寿命方面的优势，被认为是下一代超级电容器的主要电极材料。该晶体材料具有以下方面的优点[87]：

　　（1）循环充放电过程具有接近 100%的库仑效率；

　　（2）具有较高的理论容量，与常规活性炭相比，具有 4 倍以上的理论比容量（175mA·h/g）；

　　（3）在 1.55V（vs.Li^+/Li）具有稳定的充放电平台，并且在充放电过程几乎没有类似于石墨材料的 SEI 膜的形成，最终不会导致电解液的消耗；

　　（4）实际使用过程中具有非常小的体积变化（0.2%），因此又称零应变材料；

　　（5）相对于商用活性炭，原材料价格低廉，仅为双电层电容器用活性炭价格的 1/4 左右。

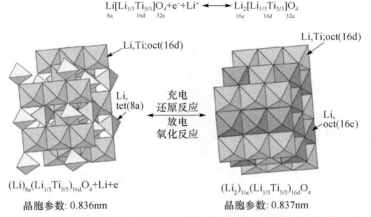

图 6-21　$Li_4Ti_5O_{12}$ 在充放电过程中的化学反应和晶体结构变化示意图[87]

　　正如图 6-22 所示，由于 LTO 组成的电容器体系不需要进行锂离子的预掺杂过程，所以对于由其和活性炭组成的体系在电解液的选择上具有较大的空间，乙腈（AN）、离子液体和线性碳酸酯（碳酸二甲酯、DEC）等溶剂均可应用于该混合体系。对于提高功率密度，电解液的选择至关重要，实际 AN 体系的混合电容器与传统 PC 基双电层电容器相比，具有 9 倍高的功率密度，其原因可能是 AN 分子更容易进入 LTO 材料的孔隙结构中。

　　尽管 LTO 作为混合电容器具有高能量、高稳定性和高安全性的特点，但是 LTO 材料本身具有功率特性差的缺陷，使得其在实际电容器的应用过程受到很大限制。这是由 LTO 具有非常差的 Li^+扩散系数（$<10^{-6}cm^2/s$）和电子电导率（$<10^{-13}S/cm$）造成的。为了解决功率密度差的问题，Huang 等[88]提出将 10μm 左右的 LTO 颗粒粉碎到 10nm 以下或者结合导电材料制备复合材料，从而解决

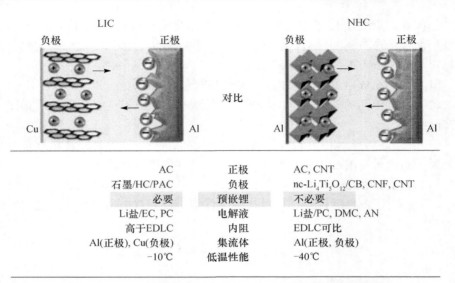

图 6-22　LIC 锂离子电容器和 LTO 混合电容器的性能对比

该材料电导率较差的缺陷。最近，日本东京农工大学 Naoi 等基于上述原理开发出一种高能量密度、高稳定性和高安全性的混合电容器，并将其称为纳米型混合电容器（nanohybrid capacitor，NHC），它同样是基于 $Li_4Ti_5O_{12}$/AC 混合体系，只是将 LTO 换成了一个具有超高倍率特性的纳米结构 LTO 复合材料。

为了制备上述高性能 LTO 复合材料，Naoi 等[89, 90]采取一种新型的超高速离心方法，具体来说，就是将纳米级 LTO 颗粒高度分散在纳米碳纤维上，在高速离心力的作用下形成复合材料。该材料具有高的电导率（25S/cm），同时研究者利用这种材料作为负极活性物质，成功地制备出了一种能量密度达 13W·h/L 的新型纳米混合电容器，该电容器同时实现了电容器对高功率密度和高能量密度的要求，如图 6-23 所示。

由上述电容器性能指标参数可知，要构建性能优异的 NHC 体系，最关键的就是制备纳米级 LTO 复合材料。为此，韩国 Kim 等[91-93]采用"微波水热法"制备了不同形貌和性能参数要求的 LTO 复合物，在这些复合材料中，LTO 颗粒的尺寸都集中在 30~50nm 且具有 20%~30%的碳含量。此外，复旦大学程亮[94]采用"熔盐法"成功制备出粒径在 100nm 左右的钛酸锂/C 复合材料，将其与活性炭组成混合电容器后，制备出了能量密度达到 6.3W·h/kg 的电容器单体，如图 6-24 所示。

作者团队分别以商用 LTO 和活性炭为混合电容器正负极电极材料，将其组装成软包式电容器（具体组装过程如图 6-25（a）所示）。研究发现，添加 25%石墨烯的钛酸锂/石墨烯复合物（LTO-3）电容器在不同电流密度条件下具有最高的容量和最小的电压降。此外，当混合电容器负极厚度为 65μm、正极厚度为 240μm

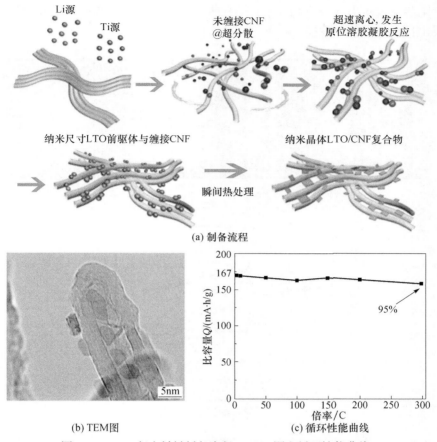

(a) 制备流程

(b) TEM图　　　　　　　　　　　(c) 循环性能曲线

图 6-23　LTO 复合材料制备流程、TEM 图和循环性能曲线

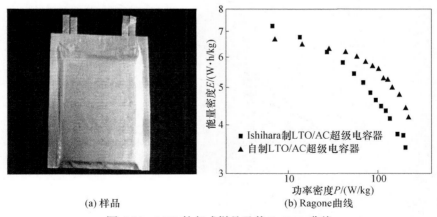

(a) 样品　　　　　　　　　　　(b) Ragone曲线

图 6-24　LTO 软包式样品及其 Ragone 曲线

时，电容器显示出 43.84W·h/kg 的最大能量密度和 3.27kW/kg 的最大功率密度，展现出良好的电化学性能。

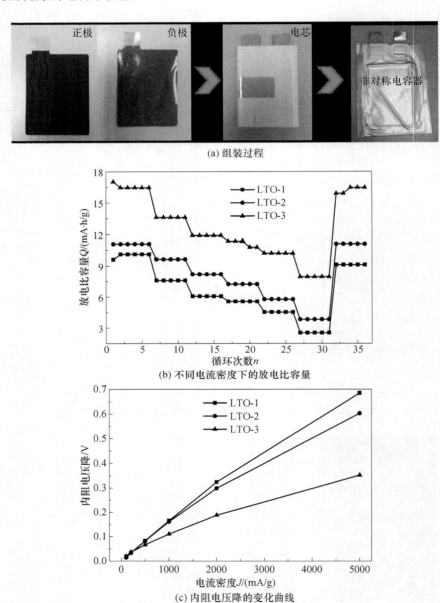

(a) 组装过程

(b) 不同电流密度下的放电比容量

(c) 内阻电压降的变化曲线

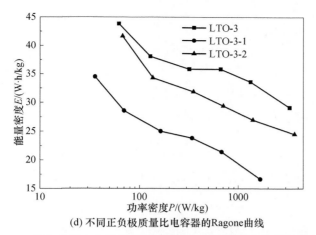

(d) 不同正负极质量比电容器的Ragone曲线

图 6-25　软包式混合电容器的组装过程示意图及其电化学性能曲线

LTO-1、LTO-2 和 LTO-3 分别表示正极为活性炭，负极为纯钛酸锂、包覆 3%无定形碳的钛酸锂复合材料和添加 25%石墨烯的钛酸锂/石墨烯复合材料组装而成的电容器，且活性炭正极厚度为 240μm，负极厚度为 65μm；LTO-3-1 和 LTO-3-2 表示活性炭正极厚度分别为 120μm、180μm，负极厚度为 65μm 的混合电容器

6.3.3　$Li_4Ti_5O_{12}$+AC/$LiMn_2O_4$+AC 体系电池电容

1. 钛酸锂电池

钛酸锂（$Li_4Ti_5O_{12}$）最早由 Murphy 等报道了其与锂金属的电池反应[95]，其具有富锂的尖晶石结构，和石墨负极相比，理论比容量较低（170mA·h/g），电压较高（1.5V vs.Li^+/Li），这两点虽然都降低了 $Li_4Ti_5O_{12}$ 的能量密度，但是除此之外的一系列优点使其成为一种可取代现有商用锂离子电池中石墨负极的候选材料。首先，在循环过程中其形变量十分小，这让 $Li_4Ti_5O_{12}$ 有着很好的循环稳定性；其次，它没有电解质分解，因而没有 SEI 膜生成；再次，它具有优良的倍率性能、低温充放电性能以及热稳定性[96]。钛酸锂电池即以 $Li_4Ti_5O_{12}$ 作为负极材料，与 $LiMn_2O_4$、$LiFePO_4$、三元材料等正极材料组成的锂离子电池。其他部件如隔膜、电解液以及电池壳等和现有的以石墨为负极的锂离子电池相同。

常见的钛酸锂电池的工作电压如图 6-26 所示，可以组成 2.3V 的 $Li_4Ti_5O_{12}$/$LiCo_{0.5}Ni_{0.5}Mn_{0.5}O_2$（NCM）和 2.0V 的 $Li_4Ti_5O_{12}$/$LiFePO_4$ 体系，以及 2.6V 的 $Li_4Ti_5O_{12}$/$LiMn_2O_4$ 体系。由于 $LiFePO_4$ 电压较低，$Li_4Ti_5O_{12}$ 并不适合与 $LiFePO_4$ 搭配，与 $Li_4Ti_5O_{12}$/$LiMn_2O_4$ 相匹配的正、负极体系有可能成为一种较优的选择。相较于传统的 C/$LiCoO_2$ 体系，$Li_4Ti_5O_{12}$/$LiMn_2O_4$ 体系的优势包括：卓越的安全性、优秀的循环寿命、可以实现快速充放电、$LiMn_2O_4$ 具备的整体成本优势等。

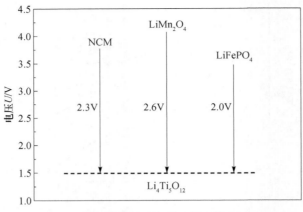

图 6-26　常见钛酸锂电池的工作电压

和传统的锂离子电池类似，钛酸锂电池同样按照实际的需要大多分为能量型和功率型两种，能量密度可达到 50~80W·h/kg，功率密度在 1kW/kg 左右，循环寿命在 5000 次以上。可应用于纯电动和混合电动车驱动电源、轨道交通、长寿命储能电源、军用电源等诸多领域[97-99]。

2. 钛酸锂电池产业化情况

1）国外的研究和产业化情况

美国和日本的公司对钛酸锂电池的研发和产业化工作起步很早。2005 年，英国 *New Scientist* 周刊就报道了美国 Altairnano 公司研制出了负极采用 $Li_4Ti_5O_{12}$ 材料的锂离子电池，充电时间只需要 6min（10C），而充电后的使用寿命和电流强度是当时一般充电电池的 10 倍和 3 倍。此后该公司生产的标准 24V、60A·h LTO 电池模块的质量能量密度可达 51.9W·h/kg（体积能量密度 106W·h/L），质量功率密度 799W/kg（体积功率密度 1673W/L），循环 16000 次后达到 80% 的初始容量（2C充放，25℃）。55℃下 2C 充放，循环 4000 次后容量保持率也高于 80%[100]。

在 2014 年深圳 CIBF 展会上，Altairnano 公司公布了最新研发的 $Li_4Ti_5O_{12}$ Gen4 电池，质量能量密度可提升至 90W·h/kg（体积能量密度 210W·h/L），50%荷电状态(SOC)下电池的放电功率密度可达 2667W/kg，循环寿命大于 20000 次。图 6-27 为 $Li_4Ti_5O_{12}$ Gen4 电池的性能曲线[101]。

EnerDel 公司主要在美国印第安纳州生产商用锂离子电池系统，主要产品为混合和纯电动车锂离子电池和电池组，其生产的 $Li_4Ti_5O_{12}/LiMn_2O_4$ 电池容量为 5A·h，工作电压 1.6~2.9V，电池组共 384 节单体（96 串 4 并），总能量为 26kW·h，质量能量密度为 91W·h/kg，体积能量密度为 117W·h/L[100]。

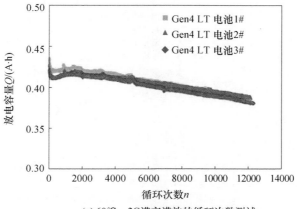

(a) 60℃、2C满充满放的循环次数测试

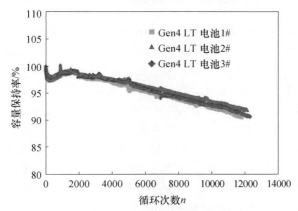

(b) 25℃、2C满充满放的放电容量变化

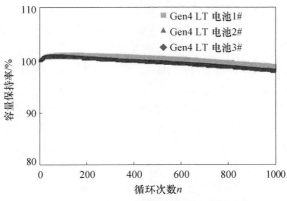

(c) 65℃、2C满充满放的放电容量变化

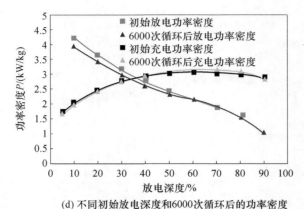

(d) 不同初始放电深度和6000次循环后的功率密度

图 6-27　　Altairnano 公司的 $Li_4Ti_5O_{12}$ Gen4 电池性能曲线

在 2003 年车用蓄电池全球会议（Advanced Automotive Battery Conference）上，东芝集团就该公司的钛酸锂电池（SCiB）发表了演讲。SCiB 在反复充放 6000 次后容量保持率仍可达 90%以上，能量密度为 67W·h/kg，功率密度为 900W/kg[102]。

东芝集团提供了两款 SCiB 产品，其中 20A·h 产品可用于纯电动汽车（EV）和插电式混合动力车（PHEV）的动力电源，而 3A·h 产品则可应用于怠速停止车和混合动力车的辅助电源。20A·h 产品主要适用于高能量用途，单体额定电压为 2.3V，单位体积的能量密度为 176W·h/L，外形尺寸为 103mm×115mm×22mm；3A·h 主要面对高功率应用方面，电池单体的额定电压为 2.4V，50% SOC 时的 10s 输出功率为 450W，输入功率为 476W，外形尺寸为 96mm×62mm×13mm。在 35℃ 的环境下、以 20%～80% SOC 反复进行 2 万次以上的 10C 充放电循环后，容量保持率也能维持在最初的 80%以上[103]。

2）国内的研究和产业化情况

随着钛酸锂电池研究工作的进一步展开，国内也有很多学者开始了研究工作。崔明等[104]采用锰酸锂为正极、钛酸锂为负极制成了 26650 圆柱型电池，1C 充放电循环 200 次后容量保持率为 96.1%，并通过了针刺、过充电等安全性能测试，还讨论了 0.05C 和 1C 预化成方式的影响，结果表明两种预化成方式对电池的电容量、内阻、首次充放电效率等性能影响不大，钛酸锂电池在电极反应中几乎没有 SEI 膜形成。刘志远等[105]同样制成了 1A·h 电池，研究了 $Li_4Ti_5O_{12}/LiMn_2O_4$ 体系，并且同 $LiCo_{0.5}Ni_{0.5}Mn_{0.5}O_2$ 及 $LiFePO_4$ 正极材料体系进行了对比，其中 $Li_4Ti_5O_{12}/LiCo_{0.5}Ni_{0.5}Mn_{0.5}O_2$ 体系的初始容量最高，为 963mA·h。$Li_4Ti_5O_{12}/LiFePO_4$ 体系的循环性能最好，500 次循环后容量保持率为 98.1%。张艳霞等[106]对以 $LiMn_2O_4$ 和 $LiCo_{0.5}Ni_{0.5}Mn_{0.5}O_2$ 混合材料为正极的体系进行了实验，制备了 5.5A·h 中倍率 1865140 型电池。5C 连续放电的容量为 1C 时的 89%，2C 时 1200 次循环后的容量保持率在 91%以上，此外还具有良好的高低温性能。张艳霞等[107]同样以 Li$_4$Ti$_5$O$_{12}$/LiFePO$_4$ 体系制备了 1164140 型电池，讨论了不同的正、负极容量设计对电池容量发挥的影响，结果表明正极和负极容量比接近 1 时，正、负极材料容量发挥以及充放电效率最高，电池能量密度能够达到 56W·h/kg。

在钛酸锂电池产业化方面，国内的电池厂商也开始进行了探索。天津力神电池股份有限公司已经投产的 16A·h 钛酸锂电池单体，循环寿命可以超过 15000 次，放电温度范围为-40～60℃，50C、3000 次循环后容量保持率仍高于 80%，安全性能高，经过充电、高温、针刺等实验均不起火、不爆炸[108]。微宏动力系统（湖州）有限公司研发的钛酸锂电池循环寿命可达 20000 次，自 2011 年 3 月以来已经在重庆市的 609 路纯电动公交巴士上运营使用，并屡见报道[109]，目前累计已经有 31 台在重庆市的多路公交线路上商业运营。

安徽天康股份有限公司推进的纳米钛酸锂离子动力/储能电池项目总投资 26 亿元，现已生产 10A·h、20A·h、75A·h 等多个规格的单体电池，根据其最近的产品手册，75A·h 的产品标称电压为 2.4V，质量能量密度可达 78W·h/kg，体积能量密度为 150W·h/L。图 6-28 为其产品的性能曲线。

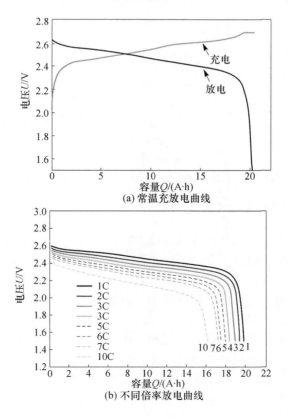

(a) 常温充放电曲线

(b) 不同倍率放电曲线

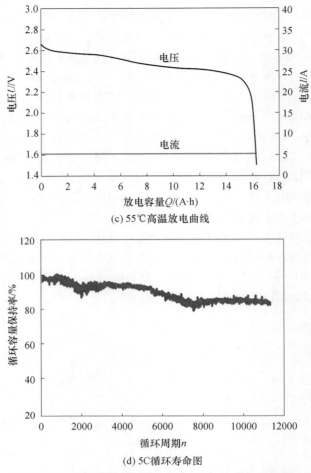

(c) 55℃高温放电曲线

(d) 5C循环寿命图

图 6-28　安徽天康股份有限公司的 LTO 电池性能曲线

3. 钛酸锂电池电容研究进展

虽然极佳的安全性能使得钛酸锂电池成为研究热点，但是 $Li_4Ti_5O_{12}$ 材料本身较低的电导率（$10^{-13}S/cm$）和锂离子扩散系数（$10^{-10} \sim 10^{-13} cm^2/S$），极大地限制了在大倍率充放下的应用。有学者研究表明[110, 111]，将 $Li_4Ti_5O_{12}$ 的颗粒尺寸纳米化以后可以扩大有效的反应面积和减小扩散距离，从而显著提升材料的倍率性能。Wang 等[112]使用纳米网状结构的 $Li_4Ti_5O_{12}$ 与 $LiMn_2O_4$ 组成了一种柔性电池，在大电流充放电时仍能表现出极高的容量和循环稳定性，20C 时 70 次循环后比容量仍保持在 $120mA·h/g$。但是需要指出的是，材料颗粒纳米化的过程往往比较困难，需要较高的成本，目前还难以实现大规模的工业生产。

另外一种行之有效的办法是引入导电性能优良的炭材料在钛酸锂中构建导电网络，以改善材料的倍率性能。最为常用的手段是碳包覆，文献[113]报道了以 $C_{12}H_8N_2$ 为碳源、使用固相法制备碳包覆 $Li_4Ti_5O_{12}$ 材料，研究表明，$C_{12}H_8N_2$ 的官能化芳香烃可以形成更多的石墨化碳，从而提升材料的导电性，改善倍率性能，10C 时 $Li_4Ti_5O_{12}$/C 的放电比容量可达 145mA·h/g（纯 $Li_4Ti_5O_{12}$ 为 80mA·h/g）。Xu 等[114]则采用静电纺丝技术制作碳包覆的 $Li_4Ti_5O_{12}$ 纤维，通过调整碳含量发现质量分数为 0.95%的样品的倍率性能最好，10C 时为 118mA·h/g，远高于纯 $Li_4Ti_5O_{12}$。除此以外，制备 $Li_4Ti_5O_{12}$ 与碳纳米管、活性炭等的复合材料也是一种解决途径。张建等[115]以钛酸锂和三元材料为正、负极制成了 18650 型和 42120 型电池，钛酸锂中通过高剪切分散技术均匀分散纳米级 CNT，构建三维导电网络，18650 型电池常温 3C 下循环 14000 次的容量保持率为 75.8%，42120 型电池常温 3C 下循环 800 次的容量保持率为 96.5%。Wang 等[116]报道了一种无须支撑的 CNT/$Li_4Ti_5O_{12}$/C 复合材料，电流密度为 100mA/g，循环 100 次后容量为 119mA/g，为初始容量的 95.2%，并且具有优良的倍率性能（500mA/g 时比容量为 77mA·h/g）。王磊等[117]使用溶胶凝胶法制备了 $Li_4Ti_5O_{12}$/AC 的复合材料，研究表明活性炭的复合可以引入双电层储能特性，大倍率充放电性能显著提高，3C 时放电比容量可达 160mA·h/g。

石墨烯以优异的物化性能一被发现便成为碳材料研究的热点，而如何实现石墨烯与钛酸锂的复合也是钛酸锂电池领域一大新兴的热门话题[118-120]。韩国 Oh 等[121]使用固相法合成了石墨烯包裹的纳米钛酸锂材料，和纯钛酸锂相比，均匀包裹了石墨烯的钛酸锂 10C 循环 100 次后的比容量为 147mA·h/g，100C 时比容量仍有 105mA·h/g。刘春英等[122]使用溶胶凝胶法同样合成了石墨烯掺杂改性钛酸锂的复合材料，经 XRD 分析，复合材料仍为尖晶石结构，首次放电比容量相比未改性样品（163mA·h/g）有所提高，为 175mA·h/g。

制约钛酸锂电池大规模应用的另一缺陷是充放电过程中的产气问题，目前这方面的研究很多，但对于产气的原因尚无定论。文献[123]~[126]讨论了钛酸锂电池产气的机理，分析表明产生的气体主要有 H_2、CO_2、CO 等，产气的原因有多种，包括电解液的分解、电极与溶剂的反应以及电解液中残留的水分等。吴宁宁等[127]以锰酸锂/钛酸锂体系制作了软包式样品，分析电池产气的影响因素，结果表明电解质溶液的酸性越大，电池胀气越明显，采用碳包覆的材料减少电极与电解液的直接接触面积，可以有效地改善这一问题。杨承昭等[128]使用碳包覆的 $Li_4Ti_5O_{12}$，以 $LiFePO_4$ 为正极制成了 850mA·h 电池，由于碳包覆层阻断了电解液与钛酸锂的接触，电池表现出优异的循环性能，1C 循环 2000 次后容量保持率在 90%以上。

为改善 $Li_4Ti_5O_{12}$ 体系的功率性能，与炭材料进行复合是一种行之有效的方法。

如再与活性炭复合作为电极材料，在提高电导率的同时，由于具有双电层储能的特性，无疑可以综合电化学反应储能和双电层储能这两种储能机理，有望实现这两种储能机理的性能互补，在功率性能以及循环寿命上对混合器件带来突出的改善。

图 6-29 和图 6-30 是相同工艺制备条件下，只有正极复合（LMO+AC）、两极均复合（LMO+AC、LTO+AC）以及两极均不复合（LMO、LTO）三种情况 0.5C 放电比容量曲线以及倍率性能的对比，样品中 AC 所占的质量分数均为 5%。从放电比容量曲线可以看出，由于活性炭的复合比例较低，在高电压区间并未体现出明显的双电层储能特性，整个放电过程仍以锂离子在正负极之间嵌入、脱出的法拉第电化学储能为主。从放电比容量来看，电极中活性炭的加入使得放电比容量均有不同程度的降低，而两极均复合了活性炭的样品的容量要高于仅有正极复合

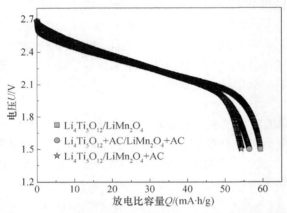

图 6-29　不同 AC 复合方式单体 0.5C 放电比容量曲线

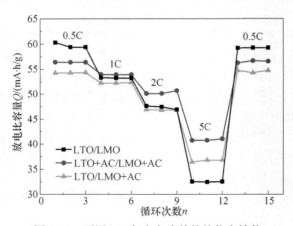

图 6-30　不同 AC 复合方式单体的倍率性能

的样品。通过倍率性能的对比，由于活性炭的复合可以使电极中构建较好的导电网络，同时自身带来的部分双电层储能方式，使得复合后的样品的倍率性能要明显优于未复合的样品，另外两极均复合的样品 5C 时的比容量为 0.5C 时的 72.2%，高于仅正极复合的 68.1%。

　　不同活性炭占比（质量分数）的各组样品的倍率性能比较如图 6-31 所示。容量和倍率性能最优的均为正、负极活性炭占比 5%的样品，0.5C 时的放电比容量为 56.4mA·h/g，电流密度增大至 5C 时下降为 40.7mA·h/g。随着活性复合占比的提高，倍率性能的提升并不明显。复合比例为 10%的样品与 5%样品对比，0.5C 时的比容量下降了 25%，而 10%样品到 5C 时的比容量衰减比例也下降至 32.8%。另外值得注意的是，与复合比例 2%的样品相比较，5%样品在倍率性能明显更优的同时，0.5C 时的比容量也略高。这可能是由于较少活性炭的复合对电池电容单体的容量影响不大，但明显不利于导电网络的构建，因此无法带来倍率性能的提升。

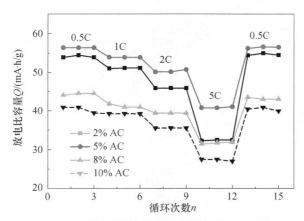

图 6-31　不同活性炭复合比例单体的倍率性能

　　综合之前的实验分析，虽然有部分活性炭的加入，但单体的储能机理仍以法拉第电化学反应为主，即由正极材料提供在正、负极之间嵌入和脱出的 Li^+，而负极材料接收并提供 Li^+脱嵌的通道。由于单体电极的库仑容量与正、负极的配比有关，所以合适的配比可以给电池电容单体带来更优的电化学性能。

　　表 6-2 代表了各组样品不同的氮磷比，其中 LMO-1 为正极复合 5%活性炭，LMO-2 为正极复合 10%活性炭，两者所匹配的负极也均复合了相同比例的活性炭。图 6-32 则为相应的氮磷比样品在 0.5C 时的放电比容量曲线。在两种复合比例下，随着氮磷比的升高，容量大小均呈现出先增大再减小的趋势，其中复合量为 5%的样品在氮磷比为 1.01 时的比容量最大，为 56.4mA·h/g，而复合量为 10%的样品的在氮磷比为 0.97 与 1.05 的比容量均在 41mA·h/g 左右。

表 6-2　不同活性炭复合比例下样品的氮磷比

样品	LMO-1	LMO-2
LTO-1	0.89	0.78
LTO-2	1.01	0.97
LTO-3	1.15	1.05
LTO-4	1.22	1.19
LTO-5	1.39	1.32
LTO-6	1.46	1.41

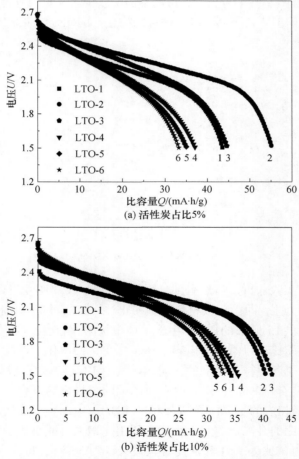

(a) 活性炭占比5%

(b) 活性炭占比10%

图 6-32　不同氮磷比单体 0.5C 时的放电比容量曲线

6.3.4 石墨类/磷酸盐系+AC 体系电池电容

自 1997 年 Padhi 等[129]提出橄榄石型磷酸亚铁锂能用于锂离子电池的正极，并提出该反应机理为 $LiFePO_4$ 和 $FePO_4$ 之间锂的嵌入和脱出以来，到近几年其大规模地应用在动力锂离子电池的正极中，磷酸盐系正极材料呈井喷式发展。磷酸盐系正极材料可用 $LiMPO_4$（M 为 Fe、Mn、Co、Ni、V 等）表示，该系列正极材料均为橄榄石型结构（图 6-33），在晶体中锂和磷分别占据八面体的 4a、四面体的 4c 位点，而金属元素 M 占据八面体的 4c 位点。在充电过程中，正极橄榄石型结构的部分锂离子脱离出来穿过隔膜到达负极；在放电过程中，锂离子重新从负极回到正极嵌到八面体的 4a 位点上。

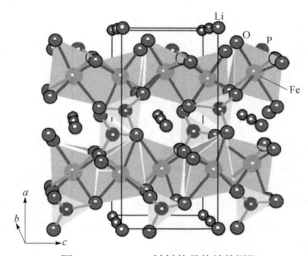

图 6-33　$LiFePO_4$ 材料的晶体结构[130]

在纯磷酸铁锂动力电池市场上，比亚迪股份有限公司、天津力神电池股份有限公司、河南环宇电源股份有限公司、哈尔滨光宇电源股份有限公司等主要企业占据了目前国内的大部分份额。朝阳立塬新能源有限公司等相关企业已经研发出电容电池，力求实现在铁锂电池的基础上提高大电流充放电能力，成为较有前景的发展方向。

此外，虽然磷酸锰锂材料也存在和磷酸铁锂一样的劣势——低电导率，但是已经有许多研究机构以及制造商把目光对准平台电压更高、价格更有优势的该新材料，同时离子掺杂型的磷酸盐系的材料如 $LiFe_{0.95}V_xNi_{0.05-x}PO_4$ 也正在研发中。

1. 磷酸铁锂体系

磷酸铁锂（LFP）具有出色的稳定性、安全性、环保无毒、循环性能好（2000～

6000 次)、实际比容量高（130～140mA·h/g）、成本低、充放电倍率性能好等优点，使其成为动力电池的理想正极材料[131]。然而，磷酸铁锂也存在明显的缺陷，即电导率低、二价铁的氧化以及较差的低温性能，这些缺点需要通过合成的控制以及掺杂和包覆技术来弥补。通过表 6-3 可以看出，根据目标应用领域的不同，选择不同的正极材料，从循环次数、安全性能以及实际比容量来看，磷酸铁锂正极材料是目前电动汽车等大型储能器件最佳的解决方案。由于磷酸铁锂的主要金属元素（Fe）价格较低，所以在成本方面也具有较大的优势。

表 6-3　常见锂离子正极材料和性能的比较[132]

正极材料	钴酸锂	锰酸锂	磷酸铁锂
理论比容量 $Q/(mA·h/g)$	274	148	170
实际比容量 $Q/(mA·h/g)$	135～150	100～120	130～140
电压范围 U/V	3.0～4.5	3.0～4.3	2.0～3.8
循环次数 n	500～1000	500～2000	2000～6000
安全性能	较差	较好	好
工作温度 $t/℃$	−20～55	<50	−20～75
主要应用领域	电子产品	电动自行车、电动汽车	电动汽车及大规模储能

目前，磷酸铁锂正极材料制备的关键技术在于 $LiFePO_4$ 的合成和制备。文献报道中所用的磷酸铁锂合成方法主要分为固相法和液相法。固相法主要包括高温固相法、碳热还原法和微波法；液相法主要包括共沉淀法、水热法、溶胶-凝胶法等[133, 134]。总体来看，液相法在合成高纯度、颗粒尺寸较小的磷酸铁锂有较大的优势[135, 136]，然而固相法具有工艺成熟、设备简单、制备条件容易控制等优点。尤其是高温固相法，通过对保护气氛和煅烧条件，能够制备出电化学性能良好的磷酸铁锂粉末，容易实现工业化大规模生产，是目前磷酸铁锂合成最有前途的方法。此外，对磷酸铁锂的改性也是影响合成方法选择的重要因素。

磷酸铁锂正极材料的改性主要集中在解决低电导率和锂离子扩散速率的缺陷上，目前有三个主要方向：添加或者包覆碳源及导电剂、掺杂金属离子和控制磷酸铁锂的尺寸[137]。例如，通过石墨烯和磷酸铁锂进行复合，可以大幅提升其电化学性能，特别是在大倍率充放电性能和大倍率循环性能方面，目前基本可以达到 60C 时放电比容量 70mA·h/g，10C 充电 20C 放电循环 1000 次容量衰减小于 15%。离子掺杂是在磷酸铁锂晶体的 Li 位和 Fe 位上掺杂其他金属，以提高其内部电导率，同时也可以提高锂离子的迁移速率。共沉淀法、水热法、溶胶-凝胶法等液相合成法是合成颗粒尺寸细小的磷酸铁锂的主要方法,反应环境均一,掺杂均匀[138],通过减小磷酸铁锂颗粒尺寸,有效改善锂离子扩散速率从而提高材料的倍率性能。

2. 磷酸铁锂电池电容研究进展

针对目前公共交通领域对于主动力源的性能要求,研发在磷酸铁锂正极材料中添加阴离子吸附剂[139](如活性炭)进行改性,得到磷酸铁锂/炭复合电极,以提高纯磷酸铁锂电池的功率密度和循环寿命,与此同时能量密度在满足应用要求的情况下有所降低。文献报道,在复合电极中磷酸铁锂和碳源对其最终的比容量贡献的比例理论上遵循质量分配定律[140]:

$$C_{\text{mix}} = \frac{m_1 C_1 + m_2 C_2}{m_1 + m_2} \qquad (6\text{-}1)$$

式中,m_1、m_2 分别为活性物质质量,C_1、C_2 分别为活性物质比容量。

然而,由于集流体、导电剂、黏结剂、隔膜、电解液、引线、外壳、封装材料等非活性物质的存在,实际正负极活性物质的质量分数最高为 40%~60%[141]。商业化的磷酸铁锂的比容量约为 140mA·h/g,而活性炭(AC)为 40~60mA·h/g,所得到的复合电池的能量密度在 20~80W·h/kg。

复合正极材料 SEM 表面形貌及分析结果如图 6-34 所示。由图可以看出,正极复合材料 LFP 和 AC 分散均匀,AC 的粒径约为 8μm,呈不规则状,所用 LFP 为圆球状,表面可以看到碳包覆,粒径分布较广,粒径尺寸分布为 5~20μm。

从图 6-34 的复合电极能谱图可以看出,虽然样品中磷酸铁锂掺杂量为 30%(质量分数),但能谱显示 Fe 含量只占 6.9%(质量分数),说明磷酸铁锂表面的碳包覆较为均匀,几乎检测不到 Fe 元素。

碳包覆技术是目前有效改善磷酸铁锂低电导率的方法。近年来许多研究集中采用葡萄糖、蔗糖、石墨烯和碳纳米管作为碳源,以达到出色的电化学性能和倍

20μm

(a) 放大2000倍的LFP/AC复合电极SEM图

(b) 放大5000倍的LFP/AC复合电极SEM图

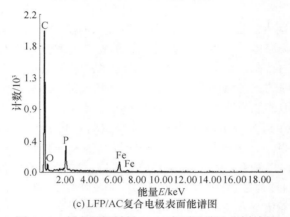

(c) LFP/AC复合电极表面能谱图

图 6-34　复合正极材料 SEM 表面形貌及分析结果

率性能。

Ding 等[142]采用共沉淀法制备了磷酸铁锂/石墨烯的前驱体，经过 700℃、18h 的煅烧得到复合材料，当石墨烯添加量为 1.5%（质量分数）时，在 0.2C 和 10C 下首次放电比容量高达 160mA·h/g 和 110mA·h/g，从原理上看，石墨烯为磷酸铁锂的形成和生长提供了骨架。

Su 等[143]用水热法制备了磷酸锂铁/石墨烯复合材料，然后用蔗糖作为包覆碳源，采用固相法在 650℃下煅烧得到三相复合材料。结果表明，石墨烯为磷酸铁锂提供了一个高效的导电网络，使得材料具有良好的电化学性能和循环性能，在 0.1C 和 5C 下放电比容量高达 164mA·h/g 和 114mA·h/g。

Zhou 等[144]以水热合成的 LiFePO$_4$ 为原料，进行喷雾干燥后得到 LiFePO$_4$/氧化石墨烯/葡萄糖复合物，最后经 600℃煅烧 5h 得到 LiFePO$_4$/石墨烯/炭复合材料。实验结果显示，复合材料在 50C 时的放电比容量高达 70mA·h/g，石墨烯包覆在

LiFePO₄ 纳米颗粒表面形成一个三维导电网格，显著提高了电子在活性物质表面的传输速度，使材料具有了优异的倍率性能和循环性能。

3. LFP/AC 电池电容研发

图 6-35 和图 6-36 分别为不同磷酸铁锂掺杂比下的试样倍率性能和 CV 曲线。试样所用负极为人造石墨（BTR, AGP-2A），正极采用不同磷酸铁锂含量（10%～40%（质量分数））。从图中可以看出，纯磷酸铁锂电池倍率性能较差，掺入活性炭后，倍率性能有显著提高。磷酸铁锂的氧化还原电位在 2.7V/3.3V，随着磷酸铁锂含量的减少，氧化还原峰强度逐渐减弱。其反应机理主要为在充放电过程中既有活性炭的离子静电吸附，又有磷酸铁锂的氧化还原作用。

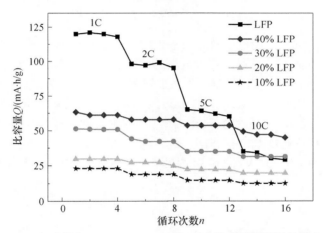

图 6-35 各试样在 1C、2C、5C、10C 下充放电循环所得的比容量

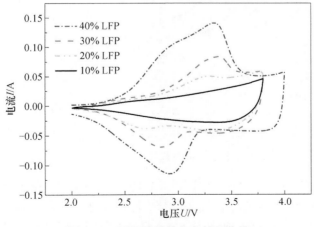

图 6-36 四组试样的伏安循环曲线

在电池电容中，正负极的匹配也是技术难点之一。MCMB、钛酸锂、人造石墨、软炭、硬炭等负极材料均被用来作为电池电容的负极材料。图 6-37 为三种负极材料的 SEM 图。

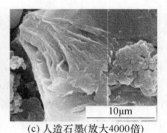

(a) 软炭(放大5000倍)　　　(b) 硬炭(放大5000倍)　　　(c) 人造石墨(放大4000倍)

图 6-37　三种负极材料的 SEM 图

针对 40%、30%（质量分数）磷酸铁锂正极制作的软包试样，经过化成以及倍率性能测试结果可以看到，人造石墨、软炭和硬炭三者的性能结果较好。三者比较来看，硬炭负极能使正极 LFP 和 AC 发挥出最佳的容量（理论容量的 70%），人造石墨的平台效应（在 3.2～3.3V）最为明显，同时硬炭的倍率性能最佳（40C 的放电容量是 2C 放电容量的 62.8%）[145]。四组不同负极的样品在 0.2C 下进行完整充放电并将放电曲线进行作图，LAC/LTO 的充放电电压为 1.0～2.5V，其余的充放电电压为 2.0～3.8V。图 6-38 为四种负极材料组成的电池电容的放电曲线。

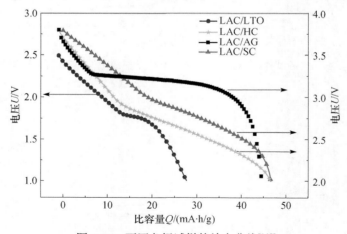

图 6-38　不同负极试样的放电曲线[145]

此外，在电池电容的正极材料中，活性炭和磷酸铁锂复合材料受到锂盐溶解度的影响，电解液中自由移动的离子数量有限，限制了正极中的活性炭的容量，使得实际得到的比容量远小于理论计算值。汪红梅等[146]将超级电容器的 Et₄NBF₄ 和锂离子电池的 LiPF$_6$/EC+DEC+DMC（体积比 1:1:1）混合，并应用到锰酸锂/活性炭和钛酸锂电池中，结果表明 Et$_4$NBF$_4$ 盐改变了锂离子电池电解液中的自由离子的种类，提高了电解液的高压稳定性和电导率。数据显示，当 Et$_4$NBF$_4$ 和 LiPF$_6$ 物质的量之比为 4:1 时，电池的电化学稳定性最佳，4C 下进行 5000 次循环后容量保持率为 95.8%。刘萍等[147]研究了 EC+PC+DMC 溶剂体系下的 LiODFB-TEA-BF$_4$ 复合盐电解液分别对磷酸铁锂电池和活性炭电容器的影响，结果表明，TEA 盐有助于磷酸铁锂电池负极 SEI 膜的形成，然而浓度过高则会限制 AC 容量的发挥。

此外，对比朝阳立塬新能源有限公司（朝阳立塬）的 LFP 电容电池、上海奥威科技开发有限公司（上海奥威）的电池电容以及文献中电容电池的寿命数据（表 6-4）可以看出，目前来看，虽然电池电容的充放电过程中电容特性得到了充分的体现，但是占总容量比例较大的电池性能在循环过程中的容量衰减直接决定了器件的使用寿命。

表 6-4　朝阳立塬、上海奥威和 Hu 样品的循环寿命[148-150]

试样来源	试样规格	测试条件	循环次数	容量保持率
朝阳立塬[150]	3.2V，20A·h	<0.5C（慢充）	2500	90%
朝阳立塬[150]	3.2V，20A·h	<0.5C（慢充）	5000	80%
上海奥威[149]	9000F，25000F	<21mA/g（对器件）	30000	80%
Hu[148]	LFP＋AC/LTO	4C	2000	92.29%
Hu[148]	LFP＋AC/LTO	4C	2000	90.4%

4. 磷酸锰锂及未来发展趋势

相对于钴酸锂和锰酸锂，磷酸铁锂的电化学窗口较低，限制了磷酸铁锂电池的能量密度和功率密度，因此其他橄榄石结构的正极材料也成为找到安全高效的动力电池的研发热点。近年来，磷酸锰锂正极材料成为国内磷酸铁锂正极材料企业以及众多研发机构加紧研发的重点，包括比亚迪股份有限公司、北大先行科技产业有限公司、厦门钨业股份有限公司和天津斯特兰能源科技有限公司，以实现率先在电动汽车上应用的目标。

磷酸锰锂正极材料除了拥有橄榄石结构材料的比容量较高（170mA·h/g）、结构稳定、循环寿命长、安全性高等优点外，还具有更高的充放电平台电压（4.1V），远高于磷酸铁锂的 3.1V，且该平台电压也同样位于现有稳定的电解液体系电化学窗口内。在比容量相同的条件下，磷酸锰锂电池的能量密度比磷酸铁锂电池高出

20%左右，功率密度高出 60%左右，是下一代高能量密度和功率密度的锂电和混合电池电容正极材料的有力竞争者。

目前，中国科学院宁波材料技术与工程研究所动力与储能电池技术研究团队[151]在成功解决了磷酸锰锂材料的电子电导率低和锂离子扩散速率低的关键问题后，研发出磷酸锰锂的 18650 圆柱型电池，1100mA·h 的容量和 3.9V 的平台电压使其能量密度比同型号的磷酸铁锂电池高 20%，且具有出色的循环寿命、高倍率充放电性能、安全性能和低温性能。此外，Chang 等[152]研发了一种类三元材料的磷酸盐系正极材料 $LiFe_{0.95}V_xNi_{0.05-x}PO_4$，该正极材料具有较高的比容量（141mA·h/g），具有出色的倍率性能（10C 下 100mA·h/g），比磷酸铁锂高 18%，以及出色的循环性能，主要原因可能是较高的锂离子传输速度。

磷酸锰锂和 $LiFe_{0.95}V_xNi_{0.05-x}PO_4$ 具有与锰酸锂和三元材料相同的平台电压优势，若这些磷酸盐系材料在技术和产业化方面有所突破，势必抢占锰酸锂和三元材料的市场份额，在电动汽车领域有较为广泛的应用。

6.3.5　三元材料体系电池电容

1. 三元材料研究进展

1999 年，Liu 等[153]首次报道了化学式为 $LiNi_{1-x-y}Co_xMn_y$（$0<x<0.5$，$0<y<0.5$）的镍钴锰三元复合过渡金属氧化物。Ohzuku 等[154]在 2001 年首次合成了 $LiNi_{1/3}Co_{1/3}Mn_{1/3}O_2$。$LiNi_{1-x-y}Co_xMn_y$ 循环性能好、比容量高、安全性高及成本低，被认为是最有希望替代 $LiCoO_2$ 的材料。

锂离子电池三元正极材料 $LiNi_{1-x-y}Co_xMn_y$ 具有和 $LiCoO_2$ 类似的结构。图 6-39 为 $Li_{1.2}Ni_{0.1}Co_{0.2}Mn_{0.5}O_2$ 和 $Li_{1.2}Ni_{0.13}Co_{0.13}Mn_{0.54}O_2$ 的 XRD 图，从图中可以看出，两种三元材料均为 a-NaFeO$_2$ 层状结构，R3m 空间群[154]，Li 晶胞参数 a=0.2862nm 和 c=1.4227nm。其中 Li 原子占据 3a 位置，Ni、Mn、Co 分别随机占据 3b、6c 位置。6 个氧原子包围过渡金属原子形成 MO$_6$ 八面体结构。锂离子嵌入过渡金属原子和氧形成的 $LiNi_{1-x-y}Co_xMn_y$ 层。$LiNi_{1-x-y}Co_xMn_y$ 综合 $LiCoO_2$、$LiNiO_2$、$LiMnO_2$ 三类材料的优点，形成了 $LiCoO_2/LiNiO_2/LiMnO_2$ 三相的共熔体系，存在明显的三元协同效应[155]。三元材料因协同效应，其性能优于任一单一材料。此材料中的 Mn 为+4 价，Ni 为+2 价，Co 为+3 价，防止了 Jahn-Teller 效应，在充放电过程中，层状结构不会向尖晶石结构改变，可保持层状结构的功能稳定性。因此，三元材料是一种同时拥有高容量和高稳定性的材料。

$LiMn_xNi_yCo_{1-y}O_2$ 中 Ni、Co、Mn 的计量比影响该材料的合成和性能，研究者对镍钴锰三元材料的配比做了许多研究，常有的配比有 $LiNi_{1/3}Co_{1/3}Mn_{1/3}O_2$、$LiNi_{2/5}Co_{1/5}Mn_{2/5}O_2$ 和 $LiNi_{3/8}Co_{2/8}Mn_{3/8}O_2$[154,156-158]。在 $LiNi_{1/3}Co_{1/3}Mn_{1/3}O_2$ 中过渡

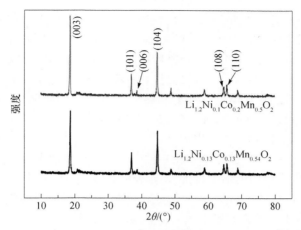

图 6-39　$Li_{1.2}Ni_{0.1}Co_{0.2}Mn_{0.5}O_2$ 和 $Li_{1.2}Ni_{0.13}Co_{0.13}Mn_{0.54}O_2$ 的 XRD 图[154]

元素 Co、Mn、Ni 以+3、+4、+2 价存在，其结构示意图如图 6-40 所示。在一般情况下，镍的存在可提高材料的可逆嵌锂容量，但是太多 Ni^{2+} 的存在，会与 Li^+ 发生阳离子混排现象，材料的循环性能变差。Co 可稳定复合物层状结构并有效地抑制阳离子的混排，且能提高材料的充放电循环性能和导电性，但随着 Co 比例增大，晶胞体积会变小，从而使材料的可逆嵌锂容量降低。Mn 可在很大程度上降低成本，有效提高材料的安全性能，但是 Mn 的含量过高会破坏材料的层状结构[159]。

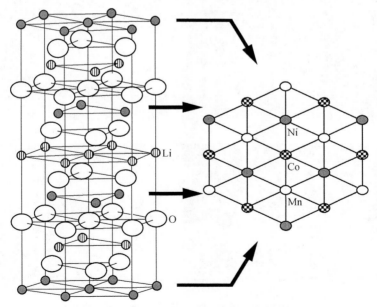

图 6-40　镍钴锰三元材料晶体结构示意图[159]

　　改性研究是改善 Li[Mn,Ni,Co]O$_2$ 性能极其重要的手段，包括表面包覆改性、掺杂改性和共混改性。表面包覆改性方面，Komaba 等[160]成功制备了 Al$_2$O$_3$ 包覆的 Li[Li$_{0.05}$Ni$_{0.4}$Co$_{0.15}$Mn$_{0.4}$]O$_2$ 材料，材料经过包覆后的高温性能和倍率性能都优于没有经过包覆的材料；Cho 等[161]首次制备了纳米 AlPO$_4$ 包覆的 Li[Ni$_{0.8}$Co$_{0.1}$Mn$_{0.1}$] O$_2$ 材料，经过包覆后的材料电化学性能和热稳定性得到有效改善。对于掺杂改性，目前常用的掺杂元素为 Mg、Na、Cr、Si、Ti 及 F 等[162-166]。因此，Sun 等用 F 部分取代 LiNi$_{1/3}$Co$_{1/3}$Mn$_{1/3}$O$_2$ 材料中的 O，与没有取代的材料相比，有更好的高倍率性能、更稳定的循环测试性能和热稳定性[167]；Kim 等[168]在 Li[Mn,Ni,Co]O$_2$ 中掺杂少量 Si，结果显示材料的倍率性能和循环性能都得到显著改善。共混改性方面，Takeda 等[169]将 Li$_{1.1}$Mn$_{1.9}$O$_4$ 与 Li[Ni$_{0.4}$Co$_{0.3}$Mn$_{0.3}$]O$_2$ 按比例共混，相比没有共混的 Li$_{1.1}$Mn$_{1.9}$O$_4$ 材料，共混材料拥有优良的高温存储性能，放电比容量也有了很大改善。

　　目前此类材料合成最多的是 LiNi$_{1/3}$Co$_{1/3}$Mn$_{1/3}$O$_2$，图 6-41 为制备样品的 SEM 图。由图可以看出，LiNi$_{1/3}$Co$_{1/3}$Mn$_{1/3}$O$_2$ 的粒度分布均匀，颗粒近似于球状，这样的结构对于流动性与分散性均较为有利。常用的合成方法是混合氢氧化物共沉淀法。此方法合成步骤较烦琐且重复性比较差，原料 Ni、Co 是战略性资源，价格非常高，且对环境污染很大。因此，在保持此材料优良的电化学性能的条件下，进

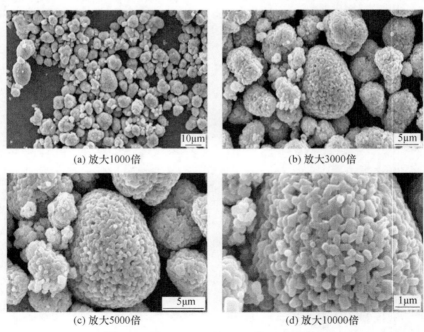

(a) 放大1000倍　　　　　　　　　　　　(b) 放大3000倍

(c) 放大5000倍　　　　　　　　　　　　(d) 放大10000倍

图 6-41　LiNi$_{1/3}$Co$_{1/3}$Mn$_{1/3}$O$_2$ 的 SEM 图[170]

一步调低 Ni、Co 元素的比例有利于控制生产成本，目前，材料 Li[Ni,Co,Mn]O₂ 的研究热点包括提高其振实密度、高低温特性和高电压下的循环稳定及性倍率性能等。通过合成方法的改进和创新以及进行一系列的包覆、掺杂、共混等方式的改性，Li[Ni,Co,Mn]O₂ 将有希望快速进入大规模应用。

目前，锂离子电池三元复合正极材料主要合成方法有共沉淀法、溶胶凝胶法、喷雾热分解法和高温固相法等。

1）共沉淀法

共沉淀法一般是向混合成溶液状态的化学原料中加入适当的沉淀剂，将溶液中混合均匀的各组分按某个化学计量比均匀地沉淀出来，或者是在溶液中反应沉淀得到一种中间产物，然后煅烧使其分解，最终得到目标产物。氢氧化物共沉淀法和碳酸盐共沉淀法[154]是目前采用最多的方法。此共沉淀法可控制前驱体的形貌和粒度，所得到的前驱体的成分比较均匀，但工艺流程长且复杂，还必须严格控制溶液的 pH、反应温度、搅拌强度、溶液浓度及其他一些影响性指标的诸多因素，并且锂离子很难与某一种沉淀剂或过渡金属共沉淀下来，这不仅会造成锂的计量比不准确，还难以保证锂与过渡元素的混合均匀程度以及产品的批次稳定性。Sun 等[171]优化了共沉淀法，通过控制浓度、螯合剂的用量以及 pH、煅烧温度和搅拌速度，合成球形的前驱物 $Ni_{1/3}Co_{1/3}Mn_{1/3}(OH)_2$，然后通过控制煅烧温度得到较高振实密度的 $LiNi_{1/3}Co_{1/3}Mn_{1/3}O_2$。

2）溶胶凝胶法

溶胶凝胶法是将原料（有机化合物或无机化合物）溶解、水解而形成溶胶，再在一定的条件下使凝胶发生固化，经热处理而制备固体氧化物的方法。此方法因为反应原料是在液相条件下混合，所以各种金属离子是在原子尺度上的混合，得到的粉体均匀性好。由于可以使用高纯度的实验原料，且实验原料的可选用性比较灵活，在处理过程中溶剂比较容易除去，所得制品的纯度也比较高。合成的温度要比传统固相法的合成温度要低一些，为 200～500℃，这样不仅可以节约能源，还可以避免高温状态下新杂质元素的引入。但此方法所需溶剂一般为有机物，不仅价格相对偏高，有很大一部分还对人体的健康有害，并且多数反应的整个过程周期较长，需要数天甚至数周，多用于实验室研究，大规模的商业化、工业化生产则很难进行。Park 等[156]采用溶胶凝胶法得到纳米尺度的 $LiNi_{1/3}Co_{1/3}Mn_{1/3}O_2$ 材料，在充放电电压 2.5～4.5V 条件下，通过 40 次循环后的放电比容量仍高达 229mA·h/g。

3）喷雾热分解法

喷雾热分解法是控制材料形貌的一种新兴方法。在这种方法中，原料溶于水溶液中，此水溶液含有一定量的聚合剂，从而配制成一定浓度的母液。通过超声雾化器的高能分散作用，将母液喷出形成微米级的雾滴[172]。在高温反应装置中，雾滴会发生分解，生成氧化物的球形颗粒，也就是目标反应产物。因为此方法是在反应炉中瞬间完成的一系列物理化学过程，所以最后形成了超细的粉末，又因为这个过程是以液相溶液作为前驱体气溶胶的过程，所以具有气、液相法的一些优点，如生产效率高、可精确地控制化学计量比等。但此方法对设备要求比较高，需投入大量的物质成本，而且工艺流程比较复杂，使得生产成本高，很难进行工业化生产，目前的主要工作还是停留在实验室的小型实验阶段。Park 等[173]用超声喷雾热解法合成了 $LiNi_{1/3}Co_{1/3}Mn_{1/3}O_2$，其化学组成均匀、循环性能好、容量高，在 2.8～4.6V 的充放电电压下以 $0.2mA/cm^2$ 的电流密度进行测试，其放电比容量达 188mA·h/g。

4）高温固相法

高温固相法是最传统的制备方法，即将混合均匀的固态原料直接进行高温的合成，以合成目标产物。$LiNi_{1/3}Co_{1/3}Mn_{1/3}O_2$ 的高温固相合成法一般是采用各种镍、钴、锰盐和氧化物或者氢氧化物直接与金属锂盐混合进行高温合成[174, 175]。因其操作简单、成本低廉、可以精确控制原料配比，适合大批量生产而成为工业化生产的最有可能的方法。但是由于传统的高温固相法是通过扩散形式进行的，能耗比较大，且原料会出现不能形成均相、合成过程中难以保证各元素的均匀分布、出现产品批次性的质量不稳定等现象，而影响材料的电化学性能。Wang 等[176]使用镍、钴、锰三种过渡金属的氧化物和 $LiOH·H_2O$ 在 1050℃烧结 24h，高温固相法制备 $LiNi_{1/3}Co_{1/3}Mn_{1/3}O_2$，20 次循环后可逆比容量为 160mA·h/g。

2. 三元材料体系电池电容的研究进展

三元体系混合超级电容器是介于传统物理电容器和电池之间的一种较佳的储能元件，属于非对称型电化学电容器，其巨大的优越性表现如下：

（1）能量密度高。混合超级电容器的能量密度比传统电容器高10～100 倍。

（2）功率密度高。混合超级电容器具有 2kW/kg 左右的功率密度，达到电池的 2 倍以上，可以提供车辆牵引的大功率。

（3）使用寿命长。混合超级电容器在充放电过程因电容性质的加入而延长了器件的使用寿命，一般可达几万次到十几万次。

（4）放置时间长。由于电池性质的加入，混合超级电容器的漏电明显减少，可长时间放置。

（5）免维护，环保。

目前研究的非对称型电化学电容器，性能差别较大，如水系活性炭 AC/MnO_2 电化学电容器的工作电压为 2V，其能量密度达到 21W·h/kg；水系 $AC/LiMn_2O_4$ LMO 电化学电容器的工作电压为 1.8V，其能量密度达到 35W·h/kg；水系 Fe_3O_4/MnO_2 电化学电容器的工作电压为 1.8V，其能量密度达到 7W·h/kg。殷金玲等[177]研究了 $LiCoO_2$ 和 $LiMn_2O_4$ 与 AC 之间的复合体系，发现两者与 AC 之间都存在良好的协同作用关系。层状三元材料 $LiNi_{1/3}Co_{1/3}Mn_{1/3}O_2$ 充分综合钴酸锂的良好循环性能、镍酸锂的高比容量和锰酸锂的高安全性能及低成本等优点，而 AC 作为电极具有比表面积大的优点。因此，通过固相混合法将 $LiNi_{1/3}Co_{1/3}Mn_{1/3}O_2$ 与活性炭混合作为电化学电容器的正极材料，与石墨配对组成电化学电容器，研究其性能具有重要意义。目前的研究热点混合超级电容器体系与双电层电容器体系的性能比较如表 6-5 所示。

表 6-5　混合超级电容器与双电层电容器的性能比较

正极/负极	单电极质量比容量	电解液	工作电压/V	能量密度/(W·h/kg)
AC/AC	280F/g，280F/g	5mol/L H_2SO_4/H_2O	0~1.0	<5
AC/AC	100F/g，100F/g	1mol/L Et_4NBF_4/PC	0~2.7	5~10
AC/$Li_4Ti_5O_{12}$	100F/g，168F/g	1mol/L $LiPF_6/EC:DMC$	1.5~2.8	18~20
$Ni(OH)_2$/AC	292mA·h/g，280F/g	6mol/L KOH/H_2O	0~1.5	10~15
$LiMn_2O_4$/AC	110mA·h/g，280F/g	1mol/L H_2SO_4/H_2O	0.8~1.9	15~18
$LiCoO_2$/AC	126mA·h/g，280F/g	1mol/L H_2SO_4/H_2O	0.5~2.05	20~30

　　许多企业和研究机构对三元体系混合超级电容器做了许多研究工作[178, 179]，上海奥威科技开发有限公司通过优化正负极的容量配比，评价了 $LiNi_{1/3}Co_{1/3}Mn_{1/3}O_2$/AC 体系混合超级电容器的电化学性能。结果显示，在正负极容量配比为 4:1 时，此体系超级电容器的能量密度达 11W·h/kg、功率密度达 5278W/kg，经过 2200 次循环后容量仍能保持 92%，有希望实现实用化[178]。分别将正负极容量配比为 2:1、3:1 和 4:1 的样品编号标记为 1#、2# 和 3#，AC/AC 对称结构的双电层电容器编号为 4#。由图 6-42（a）可以看出，三种配比的混合超级电容器的容量都比对称型双电层电容器的容量高，从 1# 样品的放电曲线可以看出其在放电的末期斜率增大，即在低电压下微分电容量减少，说明正负极容量配比为 2:1 时，其电容特性不如其他两种比例的混合超级电容器。由图 6-42（b）可以发现，虽然相比于 AC/AC 对称型双电层电容器，混合超级电容器在较大电流密度下容量保持率低，但结合表 6-6 中的数据可以看到，在上述任一电流密度下，混合超级电容器的容量都比 AC/AC 对称型双电层电容器高，这在实际应用中具有重要意义。

　　朱继平课题组制备了 AC($LiNi_{1/3}Co_{1/3}Mn_{1/3}O_2$)/AC 混合超级电容器[179]，图 6-43 给出了电容器的恒流充放电曲线。三条曲线分别代表 AC 中混合 $LiNi_{1/3}Co_{1/3}Mn_{1/3}O_2$ 为 10%、20% 与 50%（质量分数）三种不同含量的配比，电容器的工作电压范围是 0~2.5V，在该曲线中电容器的充放电电流密度为 80mA/g。

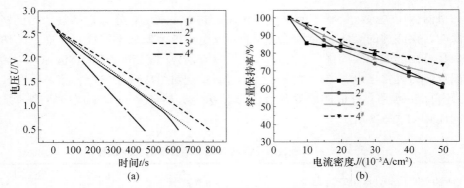

图 6-42　在 $5×10^{-3}A/cm^2$ 电流密度下的放电曲线（a）
以及不同电流密度下电容器放电容量保持率（b）

表 6-6　四种混合超级电容器不同电流密度下放电容量

电流密度 $J/(10^{-3}A/cm^2)$	5	10	15	20	30	40	50
放电容量 C_1/F	139	117	115	114	108	94	82
放电容量 C_2/F	161	151	140	131	119	108	100
放电容量 C_3/F	183	173	164	156	140	130	122
放电容量 C_4/F	105	101	98	91	85	81	77

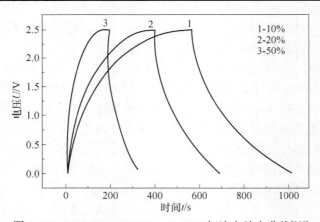

图 6-43　$AC(LiNi_{1/3}Co_{1/3}Mn_{1/3}O_2)/AC$ 恒流充放电曲线[166]

为了研究不同 $LiNi_{1/3}Co_{1/3}Mn_{1/3}O_2$ 含量的 $AC(LiNi_{1/3}Co_{1/3}Mn_{1/3}O_2)/AC$ 非对称型电化学电容器的充放电循环寿命，在充放电电流密度为 80mA/g 下对 $LiNi_{1/3}Co_{1/3}Mn_{1/3}O_2$ 含量分别为 10%、20%和 50%（质量分数）的 $AC(LiNi_{1/3}Co_{1/3}Mn_{1/3}O_2)/AC$ 非对称型电化学电容器进行 50 次恒流充放电性能测试，充放电区间为 0～2.5V。

图 6-44 反映了质量比容量与循环次数的关系，从图中可以发现，在 80mA/g 电流密度下，不同 $LiNi_{1/3}Co_{1/3}Mn_{1/3}O_2$ 含量的 $AC(LiNi_{1/3}Co_{1/3}Mn_{1/3}O_2)/AC$ 非对称型混合电容器都具有较好的循环性能，通过 50 次循环后质量比容量虽然都出现了降低，但是下降幅度均不明显，都表现出了混合电容器良好的循环寿命特性。

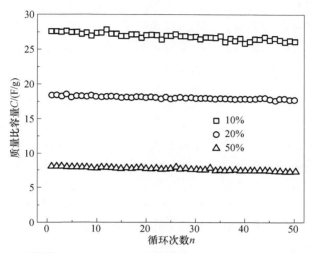

图 6-44　不同 $LiNi_{1/3}Co_{1/3}Mn_{1/3}O_2$ 含量时 $AC(LiNi_{1/3}Co_{1/3}Mn_{1/3}O_2)/AC$
非对称型电化学电容器的循环性能[166]

6.3.6　混合超级电容器的应用

混合超级电容器具有高能量密度、大容量、大电流充放电和长循环寿命等特点，在国防、航天航空、消费电子、汽车工业、电力、通信和铁路等各方面得到成功应用，并且其应用范围还在不断拓展。根据其电容量、放电时间和放电量，混合超级电容器主要用作辅助电源、备用电源、主电源与替换电源。

1．辅助电源

目前，市场上虽已推出电动助力车、电动自行车、电动摩托车等，但因为其充电一次所行驶路程较短、充电时间过长、使用寿命较短、成本较高，所以无法满足市场的需求，但以混合超级电容器为辅助电源时不仅可以解决目前电动车辆的实用化问题，同时可以增加能量效率，通过再生制动，在减速时能量重新回收，加速时放出，达到很好的节能减排效果。

混合超级电容器作为辅助电源被军事领域广泛应用，如利用电池和混合超级电容器组合成致密型超高功率脉冲电源为激光武器与微波武器提供兆瓦级的特大运行功率。同时，在极端恶劣条件下，可通过混合超级电容器来保证巨型载重卡车和装甲车的启动，军队与武警部队用武器、通信设备将大大提高使用效率。

2. 备用电源

因为混合超级电容器具有性价比较二次电池高、可快速充放电、拥有较长的循环寿命、对环境的污染少等特点，作为备用电源主要用在消费类电子产品上。在卫星电视接收器、录像机、出租车的计程器和计价器、汽车视屏设备、光学或者电子照相机、计算器、家用烤箱、电子台历以及移动电话等方面都有广泛的应用。

3. 主电源

相比于电池，混合超级电容器具有较长的循环寿命和较大的功率性能，在很短的时间内能提供很大的脉冲大电流，而使用过后又能利用其他小功率电源充电，如作为主电源应用在电动车辆上，可以在 10min 内完成充电，连续行驶几十公里。其还可以作为主电源用在相机、电子钟、摄像机等方面，甚至笔记本电脑、手机也可以用混合超级电容器，拥有广阔的市场应用前景。

4. 替换电源

混合超级电容器拥有充放电时间短、循环寿命长、使用温度范围宽、自放电率低及免维护等优点，可以与发光二极管、太阳能电池相结合，应用于太阳能灯、太阳能手表、路标灯、公交站时刻表用灯、交通警示灯等。

参 考 文 献

[1] Naoi K, Simon P. New materials and new configurations for advanced electrochemical capacitors[J]. The Electrochemical Society Interface, 2008, 17(1): 34-37.

[2] Stoller M D, Park S, Zhu Y, et al. Graphene-based ultracapacitors[J]. Nano Letter, 2008, 8(10): 3498-3502.

[3] Stankovich S, Dikin D A, Piner R D, et al. Synthesis of graphene-based nanosheets via chemical reduction of exfoliated graphite oxide[J]. Carbon, 2007, 45(7): 1558-1565.

[4] Vivekchand S R C, Rout C S, Subrahmanyam K S, et al. Graphene-based electrochemical supercapacitors[J]. Journal of Chemical Sciences, 2008, 120(1): 9-13.

[5] Du Q, Zheng M, Zhang L, et al. Preparation of functionalized graphene sheets by a low-temperature thermal exfoliation approach and their electrochemical supercapacitive behaviors[J]. Electrochimica Acta, 2010, 55(12): 3897-3903.

[6]　Lin Z, Liu Y, Yao Y, et al. Superior capacitance of functionalized graphene[J]. The Journal of Physical Chemistry C, 2011, 115(14): 7120-7125.

[7]　Lai L, Chen L, Zhan D, et al. One-step synthesis of NH_2-graphene from in situ graphene-oxide reduction and its improved electrochemical properties[J]. Carbon, 2011, 49(10): 3250-3257.

[8]　Xu Y, Sheng K, Li C, et al. Self-assembled graphene hydrogel via a one-step hydrothermal process[J]. ACS Nano, 2010, 4(7): 4324-4330.

[9]　Hantel M M, Kaspar T, Nesper R, et al. Partially reduced graphite oxide for supercapacitor electrodes: Effect of graphene layer spacing and huge specific capacitance[J]. Electrochemistry Communications, 2011, 13(1): 90-92.

[10]　Zhu Y W, Murali S, Stoller M D, et al. Carbon-based supercapacitors produced by activation of graphene[J]. Science, 2011, 332(6037): 1537-1541.

[11]　阮殿波. 石墨烯/活性炭复合电极超级电容器的制备研究[D]. 天津: 天津大学博士学位论文, 2014.

[12]　Liu C G, Yu Z N, Neff D, et al. Graphene-based supercapacitor with an ultrahigh energy density[J]. Nano Letter, 2010, 10(12): 4863-4868.

[13]　Nanjundiah C, Mcdevitt S F, Koch V R. Differential capacitance measurements in solvent-free ionic liquids at Hg and C interfaces[J]. Journal of Electrochemical Society, 1997, 144(10): 3392-3397.

[14]　Kim Y J, Yang C M, Park K C, et al. Edge-enriched, porous carbon-based, high energy density supercapacitors for hybrid electric vehicles[J]. ChemSusChem, 2012, 5(3): 535-541.

[15]　Kim Y A, Hayashi T, Kim J H, et al. Important roles of graphene edges in carbon-based energy storage devices[J]. Journal of Energy Chemistry, 2013, 22(2): 183-194.

[16]　Yuan W, Zhou Y, Li Y, et al. The edge- and basal-plane-specific electrochemistry of a single-layer graphene sheet[J/OL]. Scientific Reports, 2013, 3: 2248, DOI: 10.1038/srep02248.

[17]　Ma L, Wang J L, Ding F. Recent progress and challenges in graphene nanoribbon synthesis[J]. ChemPhysChem, 2013, 14(1): 47-54.

[18]　Zhang X Y, Xin J, Ding F. The edges of graphene[J]. Nanoscale, 2013, 5(7): 2556-2569.

[19]　Jia X, Campos-Delgado J, Terrone M, et al. Graphene edges: A review of their fabrication and characterization[J]. Nanoscale, 2011, 3(1): 86-95.

[20]　Zheng C, Zhou X F, Cao H L, et al. Edge-enriched porous graphene nanoribbons for high energy density supercapacitors[J]. Journal of Materials Chemistry A, 2014, 2(20): 7484- 7490.

[21]　Chen Z, Ren W C, Gao L, et al. Three-dimensional flexible and conductive interconnected graphene networks grown by chemical vapor deposition[J]. Nature Materials, 2011, 10(6): 424-428.

[22]　Li W, Gao S, Qiu S, et al. High-density three-dimension graphene macroscopic objects for

high-capacity removal of heavy metal ions[J/OL]. Scientific Reports, 2013, 3: 2125, DOI: 10.1038/srep02125.

[23]　Ning G Q, Fan Z J, Wang G, et al. Gram-scale synthesis of nanomesh graphene with high surface area and its application in supercapacitor electrodes[J]. Chemistry Communication, 2011, 47(21): 5976-5978.

[24]　Peng H J, Huang J Q, Zhao M Q, et al. Nanoarchitectured graphene/CNT@porous carbon with extraordinary electrical conductivity and interconnected micro/mesopores for lithium-sulfur batteries[J]. Advanced Functional Materials, 2014, 24(19): 2772-2781.

[25]　Wang L, Tian C G, Wang B L, et al. Controllable synthesis of graphitic carbon nanostructures from ion-exchange resin-iron complex via solidstate pyrolysis process[J]. Chemistry Communication, 2008, 42: 5411-5413.

[26]　Wang L, Yu P, Zhao L, et al. B and N isolate-doped graphitic carbon nanosheets from nitrogen-containing ion-exchanged resins for enhanced oxygen reduction[J/OL]. Scientific Reports, 2014, 4: 5184, DOI: 10.1038/srep05184.

[27]　Li Y Y, Li Z S, Shen P K. Simultaneous formation of ultrahigh surface area and three-dimensional hierarchical porous graphene-like networks for fast and highly stable supercapacitors[J]. Advanced Materials, 2013, 25(17): 2474-2480.

[28]　Yang X W, Cheng C, Wang Y F, et al. Liquid-mediated dense integration of graphene materials for compact capacitive energy storage[J]. Science, 2013, 341(6145): 534-537.

[29]　Tao Y, Xie X, Lv W, et al. Towards ultrahigh volumetric capacitance: Graphene derived highly dense but porous carbons for supercapacitors[J/OL]. Scientific Reports, 2013, 3: 2975, DOI: 10.1038/srep02975.

[30]　Li H, Tao Y, Zhen X, et al. Ultra-thick graphene bulk supercapacitor electrodes for compact energy storage[J/OL]. Energy and Environmental Science, 2016, DOI: 10.1039/C6EE00 941G.

[31]　Zhang L, Zhang F, Yang X, et al. Porous 3D graphene-based bulk materials with exceptional high surface area and excellent conductivity for supercapacitors[J/OL]. Scientific Reports, 2013, 3: 1408, DOI: 10.1038/srep01408.

[32]　郑超, 周旭峰, 刘兆平, 等. 活性石墨烯/活性炭干法复合电极制备及其在超级电容器中的应用[J]. 储能科学与技术, 2016, 5(4): 486-491.

[33]　Pasquier A D, Plitz I, Gural J, et al. Characteristics and performance of 500F asymmetric hybrid advanced supercapacitor prototypes[J]. Journal of Power Sources, 2003, 113(1): 62-71.

[34]　Cericola D, Novák P, Wokaun A, et al. Hybridization of electrochemical capacitors and rechargeable batteries: An experimental analysis of the different possible approaches utilizing activated carbon, $Li_4Ti_5O_{12}$ and $LiMn_2O_4$[J]. Journal of Power Sources, 2011, 196(23): 10305-10313.

[35]　Amatucci G G, Badway F, Pasquier A D, et al. An asymmetric hybrid nonaqueous energy storage cell[J]. Journal of the Electrochemical Society, 2001, 148(8): A930-A939.

[36]　Pasquier A D, Plitz I, Gural J, et al. Power-in battery: Bridging the gap between Li-ion and supercapacitor chemistries[J]. Journal of Power Sources, 2004, 136(1): 160-170.

[37]　Wang Y G, Xia Y Y. Hybrid aqueous energy storage cells using activated carbon and lithium-intercalated compounds I. The $C/LiMn_2O_4$ system[J]. Journal of the Electrochemical Society, 2006, 153(2): A450-A454.

[38]　Wang Y G, Xia Y Y. A new concept hybrid electrochemical surpercapacitor: Carbon/ $LiMn_2O_4$ aqueous system[J]. Electrochemistry Communications, 2005, 7(11): 1138-1142.

[39]　Wang Y G, Luo J Y, Wang C X, et al. Hybrid aqueous energy storage cells using activated carbon and lithium-ion intercalated compounds II. Comparison of $LiMn_2O_4$, $LiCo_{1/3}Ni_{1/3}Mn_{1/3}O_2$, and $LiCoO_2$ positive electrodes[J]. Journal of the Electrochemical Society, 2006, 153(8): A1425-A1431.

[40]　Xu D P, Qiao W M, Yoon S H, et al. Synthesis of mesoporous carbon and its adsorption property to biomolecules[J]. Microporous and Mesoporous Materials, 2008, 115(3): 461-468.

[41]　王贵欣, 周固民. $LiNi_{0.8}Co_{0.2}O_2$/MWTs 复合物超级电容器电极材料的研究[J]. 无机化学学报, 2005, 21(4): 593-597.

[42]　Luo J Y, Zhou D D, Liu J L, et al. Hybrid aqueous energy storage cells using activated carbon and lithium-ion intercalated compounds IV. Possibility of using polymer gel electrolyte[J]. Journal of the Electrochemical Society, 2008, 155(11): A789-A793.

[43]　Khomenko V, Raymundo-Piñero E, Béguin F. High-energy density graphite/AC capacitor in organic electrolyte[J]. Journal of Power Sources, 2008, 177(2): 643-651.

[44]　Ping L N, Zheng J M, Shi Z Q, et al. Electrochemical performance of lithium ion capacitors using Li^+-Intercalated mesocarbon microbeads as the negative electrode[J]. Acta Physico-Chimica Sinica, 2012, 28(7): 1733-1738.

[45]　Brandt A, Balducci A. A study about the use of carbon coated iron oxide-based electrodes in lithium-ion capacitors[J]. Electrochimica Acta, 2013, 108(10): 219-225.

[46]　Xu F, Lee C H, Koo C M, et al. Effect of electronic spatial extents (ESE) of ions on overpotential of lithium ion capacitors[J]. Electrochimica Acta, 2014, 115(3): 234-238.

[47]　Chen F, Lir R G. Preparation and characterization of ramsdellite $Li_2Ti_3O_7$ as an anode material for asymmetric supercapacitors[J]. Electrochimica Acta, 2005, 51(1): 61-65.

[48]　Choi H S, Im J H, Kim T H, et al. Advanced energy storage device: A hybrid batcap system consisting of battery-supercapacitor hybrid electrodes based on $Li_4Ti_5O_{12}$-activated-carbon hybrid nanotubes[J]. Journal of Materials Chemistry, 2012, 22(33): 16986-16993.

[49]　Naoi K. "Nanohybrid capacitor": The next generation electrochemical supercapacitor[J]. Full

Cells, 2010, 10(5): 825-833.

[50]　Naoi K, Naoi W, Aoyagi S, et al. New generation "Nanohybrid Supercapacitor"[J]. Accounts of Chemical Research, 2013, 46(5): 1075-1083.

[51]　Hu X B, Huai Y J, Lin Z J, et al. A (LiFePO$_4$-AC)/Li$_4$Ti$_5$O$_{12}$ hybrid battery capacitor[J]. Journal of the Electrochemical Society, 2007, 154(11): A1026-A1030.

[52]　Hu X B, Deng Z H, Suo J S, et al. A high rate, high capacity and long life (LiMn$_2$O$_4$+AC)/Li$_4$Ti$_5$O$_{12}$ hybrid battery battery-supercapacitor[J]. Journal of the Electrochemical Society, 2009, 187(2): A635-A639.

[53]　郑宗敏, 张鹏, 阎兴斌. 锂离子混合超级电容器电极材料研究进展[J]. 科学通报, 2013, 58(31): 3115-3123.

[54]　平丽娜. 石墨负极锂离子电容器性能的研究[D]. 天津: 天津大学硕士学位论文, 2012.

[55]　Risa M, Yukinori H, Massako I, et al. Development of high-power lithium-ion capacitor[J]. NEC Technical Journal, 2010, 5(4): 52-56.

[56]　Morimoto T, Tsushima M, Che Y. Performance of capacitors using organic electrolytes [C/OL]. MRS Proceedings, 1999, 575, DOI: 10.1557/PROC-575-357.

[57]　Morimoto T, Che Y, Tsushima M. Hybrid capacitors using organic electrolytes[J]. Journal of the Korean Chemical Society, 2003, 6(3): 174-177.

[58]　安东信雄, 小岛健治, 田崎信一, 等. 有机电解质电容器[P]: 中国, CN1768404. 2006.

[59]　安东信雄, 小岛健治, 田崎信一, 等. 有机电解质电容器[P]: 中国, CN1860568. 2006.

[60]　田崎信一, 安东信雄, 永井满, 等. 锂离子电容器[P]: 中国, CN1926648. 2007.

[61]　松井恒平, 高畠里咲, 安东信雄, 等. 锂离子电容器[P]: 中国, CN1954397. 2007.

[62]　小岛健治, 名仓哲, 安东信雄, 等. 使用中孔碳材料作为负极的有机电解质电容器[P]: 中国, CN1938802. 2007.

[63]　Hatozaki O. Lithium ion capacitor (LIC)[R]. Tokyo: Fuji Heavy Industries Ltd., 2006.

[64]　罗承铉, 郑永学. 混合型超级电容器及其制造方法[P]: 中国, CN102403127A. 2012.

[65]　李相均, 赵智星, 金倍均, 等. 制造锂离子电容器的方法以及利用其制造的锂离子电容器[P]: 中国, CN102385991A. 2012.

[66]　裴俊熙, 金学宽, 金倍均, 等. 锂离子电容器及其制造方法[P]: 中国, CN102468058A. 2012.

[67]　赵智星, 李相均, 金倍均. 锂离子电容器以及锂离子电容器的制造方法[P]: 中国, CN102543441A. 2012.

[68]　Cao W J, Zheng J P. Li-ion capacitors with carbon cathode and hard carbon/stabilized lithium metal powder anode electrodes[J]. Journal of Power Sources, 2012, 213(9): 180-185.

[69]　Cao W J, Zheng J P. Li-ion capacitors using carbon-carbon electrodes[J]. ECS Transactions, 2013, 45(29): 165-172.

[70] Kumagai S, Ishikawa T, Sato M. Effect of pre-lithiation conditions on the cyclic performance of lithium-ion capacitor[C]. The International Conference on Advanced Capacitors, 2013: 30-31.

[71] Zhang J, Shi Z Q, Wang C Y. Effect of pre-lithiation degrees of mesocarbon microbeads anode on the electrochemical performance of lithium-ion capacitors[J]. Electrochimica Acta, 2014, 125(12): 22-28.

[72] Sivakkumar S R, Pandolfo A G. Evaluation of lithium-ion capacitors assembled with pre-lithiated graphite anode and activated carbon cathode[J]. Electrochimica Acta, 2012, 65: 280-287.

[73] 袁美蓉, 刘伟强, 朱永法, 等. 负极预嵌锂方式对锂离子电容器性能的影响[J]. 材料导报, 2013, 27(16): 14-16.

[74] Decaux C, Lota G, Raymundo-Piñero E, et al. Electrochemical performance of a hybrid lithium-ion capacitor with a graphite anode preloaded from lithium bis(trifluoromethane) sulfonimide-based electrolyte[J]. Electrochimica Acta, 2012, 86(1): 282-286.

[75] Wang H, Yoshio M. Graphite, a suitable positive electrode material for high-energy electrochemical capacitors[J]. Electrochemistry Communications, 2006, 8(9): 1481-1486.

[76] Wang H, Yoshio M. Performance of AC/graphite capacitors at high weight ratios of AC/graphite[J]. Journal of Power Sources, 2008, 177(2): 681-684.

[77] Yoshio M, Wang H, Nakamura H. Novel megalo-capacitance capacitor using graphitic carbons[J]. Journal of Fudan University (Natural Science), 2007, 5: 99-105.

[78] Sivakkumar S R, Nerkar J Y, Pandolfo A G. Rate capability of graphite materials as negative electrodes in lithium-ion capacitors[J]. Electrochimica Acta, 2010, 55(9): 3330-3335.

[79] Sivakkumar S R, Milev A S, Pandolfo A G. Effect of ball-milling on the rate and cycle-life performance of graphite a negative electrodes in lithium-ion capacitors[J]. Electrochimica Acta, 2011, 56(27): 9700-9706.

[80] Sivakkumar S R, Ruiz V, Pandolfo A G. Assembly and testing of lithium ion capacitors[J/OL]. http://acs.omnibooksonline.com/data/papers/2000_155.pdf [2017-1-10].

[81] Schroeder M, Winter M, Passerini S, et al. On the cycling stability of lithium-ion capacitors containing soft carbon as anodic material[J]. Journal of Power Sources, 2013, 238(238): 388-394

[82] Karthikeyan K, Aravindan V, Lee S B, et al. A novel asymmetric hybrid supercapacitor based on Li_2FeSiO_4 and activated carbon electrodes[J]. Journal of Alloys and Compounds, 2010, 504(1): 224-227.

[83] Lee J H, Shin W H, Ryou M H, et al. Functionalized graphene for high performance lithium ion capacitors[J]. ChemSusChem, 2012, 5(12): 2328-2333.

[84]　Stoller M D, Murali S, Quarles N, et al. Activated graphene as a cathode material for Li-ion hybrid supercapacitors[J]. Physical Chemistry Chemical Physics, 2012, 14(10): 3388-3391.

[85]　Morita M, Asano T, Egashira M, et al. Nonflammable electrolyte consisting of ionic liquid and fluorinated alkylphosphate for advanced hybrid electrochemical capacitors[C]. The International Conference on Advanced Capacitors, 2013: 798-800.

[86]　Ye L, Liang Q, Lei Y, et al. A high performance Li-ion capacitor constructed with $Li_4Ti_5O_{12}$/C hybrid and porous graphene macroform[J]. Journal of Power Sources, 2015, 282: 174-178.

[87]　Scharner S, Weppner W, Schmid-Beurmann P. Evidence of two-phase formation upon lithium insertion into the $Li_{1.33}Ti_{1.67}O_4$ spinel[J]. Journal of the Electrochemical Society, 1999, 146(3): 857-861.

[88]　Huang J, Jiang Z. The preparation and characterization of $Li_4Ti_5O_{12}$/carbon nano-tubes for lithium ion battery[J]. Electrochimica Acta, 2008, 53(26): 7756-7759.

[89]　Naoi K, Ishimoto S, Isobe Y, et al. High-rate nano-crystalline $Li_4Ti_5O_{12}$ attached on carbon nano-fibers for hybrid supercapacitors[J]. Journal of Power Sources, 2010, 195(18): 6250-6254.

[90]　Naoi K, Ishimoto S, Miyamoto J, et al. Second generation "nanohybrid supercapacitor": Evolution of capacitive energy storage devices[J]. Energy and Environmental Science, 2012, 5(11): 9363-9373.

[91]　Kim H K, Bak S M, Kim K B. $Li_4Ti_5O_{12}$/reduced graphite oxide nano-hybrid material for high rate lithium-ion batteries[J]. Electrochemical Communications, 2010, 12(12):1768-1771.

[92]　Kim H K, Jegal J P, Kim J Y, et al. In situ fabrication of lithium titanium oxide by microwave-assisted alkalization for high-rate lithium-ion batteries[J]. Journal of Materials Chemistry A, 2013, 1(47): 14849-14852.

[93]　Kim H K, Roh K C, Kang K, et al. Synthesis of nano-$Li_4Ti_5O_{12}$ decorated on non-oxidized carbon nanotubes with enhanced rate capability for lithium-ion batteries[J]. RSC Advances, 2013, 3(34): 14267-14272.

[94]　程亮. 电化学超级电容器负极材料 $Li_4Ti_5O_{12}$ 的研究[D]. 上海: 复旦大学博士学位论文, 2008.

[95]　Murphy D W, Cava R J, Zahurak S M, et al. Ternary Li_xTiO_2 phases from insertion reactions[J]. Solid State Ionics, 1983, 9(1): 413-417.

[96]　王小娟, 李新海, 伍凌, 等. 电极材料 $Li_4Ti_5O_{12}$ 的研究进展[J]. 电池工业, 2009, 14(6): 421-426.

[97]　Belharouak I, Koenig G M, Amine K. Electrochemistry and safety of $Li_4Ti_5O_{12}$ and graphite anodes paired with $LiMn_2O_4$ for hybrid electric vehicle Li-ion battery applications[J]. Journal of Power Sources, 2011, 196(23): 10344-10350.

[98]　王占国, 龚敏明. 动车组钛酸锂电池管理系统[J]. 中国铁路, 2011, 12: 64-66.

[99]　苏剑, 李红兵. 钛酸锂电池在动车组上的应用研究[J]. 机车电传动, 2011, (4): 38-40.

[100]　黄益, 傅冠生, 阮殿波. 钛酸锂离子电池的研究和产业化发展[J]. 广东化工, 2015, 42(15):124-126.

[101]　Veselin M, Brad H. 储能系统用 Altairnano 高性能 LTO 电池[C]. 国际先进电池前沿技术研讨会, 2014: 532-567.

[102]　Yoshiki I. Advances in toshiba LTO-based battery "SCiB™" and its applications[R]. Los Angeles: Cambridge EnerTech, 2013.

[103]　Honda K. Rechargeable battery with safety and long life[C]. Advanced Vehicle Leadership Forum, 2010: 0184.

[104]　崔明, 许汉良, 张帆, 等. 26650 型钛酸锂电池的研制[J]. 华南师范大学学报, 2009, (S2): 103-105.

[105]　刘志远, 陈效华, 李燕, 等. 钛酸锂作负极锂离子电池体系研究[J]. 华南师范大学学报, 2009, 11: 81-83.

[106]　张艳霞, 王晨旭, 王双双, 等. 1865140 型(LiMn$_2$O$_4$+LiNi$_{1/3}$Co$_{1/3}$Mn$_{1/3}$O$_2$)/Li$_4$Ti$_5$O$_{12}$ 电池的性能[J]. 电池, 2013, 43(1): 41-44.

[107]　张艳霞, 王伶利, 王双双, 等. 电池设计对 LiFePO$_4$/Li$_4$Ti$_5$O$_{12}$ 体系的影响[J]. 电池工业, 2012, 17(6): 338-340.

[108]　邹玉峰. 力神动力电池技术研究与产业化进展[C]. 国际先进电池前沿技术研讨会, 2014: 984-1016.

[109]　宋寒. 新能源汽车的新未来-钛酸锂 LTO 电池在重庆快速充电纯电动公交路线的运营调查[J]. 人民公交, 2013, 4: 94-95.

[110]　Xi L J, Wang H K, Yang S L, et al. Single-crystalline Li$_4$Ti$_5$O$_{12}$ nanorods and their application in high rate capability Li$_4$Ti$_5$O$_{12}$/LiMn$_2$O$_4$ full cells[J]. Journal of Power Sources, 2013, 242: 222-229.

[111]　曹绍梅, 冯欣, 张大卫, 等. 精细化砂磨制备纳米 Li$_4$Ti$_5$O$_{12}$ 电极材料及其电化学性能研究[J]. 功能材料, 2014, 45(11): 11101-11104.

[112]　Wang X, Liu B, Hou X, et al. Ultralong-life and high-rate web-like Li$_4$Ti$_5$O$_{12}$ anode for high-performance flexible lithium-ion batteries[J]. Nano Research, 2014, 7(7): 1073-1082.

[113]　Ren Y, Huang X, Wang H, et al. Li$_4$Ti$_5$O$_{12}$/C anode material with high-rate performance using phenanthroline as carbon precursor[J]. Ionics, 2015, 21(3): 629-634.

[114]　Xu H, Hu X, Luo W, et al. Electrospun conformal Li$_4$Ti$_5$O$_{12}$/C fibers for high-rate lithium-ion batteries[J]. ChemElectroChem, 2014, 1(3): 611-616.

[115]　张建, 王倩, 刘微, 等. 钛酸锂/三元体系锂离子电池研究[C]. 第 30 届全国化学与物理电源学术年会, 2013: 358-359.

[116]　Wang J Q, Li W H, Yang Z, et al. Free-standing and binder-free sodium-ion electrodes based

on cabon-nanotube decorated $Li_4Ti_5O_{12}$ nanoparticles embedded in carbon nanofibers[J]. RSC Advances, 2014, 4(48): 25220-25226.

[117] 王磊, 刘兴江. 锂离子电池/电化学电容器用 AC 承载 $Li_4Ti_5O_{12}$ 材料[J]. 电源技术, 2009, 33(8): 662-665.

[118] Pang S, Zhao Y, Zhang C, et al. Electrostatic assembly of mesoporous $Li_4Ti_5O_{12}$/graphene hybrid as high-rate anode materials[J]. Scripta Materialia, 2013, 69(2): 171-174.

[119] Shen L, Yuan C, Luo H, et al. In situ synthesis of high-loading $Li_4Ti_5O_{12}$-graphene hybrid nanostructures for high rate lithium ion batteries[J]. Nanoscale, 2011, 3(2): 572-574.

[120] Tang Y, Huang F, Zhao W, et al. Synthesis of graphene-supported $Li_4Ti_5O_{12}$ nanosheets for high rate battery application[J]. Journal of Materials Chemistry, 2012, 22(22): 11257-11260.

[121] Oh Y, Nam S, Wi S, et al. Effective wrapping of graphene on individual $Li_4Ti_5O_{12}$ grains for high-rate Li-ion batteries[J]. Journal of Materials Chemistry A, 2014, 2(7): 2023-2027.

[122] 刘春英, 柳云骐, 张珂, 等. 溶胶-凝胶法合成钛酸锂及石墨烯的掺杂改性[J]. 电源技术, 2013, 37(1): 28-31.

[123] Bernhard R, Meini S, Gasteiger H A. On-line electrochemical mass spectrometry investigations on the gassing behavior of $Li_4Ti_5O_{12}$ electrodes and its origins[J]. Journal of the Electrochemical Society, 2014, 161(4): A497-A505.

[124] He Y B, Li B, Liu M, et al. Gassing in $Li_4Ti_5O_{12}$-based batteries and its remedy[J]. Scientific Reports, 2012, 2(12): 913.

[125] Belharouak I, Koenig G M, Tan T, et al. Performance degradation and gassing of Li_4Ti_5 O_{12}/$LiMn_2O_4$ lithium-ion cells[J]. Journal of the Electrochemical Society, 2012, 159(8): A1165-A1170.

[126] Wu K, Yang J, Liu Y, et al. Investigation on gas generation of $Li_4Ti_5O_{12}$/$LiNi_{1/3}Co_{1/3}Mn_{1/3}O_2$ cells at elevated temperature[J]. Journal of Power Sources, 2013, 237(3): 285-290.

[127] 吴宁宁, 吴可, 安富强, 等. 长寿命软包装钛酸锂/锰酸锂锂离子电池性能[J]. 电源技术, 2012, 36(2): 175-177.

[128] 杨承昭, 张小满, 贺先冬, 等. 采用 $Li_4Ti_5O_{12}$ 为负极的软包装锂离子电池研究[J]. 电池工业, 2013, 18(3-4): 139-141.

[129] Padhi A K, Nanjundaswamy K S, Goodenough J B D. Phospho-olivines as positive-electrode materials for rechargeable lithium batteries[J]. Journal of the Electrochemical Society, 1997, 144(4): 1188-1194.

[130] Ramana C V, Mauger A, Gendron F, et al. Study of the Li-insertion/extraction process in $LiFePO_4$/$FePO_4$[J]. Journal of Power Sources, 2009, 187(2): 555-564.

[131] 马璨, 吕迎春, 李泓. 锂离子电池基础科学问题（Ⅶ）——正极材料[J]. 储能科学与技术, 2014, 3(1): 53-65.

[132]　刘未未, 王保峰, 李磊. 水系锂离子电池电极材料研究进展[J]. 储能科学与技术, 2014,
　　　　3(1): 9-20.

[133]　刘晓亮. 锂离子电池正极材料磷酸铁锂的研究[D]. 天津: 天津大学硕士学位论文, 2007.

[134]　汪贝贝, 雍自俊, 田哲, 等. 石墨烯包覆磷酸铁锂正极材料的合成及性能研究[J]. 江苏
　　　　陶瓷, 2013, 46(6): 14-19.

[135]　Huang H, Yin S C, Nazar L F. Approaching theoretical capacity of LiFePO₄ at room
　　　　temperature at high rates[J]. Electrochemical and Solid-State Letters, 2001, 4(10): A170-A172.

[136]　Park K S, Son J T, Chung H T, et al. Surface modification by silver coating for improving
　　　　electrochemical properties of LiFePO₄[J]. Solid State Communications, 2004, 129(5): 311-
　　　　314.

[137]　郝冠男, 张浩, 陈晓红, 等. 锂离子电池用正极材料 LiFePO₄ 的改性研究进展[J]. 材料
　　　　导报, 2011, 25(17): 135-139.

[138]　武开鹏. LiFePO₄ 正极材料的合成及其石墨烯复合改性研究[D]. 长沙: 中南大学硕士学
　　　　位论文, 2013.

[139]　Wang X, Yoshitake H, Masaki Y, et al. Electrochemical behavior of LiFePO₄ cathode
　　　　materials in the presence of anion adsorbents[J]. Electrochimica Acta, 2014, 130(6): 532-536.

[140]　王秋明. 高倍率 LiFePO₄/碳复合材料及其三维电极的制备与性能研究[D]. 哈尔滨: 哈
　　　　尔滨工业大学博士学位论文, 2012.

[141]　彭佳悦, 祖晨曦, 李泓. 锂电池基础科学问题(Ⅰ)——化学储能电池理论能量密度的估
　　　　算[J]. 储能科学与技术, 2013, 2(1): 55-62.

[142]　Ding Y, Jiang Y, Xu F, et al. Preparation of nano-structured LiFePO₄/graphene composites by
　　　　co-precipitation method[J]. Electrochemistry Communications, 2010, 12(1): 10-13.

[143]　Su C, Bu X, Xu L, et al. A novel LiFePO₄/graphene/carbon composite as a performance-
　　　　improved cathode material for lithium-ion batteries[J]. Electrochimica Acta, 2012, 64(1): 190-
　　　　195.

[144]　Zhou X, Wang F, Zhu Y, et al. Graphene modified LiFePO₄ cathode materials for high power
　　　　lithium ion batteries[J]. Journal of Materials Chemistry, 2011, 21(10): 3353-3358.

[145]　袁峻, 乔志军, 傅冠生, 等. 负极材料对磷酸铁锂电容电池性能的影响[J]. 广东化工,
　　　　2015, 42(7): 70-71.

[146]　汪红梅, 刘胜奇, 刘素琴, 等. 四氟硼酸四乙基铵对超级电容电池性能的影响[J]. 天津
　　　　大学学报(自然科学与工程技术版), 2014, 47(2): 163-167.

[147]　刘萍, 李凡群, 李劫, 等. 锂离子电池和双电层电容器用 LiODFB-TEA-BF₄ 复合盐电解
　　　　液的研究[J]. 中南大学学报(自然科学版), 2010, 41(6): 2079-2084.

[148]　Hu X B, Lin Z J, Liu L, et al. Effects of the LiFePO₄ content and the preparation method on
　　　　the properties of (LiFePO₄+AC)/Li₄Ti₅O₁₂ hybrid battery-capacitors[J]. Journal of the Serbian

Chemical Society, 2010, 75: 1259-1269.

[149] 上海奥威科技开发有限公司. 2014 产品规格说明书[EB/OL]. http://aawkj.dzsc.com [2014-8-30].

[150] 朝阳立塬新能源有限公司. 2014 产品规格说明书[EB/OL]. http://cyliyuan.com [2014-10-20].

[151] 叶思泓. 新一代锂离子电池正极材料磷酸锰锂发展研究[J]. 材料创新导报, 2014, 20: 27.

[152] Chang Y C, Peng C T, Hung I M. Synthesis and electrochemical properties of $LiFe_{0.95}V_xNi_{0.05-x}PO_4/C$ cathode material for lithium-ion battery[J]. Ceramics International, 2015, 41(4): 5370-5379.

[153] Liu Z, Yu A, Lee J Y. Synthesis and characterization of $LiNi_{1-x-y}Co_xMn_yO_2$ as the cathode materials of secondary lithium batteries[J]. Journal of Power Sources, 1999, 81: 416-419.

[154] Ohzuku T, Makimura Y. Layered lithium insertion material of $LiCo_{1/3}Ni_{1/3}Mn_{1/3}O_2$ for lithium-ion batteries[J]. Chemistry Letters, 2001, (7): 642-643.

[155] Chen Y, Wang G X, Konstantinov K, et al. Synthesis and characterization of $LiCo_xMn_yNi_{1-x-y}O_2$ as a cathode material for secondary lithium batteries[J]. Journal of Power Sources, 2003, 119(6): 184-188.

[156] Park K S, Cho M H, Jin S J, et al. Structural and electrochemical properties of nanosize layered $Li[Li_{1/5}Ni_{1/10}Co_{1/5}Mn_{1/2}]O_2$[J]. Electrochemical and Solid-State Letters, 2004, 7(8): A239-A241.

[157] Zhang S, Deng C, Fu B L, et al. Synthetic optimization of spherical $Li[Ni_{1/3}Mn_{1/3}Co_{1/3}]O_2$ prepared by a carbonate co-precipitation method[J]. Powder Technology, 2010, 198(3): 373-380.

[158] Hwang B J, Tsai Y W, Chen C H, et al. Influence of Mn content on the morphology and electrochemical performance of $LiNi_{1-x-y}Co_xMn_yO_2$ cathode materials[J]. Journal of Materials Chemistry, 2003, 13(8): 1962-1968.

[159] Koyama Y, Tanaka I, Adachi H, et al. Crystal and electronic structures of superstructural $Li_{1-x}[Co_{1/3}Ni_{1/3}Mn_{1/3}]O_2$ ($0 \leqslant x \leqslant 1$)[J]. Journal of Power Sources, 2003, 119: 644-648.

[160] Myung S T, Izumi K, Komaba S, et al. Role of alumina coating on Li-Ni-Co-Mn-O particles as positive electrode material for lithium-ion batteries[J]. Chemistry of Materials, 2005, 17(14): 3695-3704.

[161] Cho J, Kim Y J, Park B. $LiCoO_2$ cathode material that does not show a phase transition from hexagonal to monoclinic phase[J]. Journal of the Electrochemical Society, 2001, 148(10): A1110-A1115.

[162] Sun Y, Xia Y, Noguchi H. The improved physical and electrochemical performance of $LiNi_{0.35}Co_{0.3-x}Cr_xMn_{0.35}O_2$ cathode materials by the Cr doping for lithium ion batteries[J].

Journal of Power Sources, 2006, 159(2): 1377-1382.

[163] Li J, He X, Zhao R, et al. Stannum doping of layered $LiNi_{3/8}Co_{2/8}Mn_{3/8}O_2$ cathode materials with high rate capability for Li-ion batteries[J]. Journal of Power Sources, 2006, 158(1): 524-528.

[164] Pouillerie C, Croguennec L, Biensan P, et al. Synthesis and characterization of new $LiNi_{1-y}Mg_yO_2$ positive electrode materials for lithium-ion batteries[J]. Journal of the Electrochemical Society, 2000, 147(6): 2061-2069.

[165] Kim G H, Myung S T, Bang H J, et al. Synthesis and electrochemical properties of $Li[Ni_{1/3}Co_{1/3}Mn_{(1/3-x)}Mg_x]O_{2-y}F_y$ via co-precipitation[J]. Electrochemical and Solid-State Letters, 2004, 7(12): A477-A480.

[166] Park S H, Shin S S, Sun Y K. The effects of Na doping on performance of layered $Li_{1.1-x}Na_x[Ni_{0.2}Co_{0.3}Mn_{0.4}]O_2$ materials for lithium secondary batteries[J]. Materials Chemistry and Physics, 2006, 95(2): 218-221.

[167] Kim G H, Kim J H, Yoon C S, et al. Improvement of high-voltage cycling behavior of surface-modified $Li[Ni_{1/3}Co_{1/3}Mn_{1/3}]O_2$ cathodes by fluorine substitution for Li-ion batteries[J]. Journal of the Electrochemical Society, 2005, 152(9): A1707-A1713.

[168] Na S H, Kim H S, Moon S I. The effect of Si doping on the electrochemical characteristics of $LiNi_xMn_yCo_{(1-x-y)}O_2$[J]. Solid State Ionics, 2005, 176(3): 313-317.

[169] Kitao H, Fujihara T, Takeda K, et al. High-temperature storage performance of Li-ion batteries using a mixture of Li-Mn spinel and Li-Ni-Co-Mn oxide as a positive electrode material[J]. Electrochemical and Solid-State Letters, 2005, 8(2): A87-A90.

[170] Park S H, Shin H S, Myung S T, et al. Synthesis of nanostructured $Li[Ni_{1/3}Co_{1/3}Mn_{1/3}]O_2$ via a modified carbonate process[J]. Chemistry of Materials, 2005, 17(1): 6-8.

[171] Sun Y K, Bae Y C, Myung S T. Synthesis and electrochemical properties of layered $LiNi_{1/2}Mn_{1/2}O_2$ prepared by coprecipitation[J]. Journal of Applied Electrochemistry, 2005, 35(2): 151-156.

[172] 李春喜, 王子镐. 超声技术在纳米制备过程中的应用[J]. 化学通报, 2001, 5: 268-271.

[173] Park S H, Yoon C S, Kang S G, et al. Synthesis and structural characterization of layered $Li[Ni_{1/3}Co_{1/3}Mn_{1/3}]O_2$ cathode materials by ultrasonic spray pyrolysis method[J]. Electrochimica Acta, 2004, 49(4): 557-563.

[174] Kobayashi H, Arachi Y, Emura S, et al. Investigation on lithium de-intercalation mechanism for $Li_{1-y}Ni_{1/3}Mn_{1/3}Co_{1/3}O_2$[J]. Journal of Power Sources, 2005, 146(1): 640-644.

[175] 郭瑞, 史鹏飞, 程新群, 等. 高温固相法合成 $LiNi_{1/3}Co_{1/3}Mn_{1/3}O_2$ 及其性能研究[J]. 无机化学学报, 2007, 8: 1357-1392.

[176] Wang Z, Sun Y, Chen L, et al. Electrochemical characterization of positive electrode material

LiNi$_{1/3}$Co$_{1/3}$Mn$_{1/3}$O$_2$ and compatibility with electrolyte for lithium-ion batteries[J]. Journal of the Electrochemical Society, 2004, 151(6): A914-A921.

[177]　殷金玲, 张宝宏, 孟祥利. 插入型化合物作为超级电容器电极材料[J]. 材料导报, 2006, 20(1): 303-305.

[178]　吴明霞, 曹小卫, 安仲勋, 等. LiNi$_{1/3}$Co$_{1/3}$Mn$_{1/3}$O$_2$/AC 混合超级电容器正负极容量配比研究[J]. 电子元件与材料, 2011, 30(1): 34-37.

[179]　杨光. 基于锂电材料 Li$_4$Ti$_5$O$_{12}$ 与 LiNi$_{1/3}$Co$_{1/3}$Mn$_{1/3}$O$_2$ 的非对称电化学电容器研究[D]. 合肥: 合肥工业大学硕士学位论文, 2013.

第7章 国内外双电层电容器相关标准

7.1 国外有关双电层电容器的标准

国际电工委员会（IEC）是世界上最早的非政府国际性电工标准化机构，每个成员国只能有一个机构作为其成员，为了促进电气、电子工程领域中标准化及有关问题的国际合作，IEC 出版了包括国际标准在内的各种出版物，并希望各成员国在本国条件允许的情况下，在其标准化工作中使用这些标准。2011 年 10 月 28日，在澳大利亚召开的第 75 届国际电工委员会理事大会上，正式通过了中国成为IEC 常任理事国的决议。

双电层电容器属于电容器，在早期未大量应用和独立标准编制时机不成熟时，只能借鉴和参考电容器的其他相关标准。随着行业发展，截至目前，IEC 已发布的适用于双电层电容器的标准有三个[1]：IEC 62391-1:2006、IEC 62576:2009、IEC 61881-3:2013。下面分别介绍三个标准及其之间的区别和联系。

（1）IEC 62391-1:2006《电气设备用固定式双电层电容器》[2]。该标准作为全球最早的一个公开的关于双电层电容器的国际标准，在其 2.2 条规定了 38 个术语和定义，这 38 个术语和定义对后续标准的制定有较大影响。第 4 章的实验和测量程序是其最为关键的章节，其 21 个章节条款涵盖性能、寿命和安全性等测试，涉及一般情况、标准大气条件、干燥、外观和尺寸检测、容量、内阻、漏电流、自放电、终端鲁棒性、焊接热阻、可焊性、温度的快速变化、振动、湿热稳定状态、耐久性、存储、高低温特性、混合溶剂抗性、标志的溶剂抗性、被动可燃性、压力释放。在 4.5～4.8 条款对人们在应用中最关注的电容器最重要的关键参数如容量、内阻、漏电流、自放电作出了非常详细的描述和规定。

（2）随着混合动力电动汽车的大量投产，其核心部件双电层电容器测试方法的相关标准 IEC 62576:2009《混合动力汽车用双电层电容器电气特性测试方法》随之颁布[3]。从标准的标题、范围及正文内容来说，严格意义上 IEC 62576:2009 是一个行业标准。该标准在正文前面有一个介绍，在该介绍中对双电层电容器的重要性作出很高的评价，这里详细摘录如下：双电层电容器是一个在混合动力电动汽车上有发展前景的能量存储系统，且双电层电容器已被商业化地安装在混合动力电动汽车上，其着眼于通过能量回收提高燃油经济性。虽然双电层电容器已有了系列标准 IEC 62391-1:2006，但本标准为混合动力电动汽车制定了完全不同于现行标准中出现过的指标参数，包含使用方式、使用环境及电流值。评价标准和测试方法将在促进汽车厂商和电容器制造商加快发展和降低双电层电容器成本方面起到重要的指导意义。基于这一认识，本标准的目的是提供基本的和最低的电气特性的测试方法和规范，来创造一种支持扩大混合动力汽车和大容量电容器的市场环境。附加的实际测试项目是标准在技术和混合动力汽车市场稳定后的双电层电容器所应考虑的。在实际使用中耐久性是非常重要的，这里仅在附录的第四部分提出基本概念。

IEC 62576:2009 的第 3 章有 29 条术语和定义，从内容上与 IEC 62391-1:2006 的有天壤之别，仅有 5 项相同或相近。后续双电层电容器相关新标准的术语和定义在制定过程中大多参照 IEC 62576:2009 的 29 条术语和定义，其中的多个甚至全部在很多场合被借鉴引用，包括我国的汽车行业标准 QC/T 741—2014《车用超级电容器》。

IEC 62576:2009 的第 4 章主要描述实验和测试程序，主要包括电容器关键参数的测试电路和规定实验设备的技术要求；详细的测量程序和测量过程；各个电容器的关键参数的计算方法和计算公式。容量、内阻、最大功率密度、电压维持特性、能量效率等混合动力电动汽车应用中最关注的指标的测量和计算均有据可依。但由于最小二乘法有些缺陷，并不能反映电容器真实的内阻，限于检测装备行业的发展和电容器实际使用过程中内阻上电压降的宏观表现，利用最小二乘法测量双电层电容器内阻反而成为双电层电容器行业以及客户的唯一选择。所以，在实际生产中，经常会利用被测电容器端子之间电压/充放电电流-时间特性曲线来计算两个不同的直流内阻，分别称为 DCR2 和 DCR100。这里的 DCR2 计算的关键数据是纯粹的跌落法的电压降（IR drop），该电压降是从 2ms 采样周期记录的数据分析得出的 4ms 时刻的电压降；DCR100 计算的关键数据是利用最小二乘法取得的电压降，该电压降是 2ms 采样周期记录的 200ms 时间区间上的 100 个数据拟合的直线与开始放电时刻的交点电压值与放电开始时电压值的差值。

IEC 62576:2009 的测试电流也是一大创新，其规定 $I_c=U_R/(38R_N)$，$I_d=U_R/(40R_N)$，以充电至 95%容量并基于标称内阻 R_N 而来，但也存在不合理的地方，以目前有机系 2.7V/3000F 单体系列（标称内阻 0.29mΩ）为例，其 $I_d=U_R/(40R_N)=2.7/(40×0.29/1000)≈233A$，此值与现有各单体生产企业的规格书指明的测试电流 100A 有较大差异。

（3）IEC 61881-3:2013《轨道交通机车车辆设备电力电子电容器　第 3 部分：双电层电容器》。该标准的颁布说明了双电层电容器至少在欧洲的铁路行业已经获得了广泛的认可和应用，并且成功赢得了业内人士的关注和重视[4]。从结构上来说，IEC 61881-3:2013 与 IEC 62576:2009 有很强的一致性；从术语和定义方面分析却是对 IEC 62391:2006 和 IEC 62576:2009 的整合，当然不能否认的是其也有较多创新，如增加了外壳温升、冷却空气温度等。

　　IEC 61881-3:2013 与 IEC 62576:2009 相比，引用了 IEC 62391-1:2006 的测试时的标准大气条件，对电容器的使用条件给出了详细规定，其中使用温度规定为 $-25 \sim 40℃$ 且允许存在环境温度超出这一范围时由供需双方协商确定的特殊情况，在其他标准中并无此项规定。IEC 61881-3:2013 在实验和测试程序方面的另一特色就是用表格更形象、更直观地表述电容器的实验类别及对应实验项目。关于型式试验，在容量、内阻测试的测试电路、计算方法等方面引用 IEC 62576:2009，但也有创新，将放电截止电压降低至 $0.3U_R$，计算容量、内阻的电压区间取 $0.9U_R \sim 0.4U_R$，与 IEC 62576:2009 计算容量、内阻的电压区间 $0.9U_R \sim 0.7U_R$ 有所不同。自放电的测试时间区间选择上更灵活，由之前标准规定的 72h 修订为 16h、24h 或 48h。

　　综上所述，由三个不同时间发布的 IEC 标准的对比分析可知，随着双电层电容器的发展和技术性能指标的提高，相应标准也在不断推陈出新，标准的关注点也在逐渐明确并向行业和客户关注的重要指标参数及其测试方法靠拢。

7.2　国内有关双电层电容器的标准

　　国内目前公开的包含测试方法的双电层电容器的标准只有一个，即推荐性汽车行业标准 QC/T 741—2014《车用超级电容器》，该标准旧版的发布时间是在 2006 年，与 IEC 62391-1:2006 属于同一时期的标准，其修订后的 2014 版本已代替 2006 年的旧版于 2015 年 4 月 1 日发布实施。在旧版发布并实行期间的双电层电容器属于第一代双电层电容器，其电解液多为水系，而目前大量应用是有机系双电层电容器，有较大差别。QC/T 741—2014《车用超级电容器》是目前国内超级电容器强制检测的唯一标准。其检测项目包含单体实验程序 20 项、模块实验程序 17 项，可按性能和安全分为以下几点[5]。

　　性能测试：容量、内阻、大电流放电、电压保持能力、高温特性、低温特性、循环耐久能力。

　　安全测试：过放电、过充电、短路、跌落、加热、挤压、穿刺实验、温度冲击、耐振动性。

　　QC/T 741—2014 与国际标准对比，主要有以下区别。

　　（1）在测试内容及覆盖范围方面，IEC 62576:2009、IEC 61881-3:2013 及 QC/T 741—2014 均有各自的覆盖范围和特殊要求，如 IEC 61881-3:2013 中对检测电流的要求与 QC/T 741—2014 明显不同，存在适用性问题。举例详细说明：在 QC/T 741—2014 中对产品循环充放电的基准电流值的规定和国际标准存在巨大差异以及不合理性。以 3000F 和 9500F 的电容产品为例，在 QCT 741—2014 中规定能量型电容器采用 5 倍率充放电电流进行测试，其数值等于 $5 \times (C_N \times (U_R - U_{min})/3600)$，由此可知额定电压 2.7V 的能量型 3000F 产品进行循环寿命检测的电流是 11.25A，9500F 的电流是 35.625A。而按照 IEC 61881-3:2013 标准（每个单体 50mA/F），3000F 的循环寿命检测的电流是 150A，9500F 的电流是 475A。对比可知，国内标准规定的小电流测试无法体现双电层电容器高功率特性的优势，而 IEC 标准中的算法显然没有预见到在短短的一两年时间内会出现单体容量远远超过 3000F 的产品。

（2）在测试结果的判定准则方面，各个标准有着各自的规定。随着双电层电容器的迅速发展以及技术的进步，IEC 61881-3:2013 提供了丰富的检测手段，但并不提供一个合格的评判标准，可以将之解读为一种为了提高标准生命力的严谨态度，为双电层电容器的使用者、生产者等提供了手段，至于能否满足使用要求，交给客户来判断。这种编制标准的思想将会是未来的趋势，但如果附上推荐的合格标准供业内人士参考也许会是一种更好的选择。

国内自 2016 年 9 月 1 日起实施的 SJ/T 11625—2016《超级电容器分类及型号命名方法》是一个行业标准，规定了超级电容器的分类和型号命名方法。自 2016 年 6 月 1 日起实施的 SJ/T 11582—2016《动力型超级电容器电性能测试方法》是一个行业标准，规定了动力型超级电容器电性能的测试方法。自 2018 年 5 月 1 日起实施的 GB/T 34870.1—2017《超级电容器　第 1 部分：总则》规定了超级电容器的术语和定义、使用条件、分类、质量要求和试验、安全要求、标志、包装、运输和储存以及环境保护等要求，适用范围包括双电层、混合型、电池电容等类型的超级电容器。

国内目前在编未发布的有关双电层电容器的国家标准、行业标准还有很多，如国家标准中的《轨道交通　机车车辆设备　电力电子电容器》第 3 部分：双电层电容器、《轨道交通用双电层超级电容器安全技术要求》，行业标准中的《轨道交通牵引用双电层超级电容器规范》、《道路交通牵引用双电层超级电容器规范》、《轨道交通线路能量储存用双电层超级电容器规范》、《超级电容器术语》等，就目前的相关评审稿和报批稿分析来说，发展水平还是值得肯定的。

关于测试电流，根据查阅相关文献资料，利用大数据分析方法对市场现有产品的额定电流数据进行计算对比和模拟，同时综合 LIC 和混合超级电容器的发展现状，给出如表 7-1 所示的推荐测试电流。

表 7-1　推荐测试电流表

序号	标称容量 C_N/F	电容器类型	推荐测试电流 I/A
1	≤0.47	双电层	额定电流
2	1～750	双电层	$0.1C_N$
3	750～2000	双电层	75
4	2000～7500	双电层	100

续表

序号	标称容量 C_N/F	电容器类型	推荐测试电流 I/A
5	7500～12000	双电层	200
6	30000	混合电容	100
7	60000	电池电容	3C
8	>60000	电池电容	3C

注：C_N 是电容器标称容量；C 是用来表示电池或电容器充放电时电流大小的比例，3C 就是 3 倍电流放电。测试电流不小于额定电流，模块的测试电流可根据并联数进行倍乘。

关于型式试验样品的数量，为了突出电容器的高低温等特性及有效利用样品数量，参考情况如表 7-2 所示（仅以单体实验为例）。

表 7-2　推荐型式试验样品设置

序号	实验项目	要求	实验方法	单体(实验是否发生/样品数)	样品编号	模块(实验是否发生/样品数)	样品编号
1	外观、标志	4.4	5.5.2	●/14	1~14	●/7	1~7
2	尺寸、重量	4.5	5.5.3	●/14		●/7	
3	容量	4.6.1	5.5.4	●/14		●/7	
4	直流内阻	4.6.2	5.5.5	●/14		●/7	
5	质量能量密度	4.6.4	5.5.7	●/2	1、2	●/1	1
6	低温特性			●/2	1、2	—	—
7	高温特性			●/2	1、2	—	—
8	快速充电能力			●/2	1、2	—	—
9	高温负荷寿命			●/2	3、4		
10	循环寿命			●/2	5、6	●/1	1
11	温升			●/2	5、6	●/1	1
12	恒定湿热			—		●/2	2、3
13	振动冲击			—		●/2	
14	温度循环			●/2	7、8	●/1	4
15	短路			●/1	7	●/1	4
16	过充电			●/1	8	●/1	4
17	反充电			●/1	9	●/1	4
18	耐压			—		●/1	5
19	跌落			●/1	10	●/1	5
20	针刺			●/1	11	●/1	6
21	加热			●/1	13	●/1	7

序号	实验项目	要求	实验方法	单体(实验是否发生/样品数)	样品编号	模块(实验是否发生/样品数)	样品编号
22	挤压			●/1	12	●/1	7

注：在单体和模块两列中，"●/n"中的"●"代表此项实验发生，"n"代表发生此项实验的样品数；"—"代表此项实验不发生。

关于等效串联电阻的计算，建议采用国际标准中较能可靠反映真实等效串联电阻的最小二乘法，明细如图 7-1 所示。

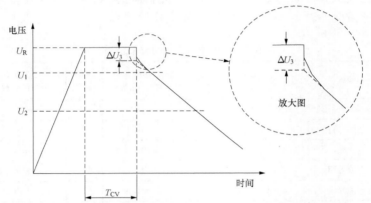

图 7-1　容量、内阻测试时电容器端子电压-时间特性曲线

U_R-额定电压(V)；U_1-计算起始电压(V)；U_2-计算终止电压(V)；ΔU_3-电压降(V)；T_{CV}-恒压充电时间(s)

根据如下公式计算内阻：

$$R = \frac{\Delta U_3}{I_C}$$

式中，R 为电容器的内阻（Ω）；I_C 为恒定放电电流（A）；通过线性回归方法，根据起始电压（$0.9U_R$）到终止电压（$0.7U_R$）区间内的电压下降特性，使用最小二乘法获得的回归曲线（电压值）与放电的开始时间的垂线相交，所得交点电压和恒压充电的设定值之间的差值为 ΔU_3。

7.3　标准的发展

目前国内双电层电容器标准申报分别按照各个应用领域的分管机构进行，与国际标准 IEC 一样，没有一个统一的行业归口部门。

标准是一个产品，一个行业能够得到长远发展的基础和规范，体现的应该是全行业的较高水平。无论是 IEC 标准还是国内标准，都不能很全面地表征一个双电层电容器的真正性能。在今后修编的标准中，如果能够体现不同行业对双电层电容器的不同要求，使双电层电容器产品种类丰富化、行业区分化，在标准中使各个行业之间对双电层电容器的要求存同求异，无疑将产生一个极具生命力的标准。

参 考 文 献

[1]　康淑婷. 超级电容器测试系统的研究[D]. 北京：北京交通大学硕士学位论文, 2012.

[2]　IEC. IEC 62391-1:2006. Fixed electric double-layer capacitors for use in electronic equipment[S]. Geneva: International Electrotechnical Commission, 2006.

[3]　IEC. IEC 62576:2009. Electric double-layer capacitors for use in hybrid electric vehicles—Test methods for electrical characteristics[S]. Geneva: International Electrotechnical Commission, 2009.

[4]　IEC. IEC 61881-3:2013. Railway applications—Rolling stock equipment—Capacitors for power electronics—Part 3: Electric double-layer capacitors[S]. Geneva: International Electrotechnical Commission, 2012.

[5]　工业和信息化部. QC/T 741—2014. 车用超级电容器[S]. 北京：中国计划出版社, 2014.